第１図　元のフビライ汗は，彼の兄弟の孫にあたるペルシアのアルグーンの王妃となる姫を派遣するため，14隻からなる大船団を1290年に泉州から出港させた．マルコ・ポーロも要員の一人として乗組んでいる．この船団の想像図であるが，当時の中国大船の実態がまことによく描かれている．本書の35～41頁参照．

第２図　マルコ・ポーロ（1254-1324年）は25年にわたる大旅行中，約17年間，中国に滞在して中国の諸事情を広く語っている．彼は中国で十六羅漢尊者の一人に加えられた．その古画である．

第３図　中国，元代の飲食料品を最もよく説明している『飲膳正要』のさし絵（明―景泰７＝1456年刊本）

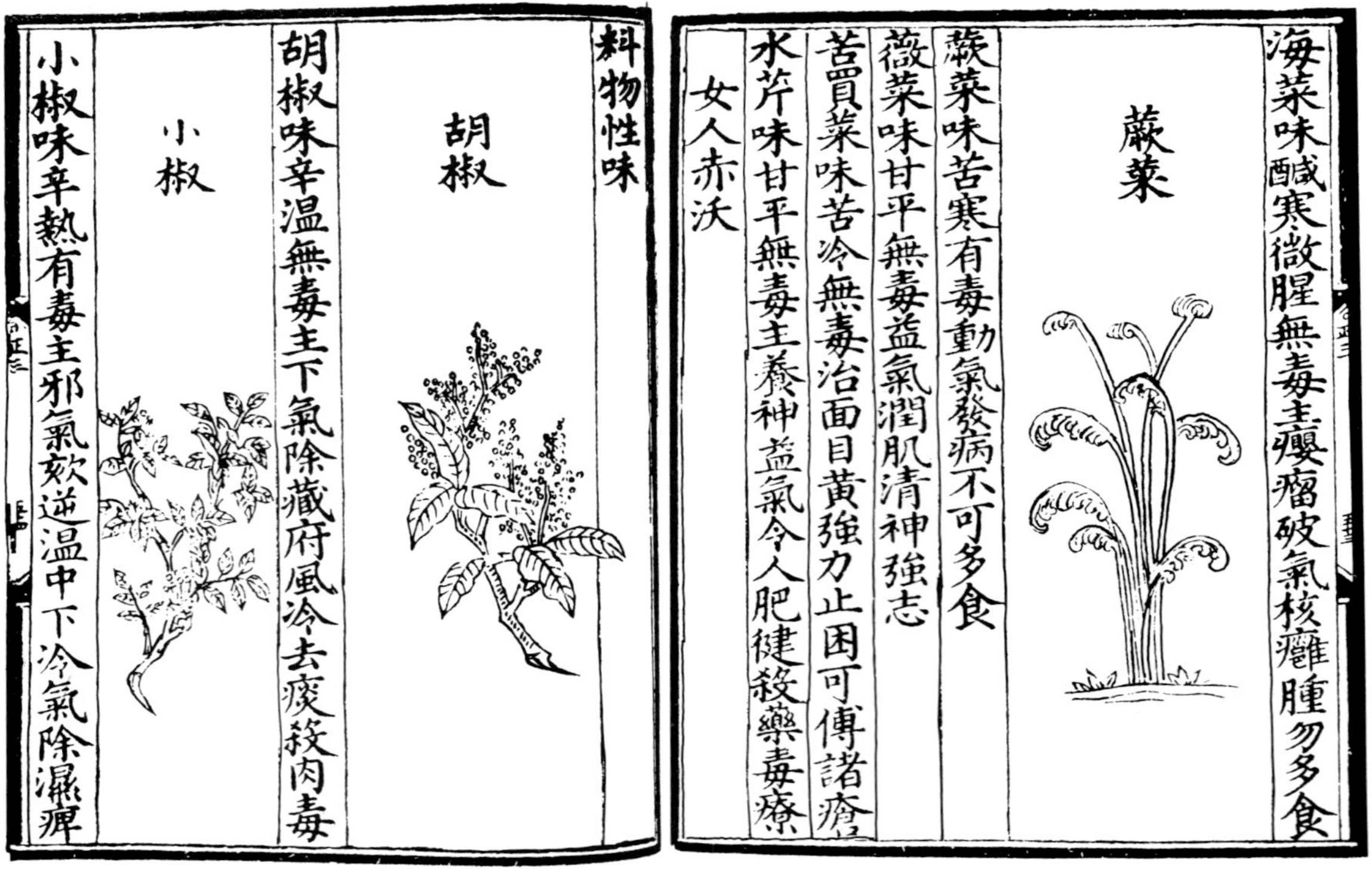
海菜味醎寒㣲腥無毒主癭瘤破氣核癰腫勿多食
蕨菜
蕨菜味苦寒有毒動氣發病不可多食
薇菜味甘平無毒益氣潤肌清神強志
苦買菜味苦冷無毒治面目黃強力止困可傳諸瘡
水芹味甘平無毒主養神益氣令人肥健殺藥毒療
女人赤沃
料物性味
胡椒
胡椒味辛温無毒主下氣除藏府風冷去痰殺肉毒
小椒
小椒味辛熱有毒主邪氣欬逆温中下冷氣除濕痹

第４図 『飲膳正要』巻三，料物（中国のスパイス）の胡椒，小椒．

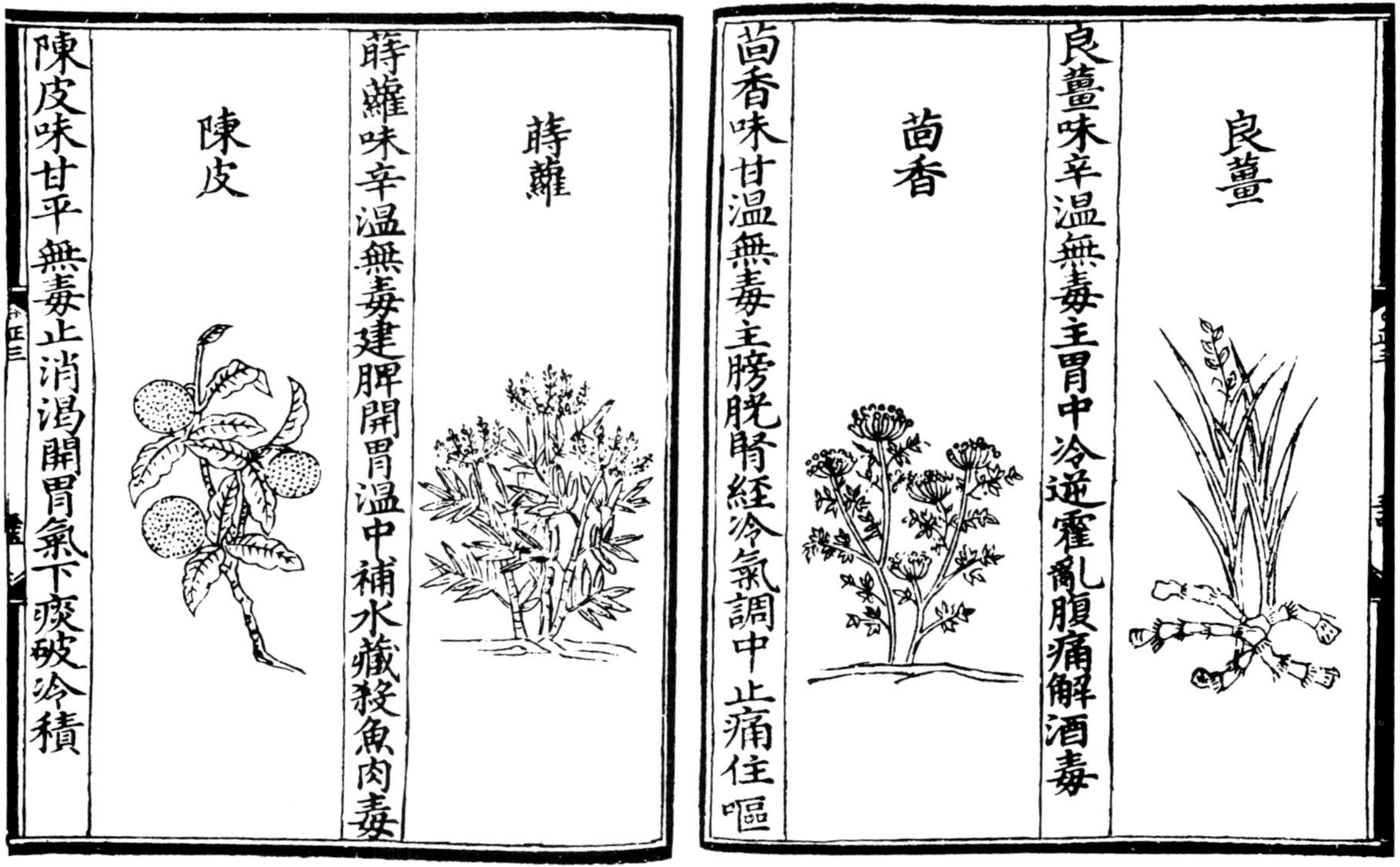

第５図　『飲膳正要』の料物，良薑，茴香，蒔蘿，陳皮．

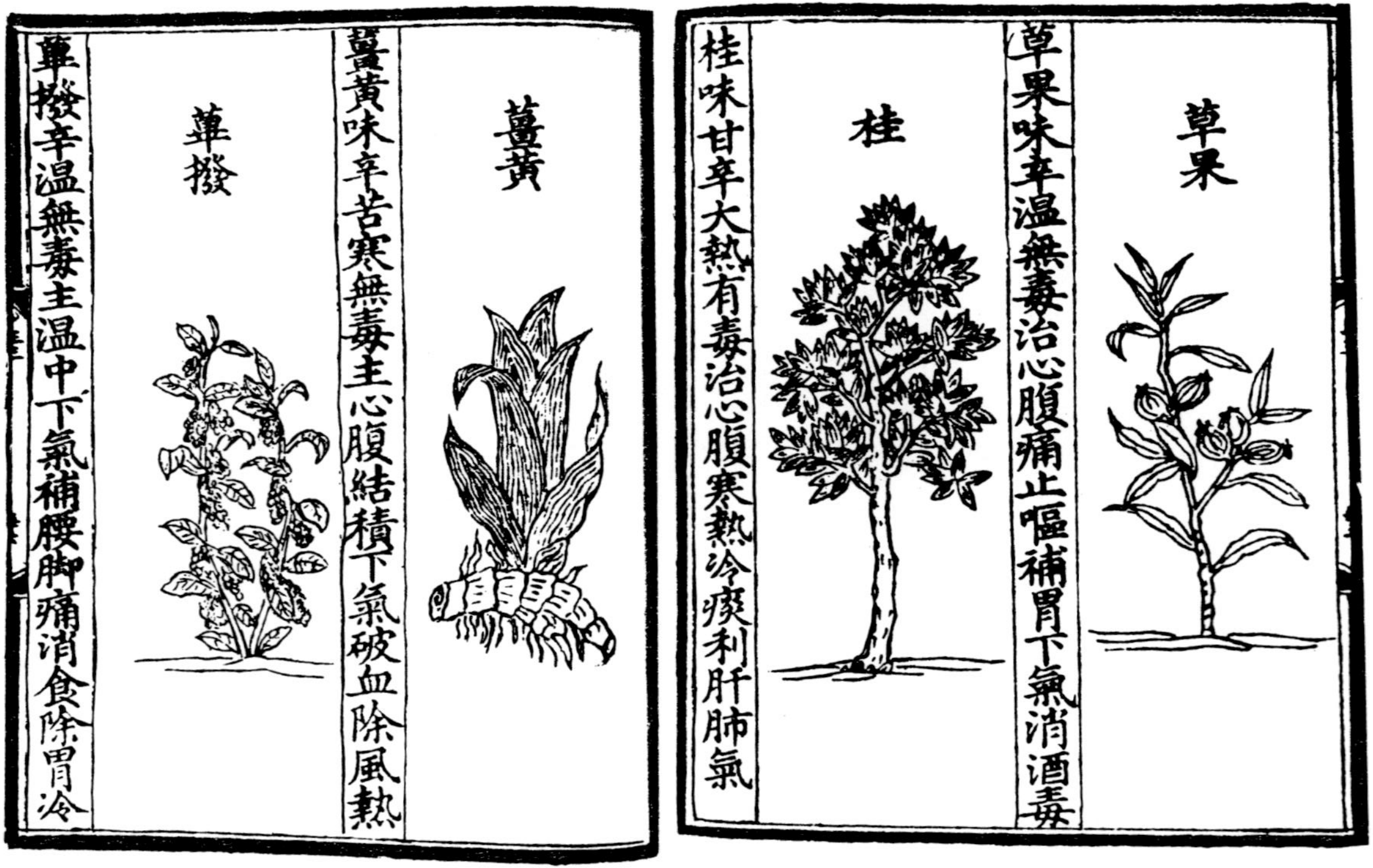
草果
草果味辛温無毒治心腹痛止嘔補胃下氣消酒毒
桂
桂味甘辛大熱有毒治心腹寒熱冷痰利肝肺氣
薑黄
薑黄味辛苦寒無毒主心腹結積下氣破血除風熱
蓽撥
蓽撥辛温無毒主温中下氣補腰脚痛消食除胃冷

第６図　『飲膳正要』の料物，草果，桂，薑黄，蓽撥．

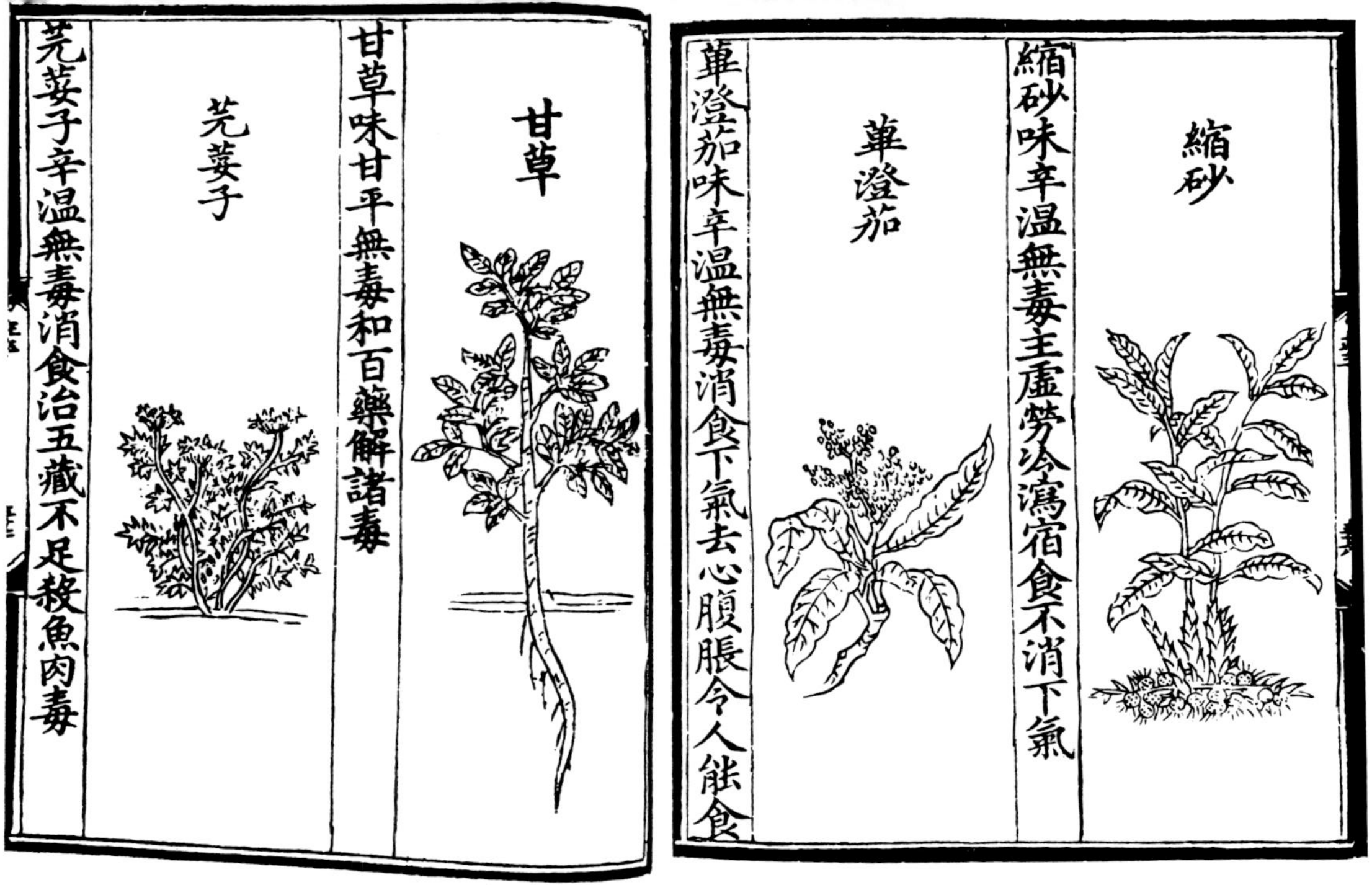

第７図 『飲膳正要』の料物，縮砂，蓽澄茄，甘草，芫荽子．

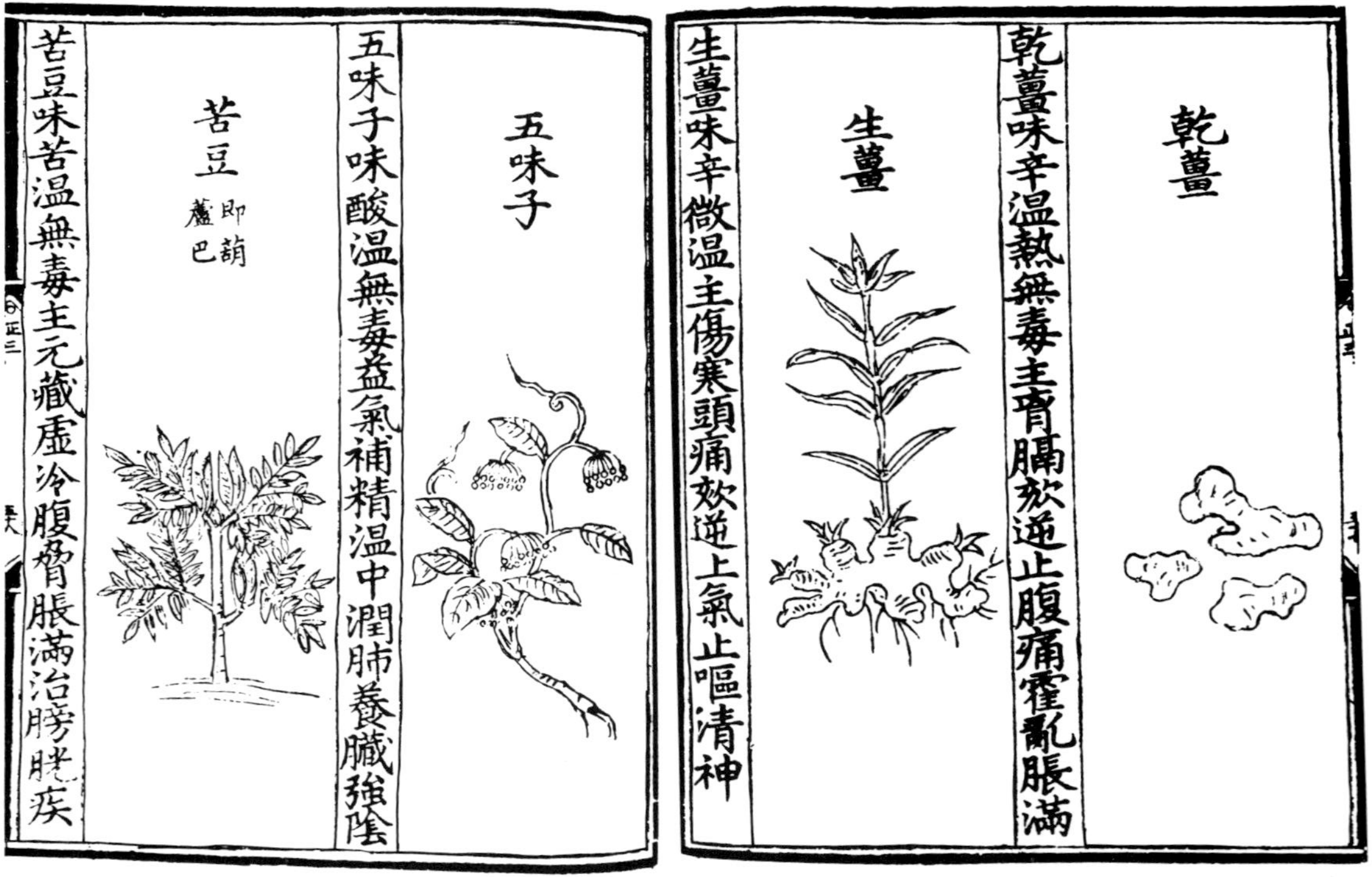

乾薑

乾薑味辛温熱無毒主胷膈欬逆止腹痛霍亂脹滿

生薑

生薑味辛微温主傷寒頭痛欬逆上氣止嘔清神

五味子

五味子味酸温無毒益氣補精温中潤肺養臟強陰

苦豆 即葫蘆巴

苦豆味苦温無毒主元藏虚冷腹脅脹滿治膀胱疾

第８図 『飲膳正要』の料物，乾薑，生薑，五味子，苦豆．

第９図　14世紀のマルコ・ポーロ旅行記，古写本（パリ，国民文書館）に描かれている，インドにおける胡椒採取の図．当時のヨーロッパ人の知見の程度がよくわかる．

第10図　第９図と同じ古写本に描かれたペルシア湾入口のオルムス港とインド渡海の船.

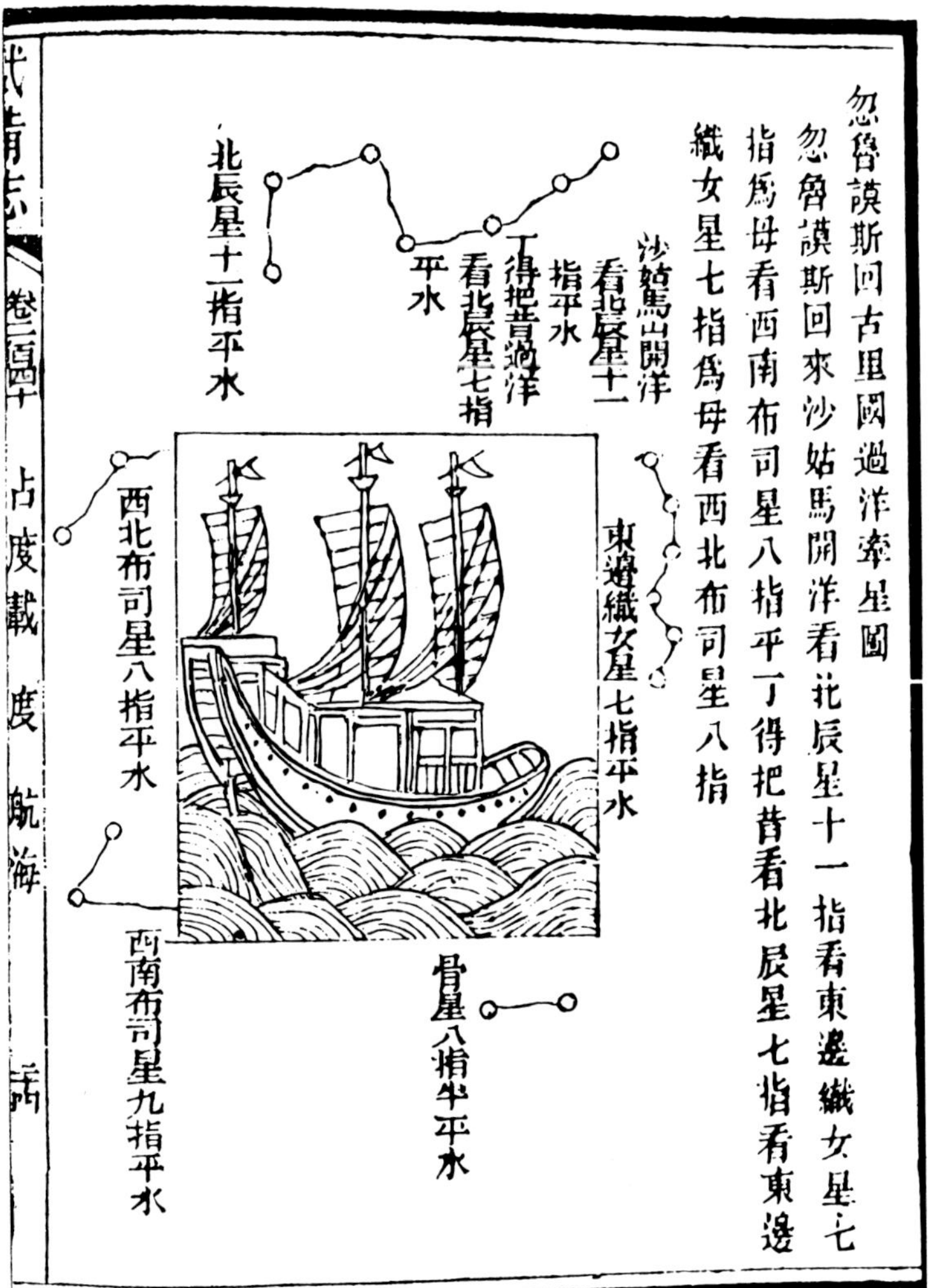

第11図　明初（1405-1433年）7回にわたる鄭和の大遠征艦隊，航海図に描かれている中国船（『武備志』巻240所収）

第12図　胡椒，pepper.
（ＳＢ食品『香辛料』より）

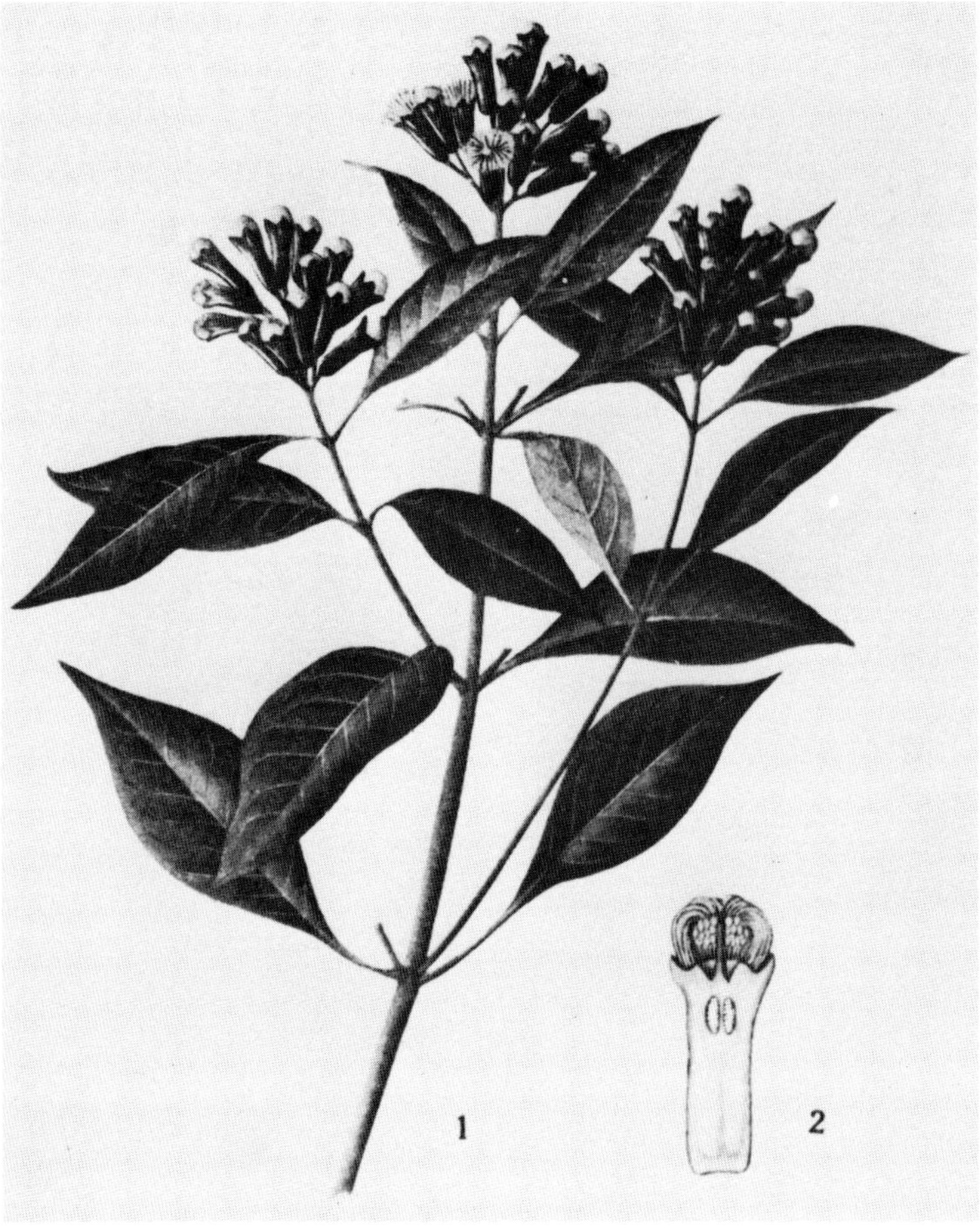

第13図　丁香　Eugenia caryophyllata Thunb.

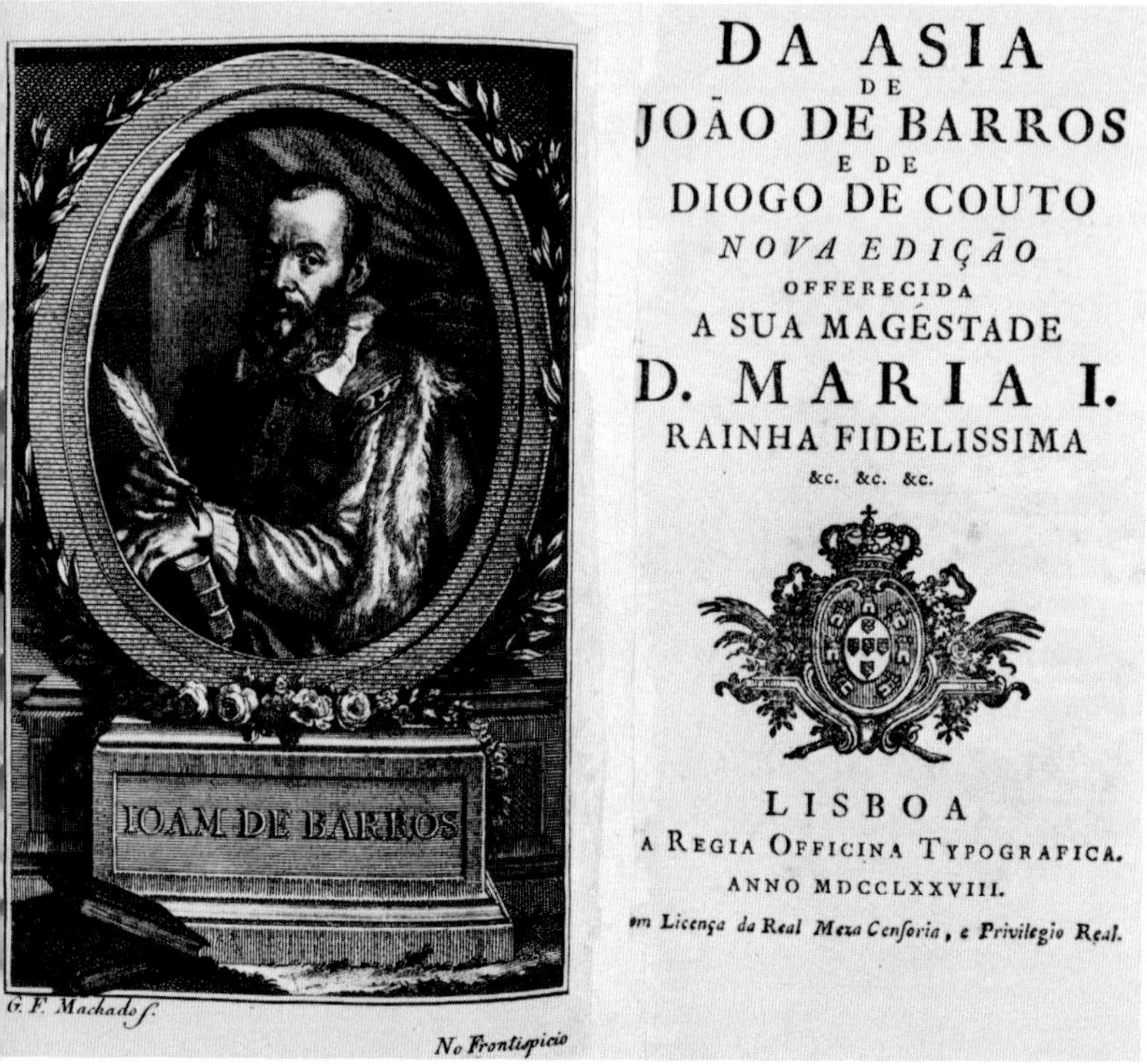

DA ASIA
DE
JOÃO DE BARROS
E DE
DIOGO DE COUTO
NOVA EDIÇÃO
OFFERECIDA
A SUA MAGÉSTADE
D. MARIA I.
RAINHA FIDELISSIMA
&c. &c. &c.

LISBOA
A REGIA OFFICINA TYPOGRAFICA.
ANNO MDCCLXXVIII.
om Licença da Real Meza Censoria, e Privilegio Real.

第14図　16世紀初めのポルトガル人，インド渡海の原報告と諸史料を忠実に集録したジョアン・デ・バロスの像と彼の著『アジア志』

第15図　乾燥精選した丁香（花蕾であることに注目されたい）
（ＳＢ食品『香辛料』より）

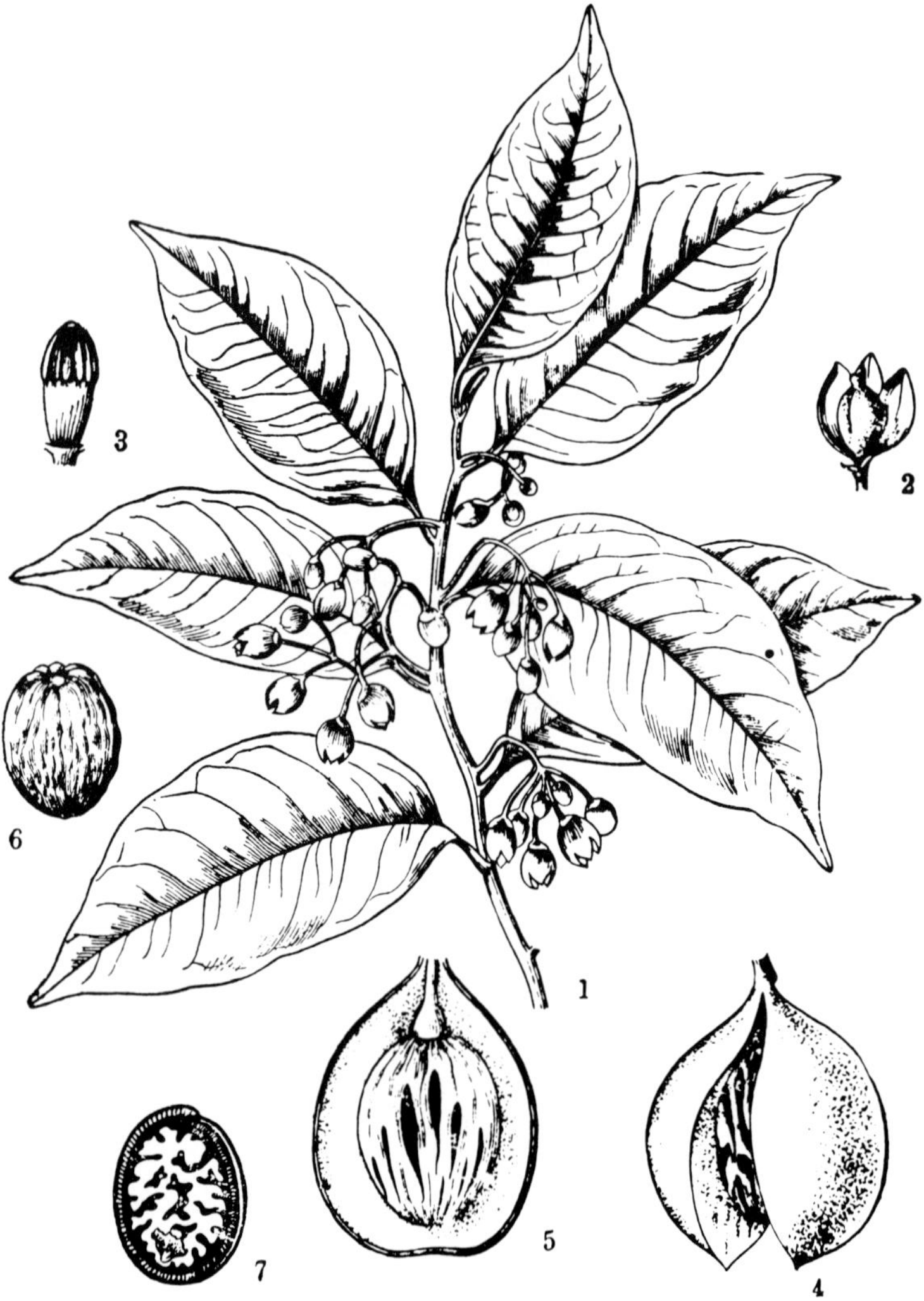

第16図　肉荳蔻　Myristica fragrans Houtt.

第17図　完全に熟した肉荳蔻の実．小さい桃ぐらいの果肉は二つに割れて開き，中に堅い種子がある．この種子をつつむ仮種皮が荳蔻花（メース）で，種子の中の心（しん）が肉荳蔻（ナツメッグ）である．（ＳＢ食品『香辛料』より）

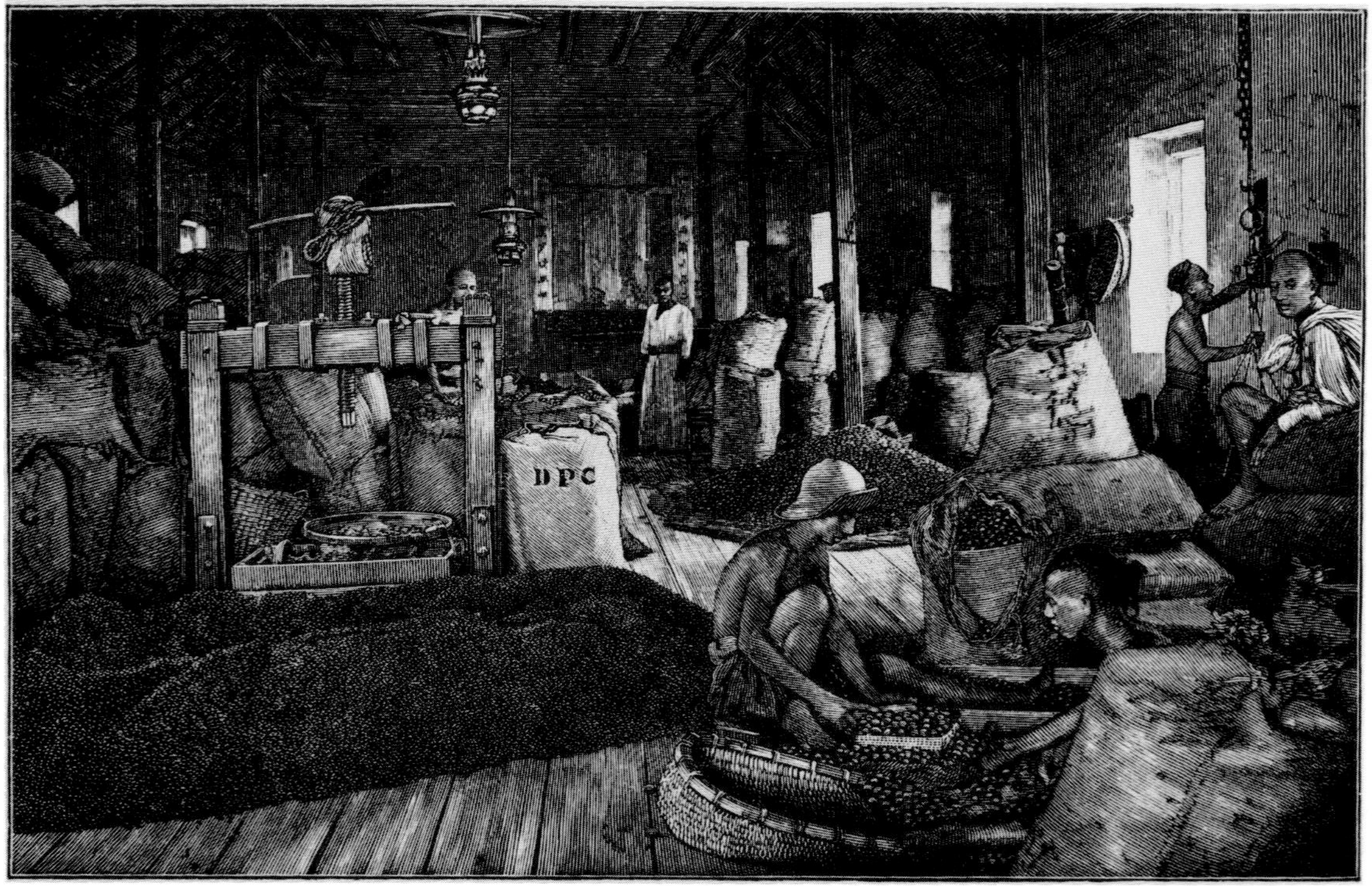

第18図　スパイスを選別する（H. N. Ridley, Spices, 1912.）

第19図　正倉院の紫檀金鈿柄香炉．獅子（ライオン）を飾る柄香炉はペルシア → ガンダーラ（タキシーラ）→ 中央アジア → 中国と，日本につながっている．

第20図　正倉院の銅薫炉．球の表面と身の透し彫りは12の車状の図紋を配し，各車状の図紋内には流麗な花唐草模様があって，ペルシア様式を巧みに中国化している．中国，臥褥（被中）の香炉の様式をつたえる唯一の遺品．

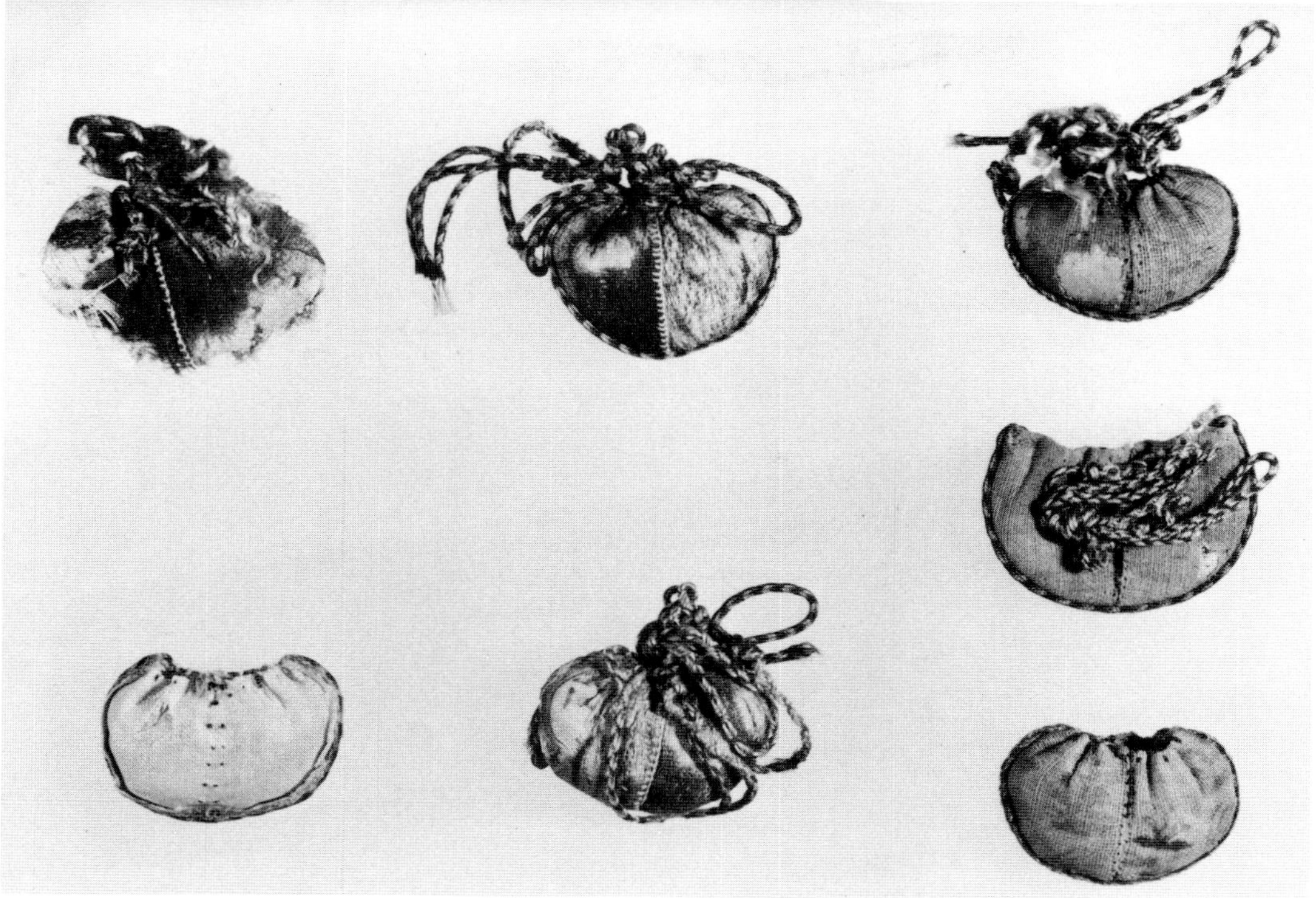

第21図　正倉院の小香袋．唐代の貴族婦女子に愛用された「匂い袋」の最古の遺品である．

第22図　正倉院，沈香末塗経筒．筒の表面に沈香木の末を塗りこめ，丁子（clove）と想思子が半肉にはめこんである．

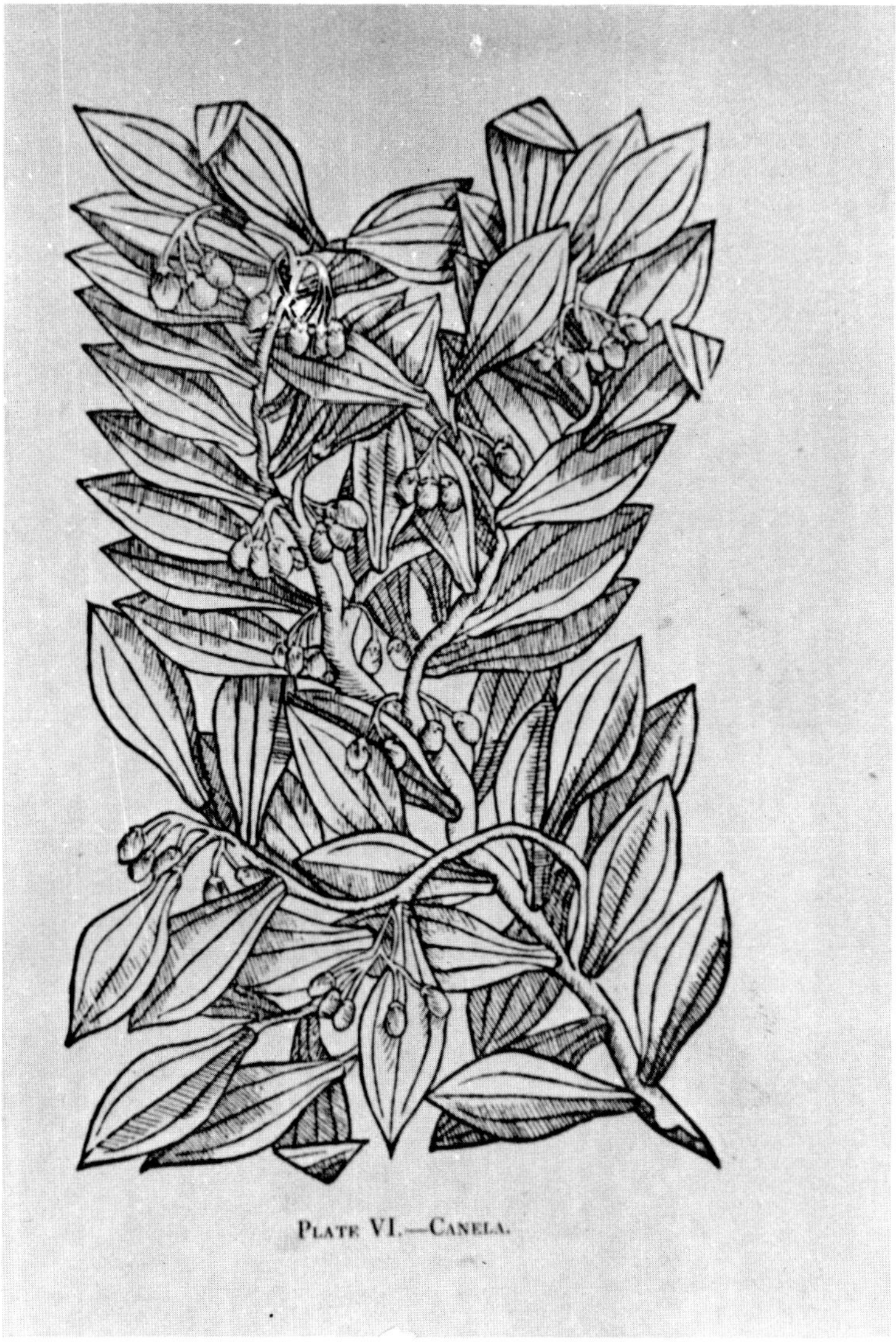

第23図　肉桂　クリストハル・アコスタ『インド薬物志』（1578年）にのせている図.

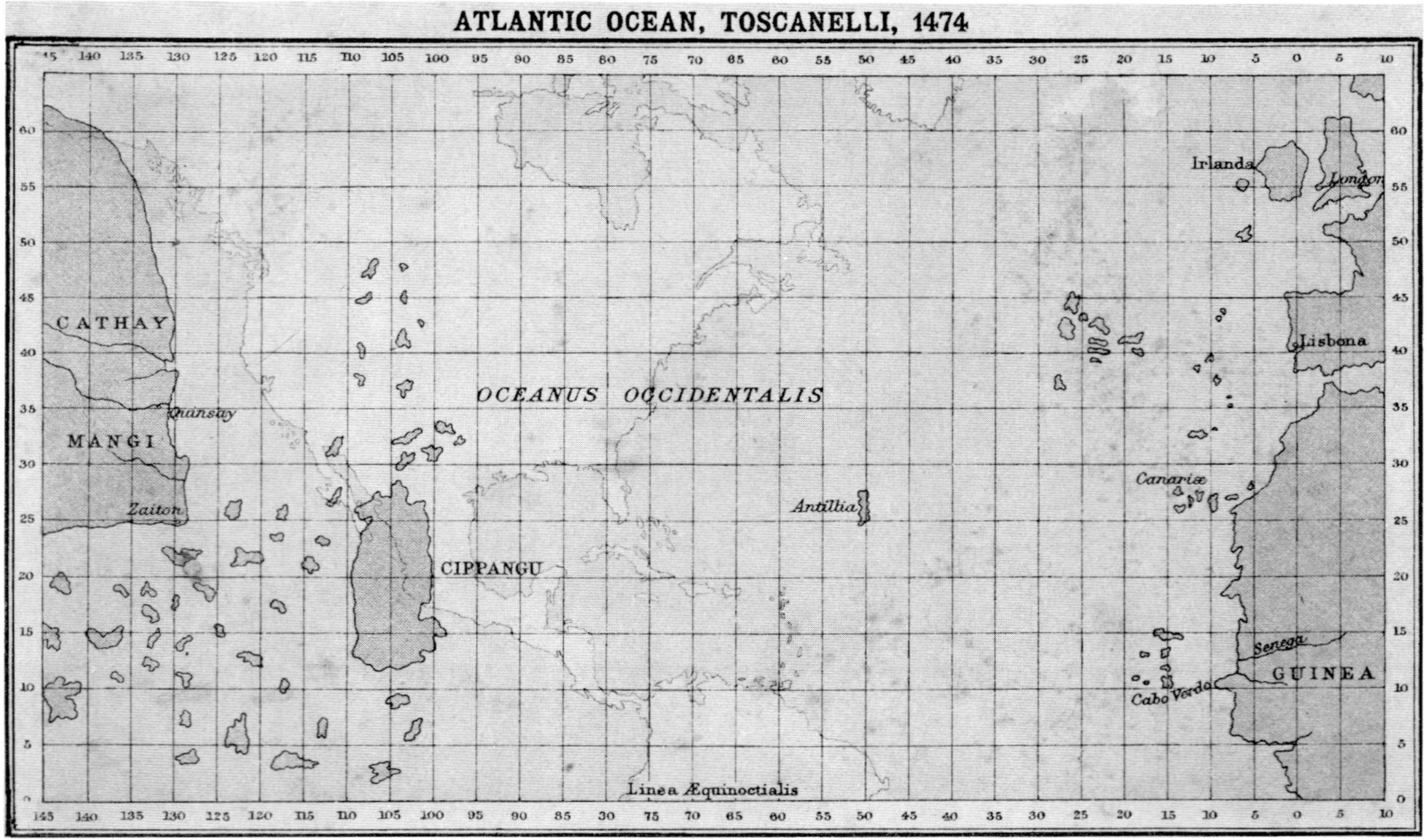

第24図　トスカネリ（1397-1482年）が1474年にポルトガル国王アフォンソ五世に送った地図の写し．（参考のために北アメリカの部分

スパイスの歴史

薬味から香辛料へ

山田憲太郎 著

法政大学出版局

序

現代以前のスパイス（香辛料）の代表は、熱帯のアジアに産した胡椒（ペッパー。インドのマラバルとジャワ、スマトラ）、丁香（クローブ。モルッカ諸島）、肉荳蔲《にくずく》（ナツメッグとメース。バンダ諸島）と肉桂（シンナモンとカッシア。インドのマラバルとスリ・ランカ、南中国から北ベトナム）である。これらのスパイスを熱望してインドと東南アジアに渡海した東西先進文化民族の往来が「スパイスの歴史」である。特に近世初めのヨーロッパでは「スパイスすなわち香料」であったから、彼らのスパイス獲得の経過がその歴史だとして叙述されている。この場合、ヨーロッパ全体以上にスパイスを需要した中国のこと、西南アジア・イスラム圏の多大な需要、またインドと東南アジアなど現地の消費事実を忘れている。そして「スパイスの歴史」の根本である原産地の生産の実態と交易状態が全く論及されていない。

私は本書でまず中国人の胡椒の大消費が出現した時期を明らかにし、彼らがジャワ、スマトラ、インドの原産地に出かけた経過をのべ、彼らの記録によって原産地の実状を能う限り知ろうと務めている。それからイスラムやヨーロッパ人の所伝を参引して、彼らと中国人の需要の程度を憶測することを怠っていない。ところが中国人は、胡椒を「薬味」（ヨーロッパのハーブ〈薬草〉とはニューアンスが異なる）として考え、あくまでも広い意味の薬物の一種としている。彼らはスパイスという独自の分野の存在を認めていない。薬物に属する薬味としてである。だから十四世紀の初半にモルッカの丁香とバンダの肉荳蔻について世界最初の現地報告を残し、実際にはフィリッピン群島の西海岸を南下してモルッカとバンダ諸島まで航海しながら、その後は余り需要していない。これは丁香と肉荳蔻を薬物あるいは香料として認めても、薬味としての用途が無かったからである。

このような中国人の消費実態と全く異なった様相を呈したのが、十四世紀以後のヨーロッパである。彼らは胡椒以上に丁香と肉荳蔻を熱望し、日常生活になくてはならないものとした。だから胡椒を別格とし、せまくスパイスというときは丁香と肉荳蔻だけであるとした程である。こうして丁香と肉荳蔻の唯一の原産地であるモルッカとバンダは、ヨーロッパ人東洋進出の最も肝心な目的地であった。しかし現地の住民は後代まで生活の程度が極めて低く、彼ら自身は天与のスパイスの価値をほとんど認めず、薬用あるいは調味料として使用することを知らなかったから、原産物について語りそして伝えることをほとんどしていない。それで丁香と肉荳蔻の原産地の実態は、これを熱望して現地に渡来した最初の外国人の所伝によらなければならない。私は中国人の記録についで、十六世紀初めに現地を踏査したポルトガル人、イスパニヤ人の生《なま》の報告によって現地の実状を探り、これによってその以前の状態を能う限り復元しようとした。もちろんそれには多分に憶測と類推をもってしているが、限られた原史料のもとではやむを得ないことである。

胡椒と丁香、肉荳蔻の歴史をこのような観点から記述したのは本書が最初であろう。中国とヨーロッパの需要と消費の実態を背景とし、能う限り原産地の実状を描き出そうとする大胆な試みであって、『スパイスの歴史』はここから出発すると自称している。また「スパイスの歴史」の中心はここにあるという。ただこの場合、本書では肉桂（シンナモンとカッシア）にふれていることがすくない。これについては他日一書を草する予定であるが、本書では第二部の「附録」としてインド肉桂を中心にモルッカの丁香とマレイ・スマトラの竜脳の発見に及び、いくらかの補足はしている。只今は私の『東亜香料史研究』（昭和五十一年）の「肉桂史の研究」でお許し願いたい。

本書は広く多くの人に読んでもらうよう、なるべく平易に心がけ、しかつめらしい論文スタイルを取っていない。ところで昭和五十二年十一月に『香談―東と西―』を出した時、「物足りない部分を探すと、悪臭の検証――死に至る香、もう一つ媚薬としての毒薬について言及がすくない。こうしたものを対極に据えることで、このすぐれた著者は倍の生彩を放つだろうに」と、ある評者から批判されたことがある。というわけで本書の五分の二を占める「異聞雑色」の部をのせている。もちろん評者のいう全部に答えていないが、媚薬としては相応の努力をしたつもりである。スパイスが世界の歴史を動かした主軸の一つであったことは事実である。それはスパイスが人間生活の根本に深く食いこむところのなにものかを持っているからである。この「なにものであるか」ということの歴史上の回答がこの部分である。媚薬としての香料、とくにスパイスについて、私の雑学の極言である。破顔一笑していただけば幸いである。

終りに天下一品と自称する本書を刊行される法政大学出版局、とくに稲義人氏、委細の配慮を煩わした松永辰郎氏をはじめ、文選、校正、印刷、製本その他、本書を生み出すため尽力された皆さんに感謝の意を表したい。

昭和五十四年三月

山田憲太郎

目次

第二部　香料群島（スパイス・アイランド）……63

第三部　異聞雑色

第一部　中国の胡椒時代

一　天の都・杭州と胡椒

天の都（The City of Heaven）

十三世紀後半の世界的な大旅行家マルコ・ポーロ（一二五四—一三二四年）は、アジアの各地、特に中国本土の見聞を忠実に報告しているが、当時のイタリア人にとっては余りに意外な奇想天外なことばかりであった。それで彼は「百万のマルコ様 Marco Polo, Il Milione」、百万に一つしか真実を語らない人だと大うそつきの烙印を押された。日本では「千三つ」と、本当のことは千に三つ位しか言わない人という言葉はあるが、ポーロの方は桁外れに大きく、さすがは世界的なスケールの大人である。

彼は中国本土の隆昌と繁栄、特に大都市の歓楽生活について、彼一流の観点から説明している。元の大都（北京）でこう語っている。

金銭のために媚《こび》を売る公娼の数は、新都および旧都の城外に二万五〇〇〇人くらい居る。その百人および千人毎に取締りの役人があって、その上に更に総括する役人がいて支配している。こんな制度が出来たのは、次のような理由からである。皇帝（大汗《たいかん》）の利害に関係のある外国の君主から大使や使節が来た時に、接待の費用は陛下が御支出になるのであるが、そのさい最も丁重な待遇として、娼婦取締りの役人に、その使節一行の全部に旅情をなぐさめるため、それらの女を差出すように命ぜられるのである。女どもは毎夜交替する。このサービスを、彼女たちは国家に払うべき税金の一種と心得ているので、決して報酬を要求しないことになっている。

元・世界帝国の帝都に集まる世界各国の使節のための歓待用として、公娼がおかれているという。ところが彼は、北京の多数の人口とその盛大な商業活動を語った中で、こんなふうにも言っている。

金銭のために媚を売っている娼婦は、よほど秘密にしなければ城内にはあえて這入らない。そんな職業は城外だけに限られている。この娼婦の数が二万人であることは既にのべた。これだけの人数がいても大帝国の主都であるから、各地から集まる者や、商人の出入が常におびただしいために、決して必要以上には多くないのである。

このような売春婦の数からだけでも、北京の膨大な人口が十分に想像されるだろうと彼は言っている。しかし『元史』に見える北京の戸数は約一四万七〇〇〇、人口は約四一万人と推定されるから、彼の娼婦の数には一流の誇張があるのではなかろうか。それから前の方は娼婦二万五〇〇〇人、後の方では二万人で、いささかあやふやである。後の説明からすれば、彼のいう公娼は外国使臣の接待用だけではなくて、首都に往来する内外の商人その他市民にも利用を許されていたのだろう。彼は当時のイタリアなどの無制限な放任的な売春に対し、規律のある元の公娼制度に注目したのであろう。

さて彼は南の大都市である杭州で、「天の都」といわれる由来を語っている。

> 別の通りには売春婦が居る。ちょっと申しかねる程おびただしく居る。原則として特に彼女らのために定められた広場（市場）の附近に住んでいるのが多いが、市内いたるところに居なくもない。美しく全身を飾り立て、芳香をぷんぷんさせ、立派な部屋に納まって、大勢の侍女にかしずかれている。彼女たちは諸芸に達し、誰にも気に入るような修業を積んでいて、特に媚を売る技術に妙を得ている。だから彼女たちの嬌態を体験した外国人たちはすっかり魅惑されてしまい、淫蕩な技巧に迷わされて、その印象が忘れられなくなる。そしてこのような官能的な快楽に陶酔しきった後で故郷に帰ると、キンザイ（杭州）すなわち「天の都」に行っていたと吹聴し、この楽園を再び訪れる日の来ることを、待ちかねるのが常である。

あたかもわが国、江戸時代半ば以後の大都市の花街、江戸の吉原、京都の祇園、浪華の新町、長崎の丸山などの遊女（おいらん）を思わせるようである。ポーロは杭州の説明の冒頭にこういっている。

> キンザイ市、その名は「天の都」を意味するが、豪壮華美および比類のない歓楽郷として他のどの都市よりはるかにすぐれているから、そういうだけのことはある。住民は、おそらく「天堂」におるような気がするのであろう。

彼の話には、もちろん彼一流の大ボラがある。「百万のマルコ様」であるから。しかし当時の中国の代表的な大都市の杭州が、ヨーロッパでは想像もつかないような大人口を擁し、歓楽生活が盛大であったことを娼婦の存在から端的に見ぬいている。

中国で揚子江下流のデルタ地帯の開発は、五世紀時代から始まったが、七・八・九世紀の唐の時代にはその発展が目ざましく、唐末には揚子江岸の揚州が中国第一の大都会となった。そのころ「揚一」という言葉があったが、繁華富庶あらゆる点で揚州が天下（中国）第一という意味である。だから唐末の詩人は、生涯のうち一度だけでも揚州を見て死にたいとさえ歌っている。それまでは、北の長安と洛陽が天下の大都会であったが、もう新興の揚州とはくらべものにならない。したがって「中山の名婦、邯鄲《かんたん》の美姫《びき》」など、北シナが美人の本場とされていたのは昔のこと。唐末の時代には揚州が美人の本場で妓館《ぎかん》・娼楼（遊女が客に色を売り酒宴を催すところ）などが軒《のき》をならべている歓楽境であった。

この揚州が衰えると、十二世紀の南宋時代から杭州と蘇州が代って天下の大都会となった。そのころ「天上天堂、地下蘇杭」という流行語があった。天の上には天のパラダイスがあり、地上には蘇州と杭州という楽園があるということである。ポーロはこの杭州を The City of Heaven とし、蘇州を The City of Earth といっているから、彼は当時の流行語と杭州の一大歓楽生活から、このような奇抜な文句を吐いたのだろう。

杭州市民の食生活

まず始めに、当時の中国本土の商品流通の盛大であった一面をポーロに聞いてみよう。北京には世界各地の珍らしいもの、高価なもの、あらゆるものがすべて販路を求めてここに集まる。そしてどこよりも多額に売買されている。例えば南海（中国人が漠然と南シナ海から東南アジアとインド洋諸地方の国国を指した言葉）の宝石、真珠その他あらゆる種類の香料、薬品、珍品、奇貨は皆この都に集まる。また中国本土と、広大なアジア大陸の元の各領土から、価値のある商品は皆もたらされる。これは皇帝（大汗）と彼の臣下ならびに彼らの家族、おびただしい数の市民、軍人などの需要に応じるためだと彼はいっている。

ポーロは、すべてを元世界帝国の強大な専制支配力に結びつけているようである。では目を変えて、当時の大都市の消費生活、特に食生活を見よう。彼は杭州の繁栄について、他のどの都市よりも詳しく語っているが、特に杭州市民の食生活についてわれわれを驚嘆させるものがある。

杭州市街の区域内には無数の広場（坊、都城制の一区画）があるが、その他にも主要な広場が一〇あって、この広場は各側面が半マイルある。（中略）週に三回、各広場には四万から五万の人びとが集まって来る。彼らは広場の中にある市場に来るわけだが、凡そ食料で欲しいようなものは、なんでもある。たとえば獣類だと

「黄鹿、ノロ、牡鹿、野兎、兎」鳥類だと「コジュケイ、雉、シャコ、ウヅラ、鶏、食用牡鶏」など。さらに鵞鳥や鴨となると話にもならないくらいべらぼうな量だが、これは湖水で沢山飼育されているからで、ベニスの銀貨一グロッソもあれば、ひとつがいの鵞鳥あるいはふたつがいの鴨が買える。また沢山の屠殺場があって、そこでは仔牛、雄牛、仔山羊、山羊といった動物が屠殺される。これらの肉は金持や、身分の高い人びとが食べる。しかし賤しい生まれの人びとは、汚れた肉（すなわち豚）でも平気だ。

この広場の市には、いつもあらゆる種類の野菜や果物がある。特に梨には異常に大きいものがある。季節になると桃が出る。ともに極めて美味である（桃と梨は中国の原産――山田）。葡萄はこの地方に産しないので、乾燥したのがあるが、これも味が良い。葡萄酒も他の地方からくるけれども、土地の人びとは米と薬味で作った酒の方を賞美している。さらにまた毎日、莫大な量の魚が大海から二五マイル上流のこの都まで運ばれてくる。湖水からもやはり大量の魚があがるが、ここには漁業を生業とする漁夫が大勢いる。魚の種類は季節によって変るが、この都で捨てる屑物のおかげで、いつも脂がのっていて味がよい。ここに集まる莫大な魚の量を見ると、これが残らず売れてしまうとは全く考えられないだろう。しかし僅か二、三時間のうちに綺麗に売りつくされてしまう。これは一度の食事に、魚も肉も食べる贅沢三昧の生活をしている人が非常に多いからである。（ポーロの故郷ベニスなどでは、このような食生活はまだ少なかったのだろう。彼の故国とくらべて、彼は驚嘆したのである。――山田）

（中略）この都のおびただしい群集を見ると、これだけの人間が十分に食べてゆくだけの食料があるとは、どうしても考えられない。しかし市場が開かれるたびに、前述の広場はどこも、荷車や船に食料を積みこんだ市民や商人で一杯になる。そしてひとつ残らず売りつくされてしまう。ここで売買される大量の食料、肉、スパイスそのほか色々のものの中から、ひとつ例を取ると、私、マルコが大汗の収税官から聞いたことであるが、杭州の街《まち》では毎日、胡椒が四三荷（lord）も消費されているということである。一荷は二二三ポンドの重さである。

いま仮に杭州一都市の胡椒の消費量を彼のいうとおりで計算すれば、一日四三荷では約九五〇〇ポンド、一年を三六〇日として年約一五〇〇(英)トンという巨大な量となる。胡椒は調味用の嗜好品である。いくら胡椒が大好物だといっても、そう胡椒ばかり食べられるものではない。薬用に供した分も相当あったろうが、このような大量では「百万のマルコ様」一流の大風呂敷としか受け取れない。

そこで参考までに「杭州から大汗の取り立てる巨額の税収入」をポーロに聞いてみよう。彼曰く、第一は塩税、第二は砂糖の税(砂糖の生産量は、この地方を除いた全世界の生産とくらべると、その二倍はあると彼はいう)であるとし、各物産を個々別々に説明していてもきりがないから、次にスパイスについて一括して話してみようという。

スパイスはすべて三十分の一を現物で徴税される。この三十分の一税、つまり三パーセント三分の一の現物を税として納入する方法は、商人が陸路この町へ商品をもたらしてきた場合も、商人がこの都市から商品を持ち出してそれを水路と陸路で他の都市に販売する場合も、ひとしく適用される規約である。ところで、海路この都市に搬入された商品には、さらに一〇パーセントの課税がかかるが、それはひとり舶来の商品だけに限ってのことではなく、この地方で生産された一切の物資に対しても、それが家畜であれ、作物であれ、その十分の一は当然大汗の所得に帰すべきものとなっているのである。

泉州の胡椒輸入

ポーロは杭州の胡椒の消費量が毎日四三荷、すなわち約九五〇〇ポンドであるというが、彼は当時の中国最大の外国貿易港である泉州の胡椒輸入について、さらにわれわれを驚かせてくれる。

ここの港では南海の船は皆高価な商品、貴重な宝石類、大きい立派な真珠を満載して入港する。またマンジ(注)の諸地方の商人たちもこの港に集まってくる。一口にいえば、この港で行われるさまざまな商品、真珠、宝石の取引は全く一驚に値するものである。そしてこの泉州の港からあらゆる商品が、マンジの全地域に送られてゆく。キリスト教諸国(全ヨーロッパ)の需要を満たすために、アレクサンドリア(エジプト)その他の港へ一隻の船が胡椒を積んで行くならば、泉州へはその百倍も輸入される。その貿易額においても世界の二大貿易港の一つである。(すなわち西のアレクサンドリアと東の泉州は、世界の二大貿易港である)

(注) 征服民族であるモンゴル人は、シナ本土特に中部の漢民族を蛮子(マンジ)と呼び、彼らの住む地方を同じ名称で呼んでいた。杭州はマンジの首都であり、泉州はその代表的な外国貿易港であった。

ヨーロッパ全体の消費に対して輸入される胡椒の百倍も泉州に輸入されているというのは、とうていそのままでは受け入れ難い。すると前の杭州市民の一日の胡椒の消費量というのも、あるいは中国本土全体の消費量をいったのではなかろうか。その頃杭州が、泉州で輸入した胡椒を中国全土に供給する中心市場となっていて、ポーロは杭州胡椒市場の一日の取扱い高を、杭州市民の一日の消費量と誤認したのではなかろうか。仮にそうであったとすれば、十三世紀末頃の中国の胡椒消費量は年約一五〇〇トンに達する巨大な量であったように想像される。後代の中国の年間輸入量――それは同時に年間の消費量をほぼ推定させてくれる――とくらべて実に驚くべきもので、とても信じられない量である。ポーロのいう胡椒の消費量を、素直にそのまま受け入れることはとてもできない。だがポーロの指摘している大都市の繁栄によって、消費生活、特に食生活が大きく変化し、胡椒の大消費時代が出現したことは確かなようである。そしてヨーロッパ全体の消費量より多かったのも、また事実であったろう。

彼はまた泉州で、南方海上諸国との貿易と輸入税についてこう語っている。

大汗はこの泉州の港から、実に莫大な税収入を得ている。これは南海から来る船は、すべて一〇パーセント、即ち彼らが持ってくるすべての商品、宝石、真珠の価格の十分の一を納めることになっているからである。このほかに運賃と諸掛り（諸費用 charges）として精巧品は三〇パーセント、胡椒は四四パーセント、沈香、白檀そのほか嵩《かさ》の大きい商品は四〇パーセントかかる。こうして税と運賃と諸掛りとで、商人は積んで来た荷物の半分は差し出さなければならないこととなる。しかし残りの半分でも大変な利益があるので、もっと沢山の商品を持ってもう一度こようと考えている。

（注）『元史』によれば、輸入税は細色品（量がすくなくて値段の高いもの）十分の一、粗色品（量が大きくて値段の安いもの）十五分の一であって、時によって多少の変化はあっても大体南宋の条例によっている。

当時の輸入税と運賃、諸掛りは、積んできた商品の何パーセントかを現物で支払わねばならなかった。現代のように通貨で支払うのではない。だから税として収入した官当局も、運賃と諸掛りとして受け取った船主も、輸入貨物の法外な利益を享受していたのである。そして商品を輸入する商人（荷主）は、約半分を税と運賃と諸掛りで取られるから、残った荷物すなわち輸入品の半分内外で、全仕入れ商品の総原価に数倍する利益を上げなければならない。それでも重ねて中国と貿易しようと念願していたということは、そのような利益が十分にあったからである。

中国の主要な大都市のいちじるしい発展は、南方海上諸国の奢侈嗜好品に対し驚くまでの需要を引きおこし、十分な利益を外国貿易商人たちに与えていたのであった。特に胡椒はその優なものであったから、ポーロは泉州の胡椒輸入と、胡椒の運賃、諸掛りなどのパーセンテージまで語ったのだろう。

商品経済の上昇と新興の市民

九世紀後半の唐末から五代十国の十世紀にかけて、中央貴族政府の力は衰え、地方の有力な政権が各地に興起したが、彼らはその自立体制を強固にするため、自己の勢力範囲内の開発に努めた。しかし従来のように、自己の勢力範囲内だけの自給自足にたよって富強を計るのではなく、その地方特有の物産の生産増強にたよろうとした。それには、新興の商人資本と結びつかなければ、増産した生産物の販路を確保することがむつかしい。このようにして、市場販売を目的とする商品の生産が拡大し、小にしては地方市場、大にしては中国全土を販路とする全国市場が成立し、農業と手工業生産の地方的な分化がいちじるしくなってくる。

そして商品の生産と販路が全国的な規模に拡大してくると、新興の商人資本は、中国全土にわたって商業を経営する客商、地方の生産者と客商を結ぶ中継商人である牙人、商品を消費者に販売する大都市の商人である坐賈の三つに大体わかれてゆく。都市の手工業者と地方の生産者は、客商あるいは牙人の支配に従属する傾向が強まってくる。だから各地方政権の城市は、客商と坐賈の生活するところで、牙人の集散する商業都市となってゆく。彼ら新興の商人資本は地方および中央の政権と結託することを忘れていない。そうすることによって、客商、牙人、坐賈の三者は円滑に商業を行うことができる。また政治権力者はそれによって巨額の収入を得ることができる。商人資本と官僚の結託こそ、中国近世化の特徴である。

すなわち地方の城市は地方市場に、中央の大都城は全国市場となって、市場生産が中国商品経済の根本となり、新興商人資本の活動が商品の生産を左右し、唐末以前とは全く異なった様相を呈するにいたった。例えば唐代の大都市は、長安と洛陽を中心とする貴族の消費都市であった。もちろん都市の商業取引は相当活発であったが、東市、西市という一定の場所に限られ、取引は日中だけという時間の制限まであった。ところが十世紀の末に宋が中国全土を統一すると、各商業都市間の交通は円滑となり、全国的な市場生産がたやすく行われるようになって、全国的な商業都市が成立した。そして唐代には一定の場所に限定されていた大都市の市場は拡大して、客商と坐賈と牙人の集まる専門の商店街が生まれ、昼夜の別なく自由に商品を取引し売買するようになっている。

このような発展を、都市の制度の変化から見よう。唐代の大都市は、東西南北に井然《せいぜん》と街路を作り、街路は規則正しく直角に交叉し、各街区は方形の地域に区画され、人家はこの区画内に建てられ、いわゆる坊《ぼう》制をなしていた。宋代になると、商業都市として急激に膨脹したため坊制は乱れ、人家は街路に面して建てられるようになった。従って井然とした街路はゆがめられ、坊内には横道や路地などの裏道が出来て、都城のいたるところの大街には商人が軒を並べて立ちならぶようになった。花柳の巷《ちまた》である花街《いろまち》を狭斜というが、井然とした街路の方形の区画(坊)内に、狭い入りこんで曲りくねった道が出来、酒と珍味と美姫を楽しむところとなったので、そういったのだろう。そしてふくれあがった大都市の人口は、都市の城壁の外に新しい街区を形成するようになって新都と旧都の別が生まれた。

商店街は、大都市では真珠、絹織物、香薬その他種々の専門の商店街に発展してくる。また特定の場所、例えばポーロがいう杭州の大通りの交叉するところにある広場などに、定期市場を開設して商品を取引するようになり、穀物、肉、魚、鳥、野菜、果物、酒、その他日常食料品の専門市場が開かれるようになる。南宋の杭州の肉市場の両側には、屠殺専門の肉屋がならんでいて、毎日都内の各種料理店あるいは小売屋だけに肉類を売り、一般の市民である消費者を相手としない、専門商人だけの取引の市場さえあったという。

これらの市は行あるいは団といわれ、四方の物資の集散しやすい運送と交通に便利な場所をえらび、大街路を利用して作られた広場などで開かれている。十三世紀末の『武林旧事』によれば、次のような市がある。

薬市、花市、珠子市、米市、肉市、菜市、鮮魚行、魚行、南猪行、北猪行、布市、蟹行、花団、青果団、柑子団、乾魚団、書房

これらの多くは定期市場で、ポーロの話とよく合致している。さて商店街、手工業街、定期市場その他各種の市が繁栄して、新興市民の消費生活が拡大すると、ポーロのいう食生活の贅沢とともに、市民の享楽生活も盛んとなってくる。ポーロは多数の売春婦の存在をもってその一端を語っているが、瓦市（戯場、歓楽街）と酒楼（酒店、妓館、妓楼）などが大都市の名物となってくる。北宋の主都、開封には六カ所の歓楽街があった。なかでも桑家瓦市には五十余の戯場（劇場）があって、よく数千人を収容するものさえあったという。戯場内には飲食店、酒店、床屋、売卜者その他さまざまのものがあって、この中で遊んでいると一日の長いのを忘れたそうである。また酒楼、妓館は大街に面した堂々たる建物で、妓女が酒間をとりもち「花陣酒池《かじんしゅち》、香山薬海《こうざんやくかい》」（天下の美女は万朶《ばんだ》の花のように咲き乱れ、美酒は池にあふれる如く、天下の美味は食膳にあふれて贅沢をきわめている。）であるという。そして食店、酒店、茶坊、餅店、麵食店、葷素《くんそ》従食店（腥い肉、辛くて臭い野菜などを食べさせる店）など、種々の飲食専門の店があって、市民の飲食生活が前代には想像されなかったほど変化している。

以上のような現象は、商業都市として大都市の急激な人口増加によってもたらされたのだろう。

この代表的な例は杭州である。宋が北方の金に圧迫されて、一一二九年に都を南の杭州に移すと、杭州は一躍して世界的な大都市となった。その人口増加は、加藤繁博士の推定によれば次のようである。

年次	戸数	人口
元豊年間（一〇七八——八五年）	一六万四〇〇〇戸	——
乾道年間（一一六五——七三年）	二六万一〇〇〇戸	五二万二千人
咸淳年間（一二六五——七四年）	三九万一〇〇〇戸	約一五〇万人

ポーロは杭州の戸数を一六〇万といっているが、これはもちろん誇大である。口数すなわち人口一六〇万人とすれば事実に近い。

ところで十三世紀の前半に「杭州人は一日に三十丈の木頭を喫している」という流行語があった。これは杭州市内十戸毎に、米を搗く槌が一日に一分消耗するものとして、三〇万戸では、米を搗くため毎日三十丈の木材が消耗することを言ったのである。杭州市民の米穀消費の莫大なことを誇張したのであるが、杭州の戸数を三〇万戸と見て、一家五人の割で人口を約一五〇万人と推定することができる。

二　胡椒の伝来

中国人の薬味と料物

十六世紀末の明《みん》の李時珍の『本草綱目』は、「菜の一」として葷辛《くんしん》類三二種をあげている。葷とは味の辛い菜および匂いの臭いもので、鳥獣魚などの生臭いもの、漬物、酒類の醸造、精進料理などに辛さと臭さ、すなわち特異な刺戟と味と匂いを加えて、飲食品を快適にするものである。このような辛さのあるものの代表を五辛といっているが、「常に食すると、身体をあたため、悪気を去り、食滞を消し、気分を爽快にする」といっている。そして五種の代表的な辛い菜は時代によって多少異なっているが、大体は次のようなものであった。

「韮(にら)、大蒜(にんにく)、辣韮(らっきょう)、葱(ねぎ)、薑(はじかみ)」

こうして中国人は古くから彼らの生活の中心である食生活に、特異な刺戟である辛さと、特徴のある味と臭さを求めていたのがよく理解されよう。そしてこのような葷菜類に対し、古くから椒《しょう》＝秦椒(さんしょう)、蜀椒（あさくらさんしょう)、崖椒（いぬさんしょう)、蔓椒、地椒と薑《きょう》＝生薑(しょうが、乾薑)

が辛味の代表とされている。ついで爽快な甘味と薬臭と、ある種の刺戟のある桂《けい》(肉桂、桂皮、桂心、桂枝、箘桂、天竺桂) が薑といつもならび賞されている。また菜類としては芥子《からし》、胡荽《こすい》(コエンドロ) など、それから杏仁《きょうにん》、茴香《ういきょう》の種子類、どちらかといえば薬臭い刺戟のあるものが多く用いられている。であるから中国人が古くから用いている調味料は、本来の香辛料 (spices) というより、むしろ薬味料 (herb) であるという方が妥当である。

彼らは薬物を上・中・下の三つに分類し、上薬は生命を養って精力を増し不老長寿を計る神仙薬である。中薬は疾病を予防し精力を増す強精薬、そして下薬こそ一切の病気、怪我、故障の治療を目的とするものという。だから薬物本来の目的は不老長寿で生命力の充実であり、そのための強精薬でなければならない。この薬物の中で身体を温め病気を除いて食欲を増進するものが五辛と五葷であるから、それは薬味である。あくまでも彼らの信じている、薬物本来の不老長寿と精力 (活力) の充実を計るものでなければならないから、そこには一種特有な薬臭さと粘っこさがある。

宋代以後、中国人の薬味の使用は一段と増加し変化を示している。その一例は料物 (りょうぶつ) という中国独自の香辛料であろう。これは料理の味つけに用いる薬味をあらかじめ調合配剤し、餅 (穀類で製しただんご) 類でこねて弾丸大にしておき、必要に応じていつどこででも使用できるようにしたものである。そしてこれらの料物に胡椒、蓽撥《ひっはつ》(長胡椒)、蓽澄茄《ひっちょうか》(キュベーブ)、その他南海産のスパイスが新しく用いられているのが注目される。私は前にマルコ・ポーロによって、中国大都市の繁栄と消費生活の拡大、特に歓楽街の盛況と市民の食生活の贅沢であることをのべた。このことはポーロのいう胡椒の大消費となるのであるが、中国従来の薬味以上に彼らのいう葷辛類の使用が発達したからである。すなわち味付料として料物が広く使われ普及するようになって、中国古来の薬味料とともに新しい南海産スパイスの使用へと移ってきた。

元代の『飲膳正要』は米穀、獣、禽、魚、菓、菜などの品名とともに、料物の種類をあげている。

胡椒、小椒、良薑、茴香《ういきょう》、甘草《かんぞう》、芫荽子《げんすいし》、乾薑、生薑、蒔蘿《しら》、陳皮《ちんぴ》、草果、桂、薑黄、蓽撥、縮砂、蓽澄茄、五味子、苦豆、紅麹《こうきく》、黒子児、馬思答吉《マスタツキー》、咱夫蘭《サフラン》、哈昔泥、阿魏、臙脂《えんじ》、梔子、蒲黄、回回青、

これらのものはそれぞれ適当に用いると、臓腑《ぞうふ》と胃の冷気を除いて、胸と腹部の疾《やまい》、特に腫《はれ》を去り、精神を安んじて身体を温め、魚や肉の毒を消し、食欲をそそるという。そして中国従来の国内産の香辛料とともに、胡椒（pepper）、蓽撥（long pepper）、蓽澄茄（cubeb）、など南海産のスパイスがあげられている。またインドと西南アジアの馬思答吉（mastic 小アジア）、阿魏（asafetida イラン）、咱夫蘭（saffron インド）、梔子（gardenia イラン）、回回青（Persian blue）、臙脂（carmine）など、むしろ薬品に近いといえるものさえある。これは元世界帝国がイスラムの影響を、中央アジアを通じ飲食品にまで受けていたことを示している。それから前記の品名中には、蒙古《モンゴル》音に漢字をあてたものがあって、西南アジア産と推定はできるが、私にわからないものもある。

では宋代以後、中国人の調味品であった料物の処方をあげてみよう。

（厨房用《ちゅうぼう》）良薑、華撥、紅豆、砂仁、川椒、乾薑、炮官桂、蒔蘿、茴香、橘皮、杏仁を各々等分にまぜ合わせて粉末とし、麦粉あるいは糯米《もちごめ》とともに水に浸し、弾丸大の丸薬とする。

（簡便用）馬芹、胡椒、茴香、乾薑、官桂、花椒を各等分に混じて粉末とし、水を適度に加えて丸薬にする。用いる時は砕いて鍋に入れる。外出の折、最も便利。

（生臭料理用）官桂、良薑、陳皮、草荳蔻、砂仁、茴香を各一両。川椒二両。甘草一両半。杏仁五両。白檀半両。以上を粉末とし、蒸しパンで弾丸大の丸薬とする。

（精進料理用）馬芹、華撥、小茴香、乾薑、官桂、蒔蘿、胡椒、花椒。以上を粉末とし、水でねって弾丸大の丸薬とする。


これらは宋・元代の資料によった数例にすぎないが、このようにして、いつどこでも必要に応じ、料理の種類に従って簡単に使用するようになったのは、調味料の使用が広く一般に普及してきたからである。と同時に、その処方から見れば、中国古来の薬味料である葷辛類に胡椒、長胡椒、キュベーブその他が新しく加わって、彼ら中国人の料物となっていることである。こうして中国人は熱帯アジアの香辛料（と西南アジアの香料薬品）を調味料として使用するようになったのであるが、外国産の調味料（すなわちスパイス）が、在来の薬味料の中に包含されているところに中国の特性がある。彼らは香辛料《スパイス》を広い意味の香料——焚香料（incense）、化粧料（cosmetics）、香辛料（spices）と大別する——の一部門として認めることは後代までしていない。あくまでも薬物中の薬味料にふくまれたものとしての存在である。だから調味賦香料として、香辛料が独立したものとして認められていない。この点がヨーロッパの香料観とは全く異なっている。特に中世の末から近世の初めにかけて、ヨーロッパでは香料すなわちスパイスであるとさえ考えられている。それに対して中国人の香料観は、香（料）すなわち焚香（料）で一貫している。胡椒、丁香、肉荳蔲、肉桂、生薑《ジンジャー》などヨーロッパ人のいうスパイスは、中国ではあくまでも薬物として認められ、その意味で飲食物の調味にあてられている。

では終りに中国の香辛料（すなわち薬味）について重ねて記そう。前漢の司馬相如の子虚賦に「勺薬《しやくやく》の和《わ》具《そな》わりて、しかる後にこれを進む。」とある。この句の解釈について後漢時代に、

㈠　勺薬（牡丹に似た香草）をもって食物を調味すること。
㈡　木蘭や桂皮で調味すること。
㈢　「五味の和」すなわちいろいろな味で調和（味つけ）をすること。

の三つがあるが、要するにこの芍薬は調味一般を意味するのである。（子虚賦の注に、芍薬、五味之和也、というものである。）古くから彼らのいう味の分類は「鹹、苦、酸、辛、甘」の五つであって、特に薑と椒は辛味の代表とされている。この薑と椒は、生薑、乾薑、秦椒、蜀椒、崖椒、蔓椒、地椒などと区別されているように簡単ではない。それから南方の桂が甘味の代表として用いられているが、これも江南の桂から広東、広西の本来の肉桂へと移り、百薬の長、すなわち薬品の王者とされている。また薑の草類から蘘荷《みようが》、薤《らつきよう》、葱《ねぎ》、芥《からし》、韮《にら》、蓼《たで》など肉食に適するものを用い、また桂と同類の木蘭が「桂、椒、木蘭」とならび称されている。そして前漢の武帝以後は、西域系の植物が将来されて大蒜《にんにく》、胡荽《こすい》などが広まっている。六世紀前半の『斉民《せいみん》要術』があげている調味料は、

薑、葱、蒜《にんにく》、蘇（以上は根か葉を用いる）、芥、椒、胡椒、蓽撥、胡荽、胡芹（以上は種子を用いる）、橘皮、木蘭（以上は皮を用いる）などであって、後代の葷辛類より広い分野である。肉、鳥、魚、蔬菜、漬物その他精進料理、酒類など、飲食物に味と刺戟（五味）と匂い（香と臭）を増し加えるものを用いている。中国独自の香味であり薬味料でなくてなんであろう。

中国人の知った胡椒

胡椒の胡は中国から西北部の外国とその民族を意味し、ある時代、特に七・八・九世紀の唐の時代には、西域のイラン系の民族とイラン本土を指している。だから胡の椒とは、西域のイラン系民族を経由してまずインドのペッパーが中国に伝播したから、そのように命名したのだろう。椒とは辛辣味のある植物の果実の一般的な名称で、特にさんしょう類を指してそういっていた。そしてこの椒のような、あるいはそれによく似ている辛辣味のあるもので、西北の外国すなわち胡の地方から来る椒――あるいは胡人によって将来される――椒というので胡椒といった。古く中国人は胡椒の産地として『後漢書《ごかんじょ》』はインド、『隋書』と『宋書』と『魏書』は波斯《はし》（イラン）の産としている。インドからイラン系の民族と国々を経由して、少量のインドのペッパーが中国に伝来したからである。その伝来は七世紀の唐以前は極めて少量であったから、貴重な薬剤の一つとされ、産地などについての消息はすこぶる漠然としていたのだろう。

中国では漢代から薬物の厚生利用を研究の中心とする本草学が生まれ、種々の薬物について歴代の本草書、すなわち今日の薬局法に当るものが編纂されている。

しかし胡椒は、六五九年にできた唐の『新修《しんしゅう》本草《ほんぞう》』に初めて説明されている。

胡椒。味は辛く、大いに温かく、無毒である。主として気を下し、身体を温め、痰《たん》を去り、臓腑の風冷を除く。西戎《せいじゅう》に産し、形は鼠李子《そりし》のようで、食物の調理に用いる。味は甚だ辛辣であるが、芳香は蜀の椒より劣る。

インドから陸路はるばる西域を経由し年月をかけて到来するから、芳香は減少し、ペッパー本来の hot で bite で sweet な点は減少し、ただ sharp（辛辣）さだけであったのだろう。それでも薬用と調味料に用いるという。そして西戎すなわち西方の蛮国に産すと、産出地はすこぶる漠然としている。ところが『新修本草』は蒟醤《くしょう》（きんま）の注記に蓽撥《ひっはつ》というものをあげて、

また蓽撥というものがある。叢生で果実は細く、味は蒟醤より辛辣である。

という。そして十一世紀末の『證類《しょうるい》本草』では、「蓽撥は生臭い匂いを消し、食欲を進め、イランに産す」とある。この蓽撥（pi-p'o）は、明白にインドの長胡椒をいうサンスクリットのピパリのリを略

した音を写したものである。とすれば、七世紀の頃インドの普通のペッパーとともに長胡椒も伝播していたと見てよろしい。また早く八世紀初半の陳蔵器の『本草拾遺《しゅうい》』は「イランに産し、胡人（イラン系）が将来するが、食品の調理に用いる。」と記して、イラン系の人びとによって中国に転送されていたことを明らかにしている。しかし唐の太宗の貞観年間（六二七―四九年）に太宗が下痢で苦しんだとき、名医が乳煎華撥の薬湯を進じて全快させたと伝えている。だから七世紀の頃、華撥があるいはインド産であることを知っていたのだろうと推定されないこともないが、胡椒とともにまだ貴重な薬品であったと見るのが妥当であろう。

六世紀の前半に成ったと思われる『斉民《せいみん》要術』には、食物の製法がのせてあって、それに使用する調味料、特に薬味の種類も明細に示されている。薬味が最も多く使用されているのは食肉であるが、蔬菜や漬物にも相当用いられ、酒の醸造や精進料理に及んでいる。それらの薬味は、前項にあげた葷辛料がほとんどである。本書の「蒸《むし》麩《ふ》」すなわち肉の蒸し物と蒸し焼の中に胡炮肉というのがある。肥えた白羊の肉の腸詰めと思われるが、胡の名を冠しているから西域伝来の珍味の一つであったろう。この薬味は「葱白、薑、椒、蓽撥、胡椒」であって、豉（なっとう）と塩で味をつけるとある。だから七世紀の唐以前に、インドの胡椒と長胡椒が羊肉の調味料として、一部の人びとの間に使用されていたと見てよかろう。また、このような調理方法は西域系の胡族から中国人に伝わったと思われるから、中国人より早く西域の諸民族のある者が、インドの胡椒や長胡椒を味つけに用いていたと考えられよう。

唐末、九世紀半ば頃の段成式の『酉陽雑俎《ゆうようざっそ》』という、海外の異聞雑識を広く伝えた一書は、インドの胡椒と長胡椒について有名な記事を残している。

◎胡椒は摩伽陁《マカダ》国に産するが、味履支 (mei-li-či) という。その苗は蔓性で、茎は極めて柔弱である。葉は長さ一寸半で、細条 (ステム) があり、細条から葉と果実が相対して生じている。その葉は早朝に開き暮に閉じ、果実を包みこんでしまう。果実は中国の椒に似て、いたって辛辣である。六月に採取する。現在の人びとは胡盤 (外国料理) の肉食の調理に皆これを使う。

◎蓽撥は摩伽陁国に産し、蓽撥梨 (pi-po-li) という。払林国では阿梨訶咃 (a-li-ho-to) ともいう。苗の長さは三—四尺で、茎は箸のように細い。葉はドクダミに似て、実は桑椹 (実) のようである。八月に採取する。

彼のいう摩伽陁国とは、ガンジス河中流の古代のマガダ国で仏教の発祥地であるが、ここでは広くインドという意味に解してよかろう。彼は伝聞によったのだから、胡椒の葉が早朝に開き夕暮に閉じるなど、不思議な点があるのはやむを得ない。しかし胡椒は蔓性で長胡椒は灌木であり、後者の実が桑の実に似ているなど、かなり正確である。また胡椒の葉が細い茎から果実のステムと双方相対して出ているなど、よく真相を伝えている。そして胡椒のサンスクリット音であるマリチャを、メイリチとしているのは感心させられる。西方世界へは長胡椒のサンスクリットであるピパリしか伝わらないで、これが長胡椒と胡椒の双方にあてられ、ペペリ、ピペルとなっているのに、九世紀であっても胡椒のサンスクリット音を正しく伝えたのはさすがに博学である。また長胡椒のピパリをピポリというのも正確である。ただこれを払林国《フーリン》でアリホトというとある。フーリン国は東ローマを指したのだろうが、アリホトという音は何によったのか私にはわからない。最後に、胡椒はその頃の人にとって西域スタイルの肉食に欠くことのできない調味料であると、端的に結んでいる。

『雑俎』より一世紀早い八世紀半ば頃の諸種の外国の薬物を、原初のままよく今日まで保存している奈良の正倉院にも、胡椒と長胡椒がある。現残品がインド産とジャワ産のどちらであろうかということを、現状から推定することは困難である。しかし大体インド産とする方が、中国における来歴より見て妥当であろう。現に院の薬物を正確に調査した報告（朝日奈泰彦編『正倉院薬物』）では、院の長胡椒について現残品はインド産であると断定している。

さてジャワに主として産する胡椒科のキュベーブ（cubeb, *Piper cubeba*）という薬物が八世紀前半の『本草拾遺』に華澄茄《ひっちょうか》（pi-ch'ēng-ch'ieh）という名であげられ、「仏誓国に生じる。状は梧桐《ごとう》と蔓荊《まんけい》の実に似ているが、やや小さい」とある。そして十一世紀末の『證類本草』は、この別名を毗陵茄子（p'i-ling-ch'ieh-tzŭ）と記している。ピリンチェツの音は、マレイ語で南インドをケーリン、そしてカリンガ出身のインド人をクリンといい、唐代の中国人がジャワを訶陵（ホーリン）といったことによるものだろう。古くインド西北海岸のカリンガの人びとが多くジャワに移住したことに由来し、六—七世紀頃ジャワで彼らを中心とするインド系の色彩の強い国が出現したからである。仏誓国は仏逝国である。七世紀の室利仏逝（シュリヴィジャヤ）国、すなわちスマトラのŚri vijaya である。スマトラのパレンバン地方を経由してジャワのキュベーブが中国に到来していたから、この中継地をまず産地と見たのである。そうするとジャワの胡椒（と長胡椒）もあるいは中国に伝来していたのだろうと想像されないこともない。

南海方面の薬物を専門に記述した八世紀頃の『海薬本草』は華澄茄（キュベーブ）の項で、『広志』に「皆南海方面の若胡椒である。実を摘む。実の柄は粗で短い。」と記しているという。

また胡椒の項では、

徐表の『南州記』に南海諸国に生ずとある。（薬効は省略する）あるいはいう。日かげに育つのが華澄茄で、日なたに育つのが胡椒である。

前の『広志』を郭義恭の作とすれば、五―六世紀の書として認められる。また後の徐表の『南州記』とあるのは、徐衷の『南方記』の誤りであるから、すくなくとも六世紀以前の書と認められる。そうすると五世紀の頃ジャワのキュベーブがおぼろげながら中国人に知られ、若胡椒であると混同されている。そして胡椒は南海諸国に生ずると『南方記』にあったとすれば、この南海諸国はインド本土よりむしろマレイ諸島を指していたものと考える方が妥当性がある。だから漠然とジャワ胡椒をふくんでいたものとされよう。それから『海薬』が終りに一説として、日かげにあるのがキュベーブで、日なたにあるのが胡椒だと、両者を同一の植物のように考えている。この場合、キュベーブはジャワに限定されるから、例え誤っていても、それと同一だと見なされる胡椒はジャワ胡椒であると想像してよかろう。だからジャワ産であるとはっきり知っていなかったとしても、ジャワのキュベーブとともにジャワの胡椒が、七―八世紀頃には少量であっても中国に伝播していたと考えてよかろう。

胡椒大輸入時期の到来

十世紀末から十一―二世紀にかけて徐々に胡椒の輸入が増加したことは、宋代の外国貿易取締条令の物品中に胡椒の名が散見することでほぼ推察される。しかしアラビア乳香の輸入が、香料薬品はもちろんのこと、その他の南海からの諸物品中で群をぬいていた。そして香料薬品では、白檀、沈香、竜脳などが乳香についで目立って多く、胡椒はまだまだであったといってよい。であるから当時の本草博物書は、胡椒の薬物上の効能を前代よりやや詳しく記すだけで、産地や伝播の経路については語っていない。それに関しては無知であったろうし、また注意を引く必要を認めなかったのである。数ある宋代の南方地誌類の中で、一一七八年序の周去非の『嶺外代答』だけが、闍婆(Shö-po ジャワ)の土産として「檀香(サンタル)、丁香(クローブ)、白荳蔻(カーダモン)、肉荳蔻(ナツメッグ)、沈香」とともに胡椒の名をあげているだけである。ところが『代答』から約五〇年後の一二二五年序の趙汝《ちょうじょ》适《かつ》の『諸蕃志《しょばんし》』にいたって、初めてしかも突然、ジャワ胡椒の明確で詳細すぎる記事が出現している。それは次の通りである。

〔下巻・志物〕　胡椒はジャワ（闍婆、別名を莆家竜《ペカロンガン》という）のスキタン（蘇吉丹、中部ジャワ）、トウバン（打板、東部ジャワ）、パジャジャラン（百花園、西部ジャワ）、ジャンガラ（戎牙路、ジャワ島の東部）に出る。スンダ（新拖、ジャワ島の西部）品を上とし、トウバンはこれに次ぐ。胡椒は郊野（町つづきの田舎）と村落に生育し、その間に境界がある。蔓《つる》は中国の葡萄の如く、住民は竹や木をもって棚とし栽培している。正月に開花し、四月に結実する。花は鳳尾のようで、色は青紫である。五月に実を採り、太陽にさらして乾燥させ、倉庫に納める。翌年、倉庫から出し、牛車に積んで市場へ運ぶ。その実は太陽に余り強くないが、雨には十分耐える。だから旱天だと収穫は少なく、雨量が多いと収穫は平年の倍に達する。

〔上巻・志国・新拖《スンダ》の条〕　山地に胡椒を産す。粒は小さくて重く、打板《トウバン》品にまさる。

〔上巻・志国・蘇吉丹《スキタン》の条〕　この地の産物はおおむねジャワと同じである。胡椒を最も多く産し、年間の気候が良くて豊作だと、貨銀二十五両で十包ないし二十包買える。一包は五十升である。気候が悪くて十分にみのらない不作の年は、その半分しか買えない。胡椒を採集する人は辛辣な香気になやまされ、ほとんど頭痛を病んでいるから、川芎《せんきゅう》を服用していやしている。

〔上巻・志国・闍婆《ジャワ》の条の終り〕　この地方の胡椒はほとんどここに集まり、これを買うと貿易船の利益は五倍に達する。それでしばしば禁制をおかし、ひそかに銅銭を積んで出かけ、交易している。ために中国の官当局は、たびたびこの地方への渡海を禁止しているが、商人は行先地をスキタンとすり変えて出かけている。

まず産出地であるが、『諸蕃志』は上巻に、スンダ、ジャワ、スキタンの三つをあげている。スンダはジャワ島の西部で、その頃スマトラ島のパレンバンを中心とする三仏斉王国の勢力下にあって、ジャワとは別の国であるとされていた。このジャワとスンダを区別することは、十七―八世紀までつづけられている。そしてジャワは別名を莆家竜（P'u-kia-lung）というと早く『嶺外代答』に記され、『蕃志』もそれによっている。莆家竜はペカロンガンであるが、ジャワはスンダ以東のジャワ本島の概称、特に東部ジャワを中心としている。それからスキタンはジャワの一部（支国）で、西はスンダに接し東はトウバンにつらなると『蕃志』はいう。トウバンは東部ジャワ、パジャジャランはバタビア東方の一支国である。またジャンガラは西部のスラバヤ地方に当る支国である。

『蕃志』の説明している栽培状態、開花、結実、採集、乾燥、年間の雨量による収穫の多少、貯蔵、市場への出荷など、直接ジャワへ渡航していた人たちからの伝聞であろう。例えばスンダの胡椒は小粒で目方が重く東部ジャワのトウバン品にまさることを説いているのは事実であって、十六世紀初めのトメ・ピレスはインドのマラバル（コチン）産より良質だといっている。また中部ジャワのスキタンでは、胡椒を最も多く出し、その取引単位と豊凶の時の値段まであげている。しかし取引単位である包とその値段について、包（五〇升）が、ジャワで胡椒の取引単位とされている bag, picul, bale のどれに該当するものだろうか。また貨銀二五両で一〇包ないし二〇包（凶作の年はその半分）買えるといっているが、他の物品とくらべてどうであったのだろうか、私にはわからない。それから胡椒を採集する時、強烈な辛辣さで頭痛を病むから、川芎《せんきゅう》の薬湯を服用して治しているという。これは採集時だけではなく、乾燥した胡椒の包（袋）を倉庫に搬入するさい、あるいは搬出と運送のときなどにもあることである。『蕃志』はジャワで中国からの輸入品として「種々の品位の金銀、金銀器、多彩な纈絹、黒のあやぎぬ、白芷、硃砂（中略）漆器、鉄鼎、瓷器」などの中に川芎をあげている。だから当時は必要な医薬品として輸入されていたのであった。さらにジャワ国の終りでは、胡椒が最も多く集散されていて、これを入手すると貿易船の利益は五倍以上になるから、貿易商人は中国で禁制の銅銭をひそかに積み出し胡椒と交易しようとする。宋政府当局は銅銭の海外流出を憂えて、ジャワへの渡海をしばしば禁じているが、商人は行先地を中部ジャワのスキタン国だと偽って、当局の目をごまかしているという。

さて宋代は香料薬品を中心とする南海貿易の最も盛大な時代で、宋政府の収入は茶、塩、明礬《みようばん》についで輸入の香料薬品であったという。だから輸入品は香薬を中心に珠玉、象牙、犀角その他で、これに対し輸出品は、金、銀、銅銭、絹、綾、陶磁器などが主なものであった。中でも銅銭の輸出が目立っている。中国では唐以前はもちろん、宋代でも通貨は銅銭を主としていた。ところが銅銭の海外流出は既に唐代から盛んで、七一三年には銅銭を外国貿易に使用することを禁じ、七八〇年には銀、銅、鉄と奴婢の輸出を許可しないと命令している。しかし禁令はほとんど空文に終って、銅銭の海外流出は依然としてつづいている。例えば、七四二年にわが国に渡航しようとした鑑真和上は、二万五〇〇〇貫の銅銭を持って行こうとしたほどである。であるから、唐末には遠くペルシア湾方面まで、南方海上から往来していたイスラム商人などにより中国の銅銭が広まっている。

この傾向は宋・元代から明代にかけていちじるしくなって、銅銭はなお一層海外諸国へ流出した。わが国では十三―六世紀の鎌倉と足利時代を通じ、通貨は主として中国の銅銭によっている。十五世紀の初めに南海諸国を数回旅行した馬歓は、ジャワで外国貿易取引の通貨はすべて中国の銅銭を使用しているという。マレイ半島のシンガポール附近、スマトラのパレンバン地方また同じであるという。マレイ半島のシンガポール附近、インド南部のマラバル海岸、遠く東アフリカのザンジバルなどから宋代の銅銭が出土している。『宋史』に、銅銭は中国の通貨であるが全世界に通用しているというのは、あながち誇張ばかりではない。宋政府は毎年多額の銅銭を鋳造したが、海外への流出が多く、ついに銅銭飢饉（銭荒）を出現させた。それで一部の為政者は、輸入は奢侈品で輸出は正貨であるから、貿易は害があっても利益は無いと主張した。しかし宋政府の財政は、北方民族の強い圧迫に対する緩和策としての財政支出その他に追われ、他面国内の財政収入は減少する一方であったから、海外貿易による収入の維持を計ることにつとめねばならなかった。だから政府は銅銭の輸出を禁止し、貿易船の出航にあたり銅銭を積んでいるかどうかを特に検査させている。そして絹、綾、陶磁器、漆器などの輸出を奨励して、正貨流出の防止に懸命であったが、実際は依然として多額の銅銭が流出したのである。この銅銭の海外流出という現象は、東アジアから東南アジアと南アジア、そして遠く西南アジアの諸国の中で、中国の貨幣経済が最も高度に進んでいたからである。先進国の通貨が後進国へ流出するのは、既に古代から見られる。十一世紀の宋代から、中国の経済生活が前の時代とは全く異なる様相と進展を呈したからである。この事実は始めのマルコ・ポーロの「天の都・杭州」という話でも、その一端がうかがえよう。するとと銅銭の海外流出という現象から、逆に中国の経済生活が高度に上昇して、大都市の消費生活は盛大となり、南方海上諸国の奢侈嗜好品に対する需要が急激に増大したのであるといえるだろう。その一例が『諸蕃志』の胡椒の記事である。

ところが『蕃志』は、スンダをふくむジャワ島だけを胡椒の産地とし、他の諸国、例えばインド南部の胡椒などについては全く沈黙して語っていない。そして最初の産出地についての記述としては、余りにも詳細で適切でありすぎる。中国大都市の消費生活、特に食生活が贅沢となり、飲食品の内容が前代とは全く変化して、胡椒に対する需要が急激に増加したためであろうとしか考えられない。彼より五十年前の、これも南海の諸事情によく精通していた周去非の『代答』に、ジャワの物産中、単に品名だけがあげられているにすぎないのとくらべて、そうであろうとしか理解されない。胡椒には薬品としての用途もあるが、この用途では五十年間にこのような変化は全く認められない。中国銅銭の異常な密輸出の突然の増大が、ジャワ東部からの胡椒の大輸入と密接な繋りがあったことなど、当時深刻な問題が急に発生したから、貿易取締りの役人である『諸蕃志』の編者趙汝适の注意を引いたのだろう。また関係諸役人の憂慮する重大問題の一つであったろう。この場合、東ジャワの胡椒の輸入を目的とする渡海だけを、官当局がたびたび禁止したのはなぜであろうか。スンダを別として、ジャワの諸物資はほとんど東ジャワに集散して取引され、ここは中国人にとってスマトラの三仏斉(パレンバン)に次ぐ大貿易地であった。中国船のジャワ方面の貿易は、この地方を中心として行われていた。胡椒などは、最大の産出地であるジャワ中部のスキタンで買付けするより、全ジャワの集散市場である東ジャワで買付けをする方が有利であったのではなかろうか。だから胡椒の買付けを目的とする中国船、あるいは中国に胡椒を運送しようとする外国船は、ほとんど東ジャワへ向かうことになる。従って胡椒買付けのために必要な中国の銅銭は、ことごとくこの地方へ流出するということになる。このような状勢に対し、一時的な措置としてこの地方への中国船の渡海を禁止するという、便宜的な手段を取らねばならなくなったのではなかろうか。あるいは、それまで想像もできなかったような莫大な量の銅銭の流出が、東ジャワからの胡椒の輸入急増によって突然生じたため、当局は狼狽してこのような措置を講じたのではあるまいか。しかしこれは頭を隠しただけで、尻まで隠していない。当局の南海貿易、特に輸入品による収入の維持と確保は政府の至上命令である。であるから商人は法令の下をくぐる方策として、行先地をスキタンと偽って出かけたという。スキタンはジャワ中部にあるジャワ国の支国で、胡椒の大産地である。東ジャワの集散地よりやや高値で五倍以上の利益とまではゆかなくても、銅銭さえ提供すれば十分の利益は得られた筈である。とにかく問題の根本は、中国における胡椒の大消費という事実が、一二二〇年代の『蕃志』の頃に出現したことにある。そして供給地は東ジャワを主とし、貿易商人の利益は仕入れ値段の五倍以上であったという。中国における胡椒大量輸入事実の到来でなくてなんであろう。また『蕃志』によると、住民は木や竹で棚を作り、町はずれや村落にそれぞれ境界を設けて栽培しているという。従来のジャワの住民の需要以上に、中国向け輸出分が増加したからである。ジャワでは従来、村落と郊野の大木に自然に蔓《つる》を巻きつかせ、人為を加えないまま採集していたのが、輸出のための栽培農業となった嚆矢《こうし》のひとつであったのではなかろうか。

三　中国船の南海進出と胡椒

中国船の構成

アラビアの歴史家マスディー（九五六または七年に死す）は、マレイ半島南部のカラーフは、ペルシア湾のシーラーフとオマーン（アラビア）からくるイスラム船と、東の中国船が寄港して互いに交易しているところであると伝えている。そして十二世紀後半の周去非はいう。

海外諸国で最も富み物資の豊かなのは大食（タージー。イスラム）国である。次はジャワ国それからスマトラの三仏斉（シュリーヴィジャヤ。パレンバン）国の順であって、その他はぐんと落ちる。三仏斉は東西海上交通の要衝で、この国とジャワからそれぞれ広東や泉州へ通商している。大食へ行く中国商人は中国船でインドのクーランまで渡海し、ここでペルシア湾から来るイスラムの小舟に乗りかえてかの地に達する。西方のイスラム商人はこの反対で、クーランで中国船に乗り組み三仏斉を経由して中国へ来る。東南アジアと中国間は往復一年の航海であるが、大食との間はすくなくとも二年かかる。

というわけで、十世紀にマレイ半島の南部まで進出していた中国船は、十二世紀後半の南宋代にはインドの南部へ到達していた。こうして中国船の南方渡海は、十三世紀から十四世紀の元の時代に最高潮に達したのである。

では宋・元代に南海へ進出したシナ船について、ポーロに聞いてみよう。

インドへの往来に商人たちが乗用する船舶について。

これらの船舶の造りは次のようにできている。まず船材は樅《もみ》と松とを使用する。甲板は一層で、この甲板の上に普通なら六十の船室があり、船室ごとに商人一人が楽にすごせるようになっている。舵は一つ、マストは四本が常であるが、往々そのほかに、必要に応じて自由に立てたり倒したりできる補助マスト二本を予備している。なおまた大型船になると、頑丈な板をしっかりと継ぎ合わせて十三の水漕、つまり十三の艙房（船体を仕切った室）が船体の内に作られているから、万が一にも船が岩礁に衝突したり、あるいは飢えた海豚《いるか》の一撃をくらって船体の一部が破損したとかいう事故に会って、思いがけない裂孔が船腹に生じた際などには、この裂孔から流れ込む海水が、いつも空のままにしてある艙房に注ぎこむ仕組みにしてある。この場合、水夫たちは裂孔の所在を直ちに確かめるや、その艙房にある物品を残らず隣房に移して海水の注入する艙房を空にする。艙房間の仕切りはとても頑丈にぴったりとできているので、海水は一つの艙房を浸すだけで決して次々と浸水するようなことはない。こういった応急の措置を施した上で、おもむろに裂孔を塞ぎ、積み荷をもとの場所に戻すのである。

船体の堅牢をはかるための作りについて説明すれば、これらの海船はどれもこれも二重造りである。すなわち二層の厚板で船体の周囲をぐるりとめぐらしている。ただしこの地方（中国）には瀝青（例えばアスファルトなど）がないから、船側にこれを塗ることはしないが、その代りに彼らに言わせれば、瀝青以上の効果があるという別の塗料があって、次のような方法でそれを使用する。それは細かく切りきざんだ麻に石灰とある種の樹脂を混ぜてつき合わすのであるが、この三種の材料をつきまぜていると、ほんとうにとりもちのような粘着力がついてくる。彼らはこの塗料を船体に塗るのであって、全く瀝青と変わらぬ効力を発揮する。

これらの海船には、その大きさに応じて、最高三百人から、以下二百人・百五十人等々の水夫を乗り組ませているし、その積み荷の量も我々ヨーロッパの船を凌駕し、多ければ六千籠（baskets）、普通で五千籠の胡椒を積載している。しかも以前は今よりももっと大型の船を使っていたが、南海の島々に設けられた荷揚げ海岸は、常に激浪のために破損されて、今ではたいていの所にそんな大型船を停泊させるのに十分な波止場がなくなってしまったために、やむなく昔にくらべてずっと小型の船を使っている。

またこれらの海船には橈《かい》も使用され、一本の橈につき四名の漕ぎ手がついている。

大型船は二—三艘の小型船を同伴して航海するが、小型船といってもそれらは優に千籠の胡椒を積載することができ、水夫の数も六十名から八十名、時には百名にも達する以外、なお多数の商人を乗り組ませている。大型船は少なくともこれらの小型船を大小二艘は同伴している。これらの小型船も橈を用いて漕ぎ進むことができ、しばしば常に綱を使って親船を曳航する。数艘の小型船は一艘の大型本船をそれぞれ綱で結びつけて先行し、橈を漕ぎあるいは横風を帆にうけつつ曳航するのである。ただし風向きが変わってまっすぐ後からの順風ともなれば、本船の帆が先行する小型船の受ける風をさえぎる結果、小型船の進行は止まってしまうから、その時には曳船の用はなさない。

大型船は一般に十隻あまりの艀《はしけ》を備えていて、錨の上げおろしや魚の漁獲その他の用に供する。これらの艀は大型船の両舷に吊り下げられている。前に記した小型船にも、同様に数隻の艀が積み込まれている。

大型船舶は、一年間航海に従事すると、必ず補修を加えねばならないが、その修理の模様は次のようである。

すなわち厚板でできた二層の外郭の外側に、さらに一重の厚板を船の全周囲に釘づけする。つまり三重の外郭にするのであって、新しいその空隙に物をつめ、船体をもう一度塗り直す。こういった修理方法で、次回は厚板の第四層を釘づけし、以下第六層にまで及ぶのであるが、第六層を最後として、それ以後の船体は廃棄処分に付され、それ以上の航海に使用することはない。

彼の精彩にあふれる話は、巨大なシナ船の構造を彷彿として私たちの眼前に展開させてくれるが、彼一流のエンファサイズ（emphasize 強調）があるような気がしてならない。殊に彼は、フビライ汗の兄弟の孫にあたるペルシアのアルグーンの王妃となる者を派遣する船団に乗り組んで、一二九〇年に泉州を出帆して帰国した。この船団は十四隻からなり、水夫二五〇—二六〇人を乗り組ませる巨大な船がすくなくとも四〜五隻はあったと彼はいっている。だから彼はこの船団のため特別に造られた船について説明したのではなかったのかという疑問が生じないではない。しかし彼は当時の代表的な外国貿易港で、外国貿易用のほとんどの船の造船地であった泉州を親しく視察しているから、彼の直接の見聞によるところが大きいようである。事実、元の二回の日本遠征と一回のジャワ遠征の大艦船はすべて泉州で造られている。最近、泉州の古い遺跡の調査では、多数の造船所跡や、船舶の発掘も行われているようで、私たちが従来考えている以上のようである。（明代に入って宋・元代の泉州のイスラム関係あるいは盛大な諸施設は、ほとんど潰滅に近いほど破壊されていたのが、やっと旧時の状態がわかりかけてきたところである。）だからポーロの話を、一概に大ボラを混じた彼一流のものというわけにはゆかない。

本書の巻頭口絵に、ユール・コルジェー『マルコ・ポーロ』(第三版・第二巻)所掲の「東南アジア海上を航海する大カーンの船団」の図をあげている。この図はポーロの説明によって描かれたようであるが、左方の大船を曳航する中型船、それから右方下部の大型船の後部はアルグーンの妃となる女性を中心に描かれているようである。そして多分に誇張されているところがないでもない。しかしそのような諸点をのぞけば、元代シナ船の巨大な構造はほぼ想像されるだろう。

十四世紀半ば頃(一三二五年から五四年にかけて)のアラビア人旅行者イブン・バットゥータは、彼がインド南部のカリカットに滞在していた時、十三隻のシナ船が入港していたという。彼はそこから中国へ渡海するのにシナ船を利用せねばならないと明言し、シナ船について説明している。

シナ船には三種類あって、㈠最も大型をジャンク、㈡中型をザウ、㈢小型をカカムという。大船には十二ないし十三の帆がある。これらの帆は竹の薄い皮で蓆《むしろ》のように編んで作られ、決して降されないで風向きに従って張られているが、投錨しても帆は広げられたままである。大型船の乗組員は千人ほど。内六百人は水夫、四百人は戦士で、彼らの中には弓手(標的手)、楯持ち、石油(ナフサ)を投げかける弩手《どしゅ》(機械で火矢などを発射する者)などがある。各大船には三隻の小型船が従属して、「半分、三分の一、四分の一」と大小によって呼ばれている。これらの船を造るときは、まず二つの側壁(舷側)を木材で造る。その各部分は非常に厚い幅の広い板を、大釘で固く密着させた三キュービットの長さである。それらを組み合わせてから、舷側の下に船底をはめこんで船体を進水させるが、船の装備はその後のことである。舷側から水上に突き出している船板は、水夫に洗濯その他の要件を足させているが、この船板にはマスト位の大きさの櫂があって、十人ないし十五人でそれを漕ぐ。このように大きい櫂は二十ほどあるが、櫂の漕ぎ手は互いに向い合い二列になっている。

櫂には二本の頑丈な綱が縛りつけられていて、一列の漕手はその一つを引っ張って船を進ませ、他の列の者は反対の側の綱を引っ張っている。(巻頭口絵図版、右方の下部を見られたい。)漕手は常に「ラアー、ラ、ラアー」と単調な調子で楽しげに声を出している。前にのべた大型船に従属する三艘の船も櫂を使っているが、必要とあれば漕力で大型船を曳航している。

これらの船は専ら泉州と広東で建造されている。船には甲板が四つあって、商人のための船室、キャビン(サロン)などがある。船室には小部屋と便所があって鍵がかかるようになっている。商人は奴婢や婦女子を同伴している。だから船室にこもっておれば、同船の人びとに見られることなく目的地まで行けるわけである。船員は彼らの子供たちまで船中に住まわせ、木箱で野菜や生姜を栽培している。船主の代理人は王侯にも似た者で、上陸する時は射手、黒人(エチオピア人)などが槍、剣、鐘鼓、角笛、ラッパなどを持って先導する。またその宿舎の入口の両側には長槍などを立て列べている。シナ人の中には多数の船舶を所有している者があって、彼らの代理人を諸外国に派遣している。世界中でシナ人ほど富(財宝)を持っている者はいない。

バットゥータもまた広東、泉州を親しく訪れた一人で、ポーロの説明と相対応して元代の南方海上に航海していたシナ船の姿を如実に語っている。その他十三世紀前半のフライア・ジョルダヌスあるいは十五世紀前半のニコロ・デ・コンチの記述もあるが、ここでは省略しておこう。それから中国側の資料では、北宋末の朱彧『萍洲可談』徐兢『高麗図経』をはじめ、南宋末の呉自牧『夢粱録』『元典章』などによれば、船幅も広く積載力も大きくて、乗船する船客は六〇〇人に達し、母船には数隻の柴水船という艀を附属するほどのものであったという。また「清明上河図」には北宋末の運河用の船舶が描かれているが、海上、特に海洋を航海する船舶はそれらよりなお一層大型であったのが想像される。そしてモンゴルの日本襲撃を描いたわが「蒙古襲来絵詞」によっても、例えそれは軍船であったとしても、元代海洋船舶の偉大なことを示している。

以上ポーロとバットゥータ両人の記事でわかることは、このような大船舶を所有する船主すなわち商業資本の存在である。数隻所有する者さえあるというが、一人の資本か、数人共同あるいは組合などの形になっていたのか、私にはわかっていない。ポーロは彼以前はもっと大型の船であったという。この点については疑問もあるが、宋代商業資本の強大であったことがわかる。また船主の代理人が行先地で王侯のようにふるまったことでも、船主の強い力が推測される。ポーロは運賃諸掛りとして、商品の価額に応じ三〇ないし四〇パーセントの積荷が支払われるといっているが、それは船主の収入である。

一人の商人は自分の貨物を専用の借り切りの船室に積みこみ、有力な者になると使用人と婦女子を同伴し、目的地の港に着くと、彼は自己の商品を売り、有利な商品を仕入れて帰国する。各商人が多数同一の船で出かけても、売買の勘定と責任は各個人である。各個に細分された貿易の形式である。もちろん船主自身が積みこんでいる分も、一船の相当部分を占めて、船主の代理人が責任にあたっていた。また代理人個人の分、それから船員個人の分もある。しかしそこには、各人の共同あるいは連合になったものがあったのかどうか。各商人は自分の資金でまかなっていた者、あるいは他人から借入れた者もあったろう。船主が各商人に資金を貸付け、貸付け金の高い利息と、船客としての運賃諸掛りとしての収入を合わせていたことも考えられる。以上の委細、特に一船の中で船主、客商、代理人、船員の各々が占めていた比率などは不明である。

十七世紀の初め南方海上に活躍したわが国の朱印船では、大船の乗組員約四〇〇人中に、三〇〇人ほどの客商があったという。経営者側の船主あるいはその代理人と船長、船員以外はほとんど客商であって、各自の荷物を積んでいたのである。客商の積荷の割合は大体一船の四割内外で、彼らが船主に支払う運賃と諸掛りは、船主の資金の一部に操り入れられ、朱印船の経営上に大きな役割を持っていたという。

宋・元代のシナ船の姿も同じであったろうが、ここで注目されるのは北宋代には南海各国からの朝貢船による貿易の方が多かったようである。十二世紀の南宋以後、十四世紀の元代にかけて新興商業資本によるシナ船の海外進出が盛大となって、貿易の主体はこれに変った。西方イスラムやインドの商人は、シナ船を利用して盛んに渡来したのであるから、貿易収入の多くはシナ船とその船主の手にあった。例えば当時の中国の大輸入品である胡椒は、北宋代の朝貢貿易では十一世紀初めと十二世紀半ばに三仏斉国からの朝貢品目中に一万余斤とたった二回しかあげられていない。しかしもっと輸入はあった筈である。だからシナ船による中国商人と外国人の私的輸入が大部分であった。しかしそれは記録にあげられていない。ただインドから東南アジアの海洋で、シナ船が活躍していたことは十分に認められるから、これによる取引であったと考えられるだけである。

インド（マラバル）とスマトラ（西北部）の胡椒

十四世紀の前半、一三三〇年から四五年頃の間に、前後二回にわたり広く南海各地を旅行した汪大《おうたい》淵《えん》は、彼の『島夷志略』にジャワ（爪哇）の胡椒は年産万斤であるという。彼のいうジャワとは東ジャワのマジャパヒト国で、彼より一一〇年ほど前の『諸蕃志』が、ジャワにおいてこの地方の胡椒はほとんどここに集まるといったものである。また東ジャワのある地方であろうと思われる東淡邈で、胡椒を産しジャワに次ぐという。次に彼はビルマ南部のマルターバンの胡椒の産出はジャワに次ぎ、テナッセリムとの中間にあるタボイはマルターバンの次だと、ビルマ南部からマレイ半島北部にかけての産をあげている。そしてインド南部のマラバル海岸の北の地方であろうと考えられる須文那で、タボイに次ぐ産出があるという。またマレイ半島の東南端に近いプロ・アオル島で中継されている物品中に胡椒をあげている。しかし大淵が世界第一の胡椒の大産地としてあげているのは、インド・マラバル海岸のカリカットである。

この地の胡椒の産出は世界第一で、産額は計り知ることができない程である。満山胡椒で、蔓《つる》は蘿藤のかずらのようにはびこり、冬に開花し、夏に結実する。住民は採集して蒸し、太陽に晒して適度に乾燥させている。味は辛く、採集者はできるだけ多く採ろうとするから、激しい辛辣さに悩まされるが、川芎の薬湯で癒している。諸外国の胡椒は皆この国から輸出されたものである。

次はクイロンである。

この地の胡椒の産出はカリカットに次ぐ。住民の居住地域に倉庫があって貯蔵している。一播荷（バハル）は三百七十五斤で、十分の二を税として取っている。

胡椒の取引単位である播荷については後でふれよう。そしてカリカット北方約二〇マイルのファンダライナーに胡椒を産するという。要するにマラバル海岸のカリカットを世界最大の胡椒の産地とし、南部のクイロンに及んでいる。それでクイロンと西方ペルシア湾入口の大貿易港であるオルムズとの交通を『志略』に聞いてみよう。

クイロンはインド洋の要衝に位置して、セイロンを去ることさして遠くなく、西洋諸国の馬頭（はとば）である。(中略）役所は海岸からほど遠い山中にあり、海岸には市場があって交易している。(中略）珊瑚、真珠、乳香などは皆オルムズから来る。輸出品は胡椒を中心にファンダライナーと同じ。優良な馬の需要が多いが、馬は西極産（西南アジアとくにアラビア）で、この地方に船載されている。値段は一匹について金銭千百から四千もする。このような高値で折り合わないと、外国商人はこの国はからっきし駄目だという。

オルムズでは、マラバル海岸との取引を記しているが、この国は西南洋にあってシリアに近く、季節風を利用し二ヵ月でマラバルに渡海するという。そして有名なオルムズの船について説明している。曰く馬船と称しているが、鉄釘と灰（固形の防水塗料）を用いず、椰子の索縄で船板をしばり、木釘でとめているから、船底の浸水はまぬがれない。船員は日夜船底にたまった水を汲み出している。しかし相当大型の舟で二～三層の甲板があり、船底にはアラビアの乳香を大量に積み込み、上部には多数のアラビア馬をのせている。また木香、琥珀などシリアから来る品物を運んでいる。マラバルからは丁香、荳蔻、青緞、麝香、焼珠、色緞、蘇木、青白花器、甆瓶、鉄条などインド、東南アジア、中国の諸物資を輸入しているが、胡椒の輸入が最大である。マラバルの胡椒はほとんど全部に近いほどオルムズの馬船によって西方へ輸送され、中国船がマラバルで買付ける量はその十分の一にも達しない。

オルムズすなわちペルシア湾を中心とする有名な索縄船については、私の『香料の道』五の「縄でくくりつけた三角帆の舟」で説いているからここではふれない。問題としたいのは、マラバル海岸に渡海していた中国船が、例え西方ペルシア湾方面へ輸出される量の十分の一以下であっても、この地方の胡椒を買付けていたという事実である。中国船がクイロンまで渡海し西のイスラム船（すなわち馬船）と交易していたことは、早く十二世紀後半の周去非によって伝えられているが、十三世紀の二〇年代の趙汝适の頃でも中国人の胡椒はジャワ産に限られていた。そして両人ともジャワ以外に胡椒の産するのを全く知っていない。汪大淵と前後するイブン・バットゥータはマラバルが胡椒の大産地であることをよく知っており、シナ船の渡海を語り、彼自身カリカットからシナ船に乗船しているが、胡椒の中国輸出については語っていない。

この両人より以前、十三世紀末のマルコ・ポーロはクイロンで「胡椒を大量に産する。これは国内いたる所の森に生育していて、五月から七月にかけて採取される。胡椒の木は、御承知かもしれないが、野生ではなくて、植林し水をそそいで栽培するのである。」と語っている。そしてマラバル海岸では「胡椒、ジンジャー、肉桂が多量に産出し、インド胡桃以下の刺戟のある食品を含めて各種のスパイスが同様に豊富である。」とし、

外国商人がマラバルの物産を買いこむために商船に乗り組んでやって来るとき、彼らは一体どんな品物を積んで来るかというと、それは銅、金糸織、琥珀織、金、銀、丁香、甘松香といったこの国にない品物である。殊に銅は船に安定を与えるための底荷（ballast）としての役割を務めるのである。これらの商品は、すべてこの国の物産と交易される。各地から、例えば大マンジ国（中国本土）の如きはその一例であるが、多数の商船がこの王国に来航してくる。その商人たちは、いずれもこの地で買いこんだ商品を各地に転売する。例えばアデンにもたらされた物貨は、ついでアレクサンドリアに運送されるという具合である。

というが、クイロンで、

この国へは、マンジ、アラビア、近東諸国の商人が彼らの船でやって来て盛大な貿易を行っている。彼らはそれぞれ自国の産物を将来し、代りにこの王国の商品を彼らの船に積んで帰国する。

という。銅を船のバラストの代りに積んでいる船とは、明白に中国船を指している。ポーロは中国船がマラバル海岸から積んで帰る商品の内容を伝えていないが、彼の説明の仕方からすれば、既に中国船が胡椒を積んで帰国していたと想像させるものがあろう。しかし彼より五〇年ほど後のイブン・バットゥータは、この点にふれていない。ひとり汪大淵だけである。すると十三世紀に始まった中国のジャワ胡椒の輸入は増大の一途を辿り、十四世紀の半ば頃には汪大淵が伝えるように、ジャワ胡椒とともにビルマ南部からマレイ半島北部の胡椒に注目し、世界第一のマラバルの胡椒の産出を知った。また中国船のインド南部への渡海も盛んとなって、彼の頃にはマラバル胡椒を少量であっても買付けるようになっていた。と解釈するのが妥当のようで、ポーロの頃はまだそこまでは行っていなかったと私は考えたい。

一三六八年に元は明に代わる。明は国威を海外に宣揚するため一四〇五年から三三年にかけて、空前絶後の大宣伝艦隊を前後七回にわたり、インドシナ、シャム、マラッカ、ジャワ、スマトラ、ビルマ、セイロン、インド、ペルシア、アラビア、東アフリカの各国に派遣した。この遠征隊の通訳の一人であった馬歓《ばかん》は『瀛涯勝覧《えいがいしょうらん》』(一四一六年序) に、スマトラ島西北端の蘇門答剌 (Su-men-ta-la) 国でこう記している。

胡椒は山間に住む人びとが農園を作って栽培している。藤に似た蔓がのびて、広東の甜菜《てんさい》のような黄白色の花が開き実を結ぶ。若いうちは青く、熟すれば紅くなる。成熟一歩前の頃に摘み取り、太陽に晒して干し、売りに出す。果実の粒の虚大なのが、この地方の胡椒である。中国秤で百斤ごとに金銭八十、銀になおして一両で売られている。

馬歓と同じく大遠征艦隊の通訳であった費信は『星槎勝覧』(一四三六年序)のスマトラ国で記している。

胡椒を多く出す。椒の蔓《つる》は長々と樹木に巻きついてのびている。葉は扁豆のようで、花は開花すると黄白色である。実を結ぶと棕櫚の種子が纍々とたれさがっているようであるが、粒は小さい。番秤一播荷(バハル)は中国秤の三百二十斤にあたり、銀銭で廿箇、重銀で六両の値段である。金抵納(底那児、ディナール)は金銭である。四十八個毎に重金一両四分である。

両人ともマラッカ海峡からインド洋に出る時、この地帯で季節風の交替を待つため滞在した筈であるから、直接の見聞であることはたしかである。それで注目されるのは、十三世紀の初めに生じた中国の胡椒大需要はまず東ジャワの胡椒に注目し、十四世紀の前半にはインドのマラバルとビルマ南部からマレイ半島北部に及び、それから十五世前半にはスマトラ島西北部の産を新しく特記していることである。十五世紀以前には、東西の記録を通じこの地方の胡椒栽培の事実を伝えたものは全く見あたらない。例えば十三世紀末のマルコ・ポーロは、福建の泉州からインドシナの沿岸にそって南下しマラッカ海峡を通過してインド洋に出る時、この地域に滞在した。彼は次の季節風を待つため、この地域で越年したのである。従ってこの地方一帯のかなり詳しい話を残した、最初のヨーロッパ人の一人であった。しかし彼の話の中には、この地方に胡椒を出すことについて一言もふれていない。彼より約四〇年ほど後の汪大淵も、インドへ渡海する時この地方に滞在している。だから須文答剌（サムドラすなわちスマトラ）、花面（ダグロニアすなわちバタック）、喃哑哩（ラムーリ）など、スマトラ西北端地方の国々の記述はあるが、胡椒を出すとは一言も記していない。汪大淵と同じ頃のイブン・バットゥータも、インドのカリカットからこの地帯を経由してパレンバンから中国へ渡海し、この地方で種々の話を残しているが、胡椒のあるのを知っていない。だからスマトラ西北端地方の胡椒の栽培開始は早くて十四世紀の末、あるいは十五世紀の初めと考えてよいだろう。このような事実を、十五世紀の三〇年代までに数回この地帯を通過してインドに渡海した中国人がはじめて記録に残したのである。

では東のジャワ（とスンダ）と西方インド（マラバル）との中間にあるこの地域で、新しく胡椒の栽培が始まったというのは何に原因するものだろうか。十四世紀前半の汪大淵は、マラバル海岸をもって世界第一の胡椒の産地と認め、その産出額のほとんどは西方世界（西南アジアからヨーロッパにかけて）の需要のためペルシア湾入口のオルムズに送られ、ほんの少量（彼に言わせると十分の一以下）を中国船が積み込んで帰るといっている。また十五世紀の末のことであるが、スマトラ西北部地方の胡椒の年生産量は、インドのマラバル海岸と匹敵する量、ある時はそれ以上であったという。そしてこの地方の胡椒はすべて、インド本土と中国の需要のため輸出されていたという。するとインドでは、十四世紀後半から西方世界の需要の増加に応じ切れなくなっていた。また中国側の需要も、ジャワ、スンダ、マレイ半島北部の供給では足らなくなった。それでインドとジャワの中間にあるスマトラ西北端地方に胡椒の栽培が開始された。

この地帯は季節風の交替を待つ所として、東西海上交通の要衝で、インド洋への出発点すなわち西洋の総路である。また反対にインド洋からマラッカ海峡に入り、東南アジアと東方中国へ渡海する時の入口である。であるからマルコ・ポーロが伝えているように、十三世紀末には既にイスラム商人がこの地方まで進出していた。彼はいう。

ファーレック国の住民は元来すべてが偶像教徒であったが、サラセン商人がひんぱんに来航するようになって、一部の住民だけがマホメットの教えに改宗するようになった。山地に住む島民はまるで野獣のようで、肉なら不浄であろうがなかろうが、何でもかまわずに食用に供するし、人間すらも食べるのである。

これは東南アジア最初のイスラム化の記事であるが、この地方がインド洋と東南アジア海上の関門にあった重要な拠点であることを十分に物語っている。そして中国人の村落は海に近く、田は痩せて収穫はすくなく、ただ陸稲が少々あるだけで大麦も小麦もない。またいくらか誇張されているが、その背後の山地は草木もなく焦黄色を呈しているというから、食料に乏しい地方であった。だから丘陵地帯の痩地に比較的にたやすく育つ胡椒を栽培し、これを西のインドと東の中国へ供給したのであろう。そうすることが、この地方として生きてゆくためには当然の成行であったろう。それから、胡椒の栽培を渡来したイスラム商人によって教えられたのかどうかはわからないが、その時期は十四世紀の終りから十五世紀の初めである。中国人としては、もうインドのマラバルで胡椒の買付けをする必要はなくなってくる。スマトラ西北部の方が品質は劣っていても値段は安かったろう。それから中国大型船のインド渡海は、大体十四世紀後半の元の時代をもって終ったと認められ、十五世紀の初めにはスマトラ島の西北端まであった。明の対外政策の方針もあるが、宋末から元初にかけての大型の中国船は、しだいに小型となり、東南アジアの海上を主として彼らの活躍舞台としたからである。

次に馬歓はインド南部マラバル海岸のコーチンについて記している。

この地にはこれといった産物はないが、胡椒を出すので、多くの住民は農園を作って胡椒を植え生業としている。毎年胡椒が成熟すると、この土地の胡椒大買付け人が買い集め、沢山倉庫に貯蔵して、各地方の外国商人が買いにやってくるのを待っている。そして播荷（バハル）で価格を決める。一播荷は番秤（この地の慣用の秤）二五封刺（fang-la, frasala）に当り、一フラジラは番秤十斤で、中国秤（官秤）の十六斤であり、一播荷は中国秤の四百斤である。この地の金銭一百箇か九十箇で、直銀に直せば五両である。

そしてカリカットでは、香料（スパイス）の取引単位にふれ、栽培・集荷・発売事情などを記している。

香貨（スパイス）類の秤量単位は、一バハル二百斤とし、中国秤では三百二十斤に当る。胡椒の如きは二百五十斤を一バハルとし、中国秤では四百斤となる。大体一応大小の貨物は多く天秤を用いて秤としている。物の大きさと量（すなわち嵩）を計る方法として、役所（官）では銅で鋳造した枡を作って使用させている。これをタンカリといっているが一枡ごとに中国枡の一升六合に当る。

胡椒は丘陵地帯の住民が農園を作って多く栽培している。十月になると胡椒は成熟するから採集し、太陽に照らしてよく乾燥させて売る。胡椒の大買付け商人がやってきて買い集め、役所（官）の倉庫に貯蔵する。胡椒を買う者が来れば、役所と協議して発売し、その数量によって税金を計算し役所に納付する。胡椒一バハルごとに、売値は金銭二百箇である。

マラバルのコーチンを第一の産地としてカリカットはそれに次ぎ、両地の集荷状況や取引単位、値段、税金など、約百年前の汪大淵より詳細である。殊にカリカットでは、当局の倉庫に貯蔵させ、発売の時税金を取立てているが、漠然とではあっても官当局の取締りと支配があったことを示している。それからスマトラ西北部の産とともに、その取引単位であるバハル（とフラジラ）と値段については、次に「付記」しておくだけにしよう。

《付記》 汪大淵が記しているインドの胡椒取引の重量単位であるバハルと、馬歓の明細な説明について。バハルとフラジラはインド南部の胡椒の取引単位であるが、一バハルは普通二〇フラジラに相当するから（場所によって異なり、大体一〇、一五、二〇フラジラである。H. Yule, A. C. Burnell, Hobson-Jobson, Bahar）馬歓の記事とは合致しない。それから馬歓があげているスマトラ西北部とインドのコーチンおよびカリカットの胡椒の値段である。スマトラでは中国秤一〇〇斤で金銭八〇、銀で一両であるという。馬歓の英訳注本を出した**J・V・G・**ミルスはこの部分の注記で（Ma Huan, The Overall Survey of the Ocean's Shores. Cambridge, 1970.) 金銭と銀 Semuderan gold dinar などとの対比から、細かく考証しているが、本文の不備な点から結論を出すことができないとしている。また コーチンでは結局、訳注時の金の値段を基礎として一ポンドが六シル九ペンスであると計算している。そしてカリカットでは一ポンド、八シル二ペンスになると計算し、コーチンより三四パーセント高値だという。ミルス氏が苦心して計算されたことに私は敬意を表するが、ここで言いたいのは他の種々のスパイスとくらべてどうであったのかなど、比較するものがなくて、単に馬歓のあげている胡椒の値段だけではどうにもならないということである。私は当時の中国とインド、スマトラの秤量と通貨の種類および価格について知識を持っていないから、論及する資格に欠けている。

中国の需要した胡椒

以上前に説いた元の汪大淵と明初の馬歓の胡椒記事について、特に留意しなければならないことがある。馬歓が従軍した艦隊はジャワにも数次渡海している。だから馬歓にも費信にも皆ジャワの記事がある。特に馬歓はジャワのトウバン(杜板)グリッシ(新村)スラバヤ(蘇魯馬益)から王都マジョパヒトの説明ではあますところがない。トウバンでは広東と漳州の華僑が千余家あるとし、グリッシまた同じで、彼らの頭領は広東人であるという。またスラバヤでは多数のイスラム系商人とともに中国人がおるとし、東ジャワ海岸都市の住民をイスラム、中国人(広と漳)と原住民の三つにわけ、風俗、習慣その他を詳細に告げている。にもかかわらず、胡椒については一言もふれていない。彼より約百年前の汪大淵が毎歳万斤の産であると、あげているだけである。十四世紀から十五世紀の前半にかけて、代表的な南海の地誌になぜ中部と東部ジャワの胡椒が注意されていないのだろうか。それから十六世紀初めの黄省曾の『西洋朝貢典録』や、同世紀半ばの鄭暁の『皇明四夷考』では、安南、占城、三仏斉、爪哇、暹羅、蘇門答剌、ベンガル、パハンなど、東南アジアの各地が胡椒の産地として列挙され、ジャワはその一つであるにすぎない。東ジャワの胡椒は十三世紀初めの『諸蕃志』以来、ひき続いて中国に輸入されていたのであろうと思われる。それだけでは足りなくなったから、十五世紀の初めにスマトラ島の西北部に新しく胡椒の栽培が出現し、馬歓や費信に記されている。ところが肝心の東ジャワについては全く語られていない。十四世紀半ばの汪大淵はジャワ島の東方、フロレス群島の南のチモール（吉里地悶）島の名と白檀樹の唯一の最大産地であることを初めてあげている。馬頭が十二ヵ所もあって、銀、鉄、碗、インドの綿糸布、色絹などと交易されているが、気候がすこぶる不順なのと風土病のため、渡航する多くの商人は死に瀕し、万倍の利益はあってもとてもであるという。しかし中国の旺盛な白檀の需要は、例え誇張であっても、終には本島の白檀を皆無に近からしめたというほどであった。当時中国商人が直接本島まで渡海していたのかどうかはわからないが、十五世紀初半の馬歓などが伝えるように、東ジャワの主要な沿岸都市には相当数の中国人が定住して交易に当っている。しかし東ジャワの胡椒は、その頃では、彼ら中国人が本国向けとして取り扱う主要な商品ではなかったのだろう。

地区		年間生産量 (バハル)*	年間生産量 (英トン)	年平均 (英トン)	備考
マレイ半島	ケダ	約四〇〇	七一	二〇〇	シャムを経由して中国へ
	パタニ	七〇〇 八〇〇	一二五 一四三		
スマトラ西北	ペディル	六〇〇〇 七〇〇〇 一〇〇〇〇	一〇七〇 一二五〇 一七八五	一四〇〇 一六〇〇	中国とインドへ送られている
	パセ	八〇〇〇 一〇〇〇〇	一四三〇 一七八五		
	スンダ	一〇〇〇	一七八	一八〇	
小計				三三八〇	
インド	マラバル	約二〇〇〇〇	三五七〇	三六〇〇	

それについて考えなければならないのは、十五世紀初めの馬歓の報告は、彼の関心を引いた事がらが特記されていて、その他のことはあまり意に留められていないということである。それから中国との関係はうすくても、彼らの遠征でこれはと考えられるようなことについて特筆していることである。例えばマラバルの胡椒である。当時この方面の胡椒は中国に輸入されていないが、彼らとしては南海方面における最大のニュースとして筆を惜しまなかったのだろう。

だから彼に東ジャワの胡椒の記事が無いからといって、早速この地方に胡椒の生産の見るべきものがなかったと即断できるだろうか。ところが彼につづく十六〜七世紀の中国の資料はどれも東ジャワの胡椒について特筆していない。十五〜六世紀に中国人は、スンダとスマトラ（西北部）そしてマレイ半島とマラッカで盛んに胡椒を買い付け、東ジャワではそうでなかったように思われる。この事実をどう考えたらよいのだろうか。

十六世紀初めのポルトガル人、トメ・ピレスは十六世紀の前夜、すなわち十五世紀末の南アジア主要各地の胡椒の年間生産量を大体前頁の表のように報告している。

＊ バハルはインドと東南アジアで大量の商品取引に用いた重量単位であるが、各地で量目を異にしていた。例えばポルトガル人渡来当時のインドネシア各地で一バハルは次のようであった。**モルッカ** 六〇〇ポンド、バンダ五五〇ポンド、マカッサル五五〇ポンド、バンタム四九五ポンド、マラッカ五三〇〜五四〇ポンド、パタニ三八〇ポンド、ケダ三六〇ポンド。ユール氏（Hobson-Jobson）とコルテサン氏（Tomé-Pires）は大体四キンタールすなわち四〇〇ポンドと概算するのが穏当であるというから、私はそれによって計算している。

彼はマラッカの会計官であったから、各地の商業取引上の商品の種類と数量、各地の年間生産量と輸出量ならびに値段、主要貿易港に出入する船舶の種類と大小、その隻数、そして秤量と通貨の種類、取引に関係する主要な民族と国籍、その他種々の経済情勢について正確な資料と調査にもとづいて報告している。また彼はもと本国で薬剤師であったから、香料と薬品に関する知識は誰よりも正確であった。

彼はスマトラのペディルでは、かつて一五〇〇〇バハル（二六八〇英トン）の生産があったと伝え、スンダとマラバルではこれ以上の生産があるように伝えている。また胡椒は年間の雨量によって豊凶があるからペディルなどでは、六―七〇〇〇ないし一〇〇〇〇バハルだという。それで私はそれらを平均して年間生産量を計算した。それからジャワのスンダは案外すくなく、東（と中部）ジャワで生産量をあげていないのは、ポルトガル人がこの地方の胡椒に留意する必要を認めなかったからだろうか。ピレスはスラバヤ地方まで旅行しているから、胡椒のあることは知っていた筈なのに、数量はもちろんのこと、胡椒を産するともいっていない。彼以後有名になったスンダの対岸にあるスマトラのランポン地方の胡椒について、優良な胡椒がすこしはあると、この地方の生産が始まりかけている消息を伝えているのは、マラッカと近い関係にあるからだろうか。とにかく各地の胡椒事情に鋭敏な彼が、東と中部ジャワの胡椒について語っていないのは、現地の住民が必要とする以外に輸出として見るべきものが無かったためであろう。

彼と同じ頃のデュアルテ・バルボーサも各地の胡椒の生産について、数量までは記していないが、大体同じである。だから十五世紀末にはインドのマラバルとスマトラ西北部のペディルとパセが二大産地で、マレイ半島とスンダがそれに次ぐものであった。十三世紀の初めに中国に胡椒を輸出していた東ジャワは、国際上に影響力を失っている。スマトラ西北地域の生産量が十五世紀に急に増大し、かつての東ジャワをはるかに凌駕したのである。特にこの地帯の躍進は驚異的であった。このような変化が、胡椒の対外輸出用の積出地として東ジャワの地位を失わせたとすれば、十五～六世紀の中国人が胡椒の大産地としてこの地をあげていない理由が了解されよう。すると十四世紀半ばの汪大淵と十五世紀初めの馬歓と費信、特に後の二人は案外正直に全体的な姿を報告していると解される。彼ら自身の興味本位だけにたよっていない。それはともかく、十三世紀に始まる中国の胡椒大需要は、その後拡大の一路を辿ったから、スンダとスマトラ西北部そしてマレイ半島、それからスマトラ東南のランポンへと胡椒の増産を促進させ、東ジャワは胡椒だけについては忘れられた地域となったのであろう。このような産出地の変化について、今一つ留意しなければならないのは、十四世紀から十五世紀にかけて、西ヨーロッパの胡椒消費の増大である。これはほとんどインド（マラバル）からペルシア湾と紅海を経由して送られているが、マラバルの生産量だけではペルシア、アラビアそして近東地方の需要もあるから足らなくなってくる。それでスマトラ西北部の胡椒がインドへ輸出されたのである。この地方の胡椒の突然な栽培と増産は、十五世紀に入り東西両世界の需要の増大によるものであった。

前にあげたピレスの報告によるとインドのマラバルは約三六〇〇トン、スマトラの西北部を中心にマレイ半島とスンダを合わせて三三八〇トンの生産量となる。しかしペディルでは二六八〇トンの生産を見たときもあるというから、大体この地方を中心にインドのマラバルと同程度の生産であったと見てよかろう。そして大まかにマラバルとスマトラ西北部（マレイ半島とスンダを加え）で各々四〇〇〇トン近くの生産であったと想像されよう。

では次に中国の需要量である。ピレスは、マラッカから来てシナで価値のある商品について、「主要な商品は胡椒である。彼らは毎年十隻のジャンクが積荷する胡椒を、もしそれだけの数の船が同地に行けば買入れるであろう。また丁香や少量の肉荳蔻、プショ、カショ、そのほか若干の品物および香木、多量の象牙、錫、アロエーを買うであろう。（中略）各色の毛織物も買うが、胡椒をのぞくと、その他のすべてはとるに足らぬ品物である」といっている。また一五一〇年二月にマラッカから出したポルトガル人、ルイ・デ・アラゥジョの手紙は「毎年八ないし一〇隻のジャンクがマラッカに往来して、胡椒と若干の丁香を積んで帰る。」と報告している。そこで南海貿易に従事していたシナ船の大きさを考えると、十三世紀末のポーロは、シナのジャンクの積載能力を胡椒五千ないし六千俵積める船だといっている（小型でも千俵積める）。一俵（bale）を三五〇ポンドとすれば、五千俵では約七八〇英トンとなり、大体八〇〇トン前後の積載能力の船である。しかし中国のジャンクは彼以後小さくなっている。それでも十七世紀初めバタビアに毎年五隻内外の中国船が入港し、三〇〇、四〇〇、五〇〇、六〇〇トンの船で、三五〇ないし八〇〇人の乗組員があったとオランダ人は報告している。だから十五世紀末のジャンクをその中間の大きさの船と見れば、大体四〇〇ないし五〇〇トンの積載能力のある船である。そしてこの二分の一が胡椒であったとすれば二〇〇ないし二五〇〇トンの胡椒を一年に輸入していたことになる。このような需要量は、大部分がスマトラ西北部の産であって、それはマレイ半島とスンダ産その他を加えたものであったろう。

それから十六世紀初めのポルトガル人が目的とした胡椒は、ほとんどインド南部のマラバル産であった。彼らの年間輸送量はどれ位であったろうか。インドとポルトガル本国間を航海した船の隻数は年によって違いはあるが、大体年平均五隻内外が初期には往復している。船は五〇〇トン以上、八〇〇〇ないし一〇〇〇トンの大型船（ナウ）であった。そして全積載量の二分の一以上は胡椒であったから、年間一六〇〇ないし二〇〇〇トンが輸送された筈だと考えられる。しかしこれは表面的な計算上のことであって、全ヨーロッパの胡椒年間消費量の約七〇パーセント内外を輸送できたときが、ポルトガル人のインド貿易の全盛期であった。オランダの学者には、十六世紀前半のヨーロッパの年間輸入量を一六〇〇トン内外と見ている人がある。十六世紀末のリンスホーテンは当時のポルトガル船の胡椒年間輸送量を二〇〇〇ないし二二〇〇トンと推定している。また一六二二年にオランダ東インド会社の理事会は、ヨーロッパの年間消費量を三一〇〇トンと見積っている。そして一六八八年には三四〇〇トンと推定している。そうすると全ヨーロッパの年間消費量を、十五世紀末約一六〇〇トン内外、十六世紀末には三〇〇〇トン近くであったと見てよかろう。そしてすべてインドのマラバルからの供給にあおいでいるが、マラバルではこれ以外にペルシア本土とアラビアならびに近東地方の需要分を輸出しなければならない。こうしてマラバルの産出分だけではどうしても不足するから、この不足分をスマトラ西北部のペディルとパセからの輸入によっていた。

以上はピレスがあげている十五世紀末の胡椒年間生産量によって推計したにすぎないが、当時ヨーロッパの年間消費量は中国とくらべてすくなかったということは、はっきりしていると私は考えたい。十三世紀前半の『諸蕃志』のジャワ胡椒の説明と、十四〜五世紀の汪大淵と馬歓などのマラバル海岸とスマトラ西北部の記述を総合すると、これらの地方の胡椒は西方諸国と東方中国向けのため盛んに生産されるようになった。各産地の胡椒の性状と良否もかなりよく中国人に知られている。成熟前に摘み取り、蒸して晒して乾燥するなどと記されていることは、白胡椒と黒胡椒の区別は記していないが、あるいは知っていたのであろうと思わせるふしもある。そこで問題は『諸蕃志』の頃の輸入量であるが、この頃になって急にジャワ胡椒を相当大量に輸入し始めたのは事実であっても、その数量はつかめない。例えば公的な朝貢品目には、胡椒は二、三回だけしかあげられていない。だから十三世紀以後はほとんど私的な内外商人の取り扱うところであった。そのことは『諸蕃志』の、胡椒の代金として銅の輸出が激増し、当局は胡椒の積出地である東ジャワへの渡海を禁止しようとするのであるが、商人は行先地を中部ジャワのスキタンなどと偽って出かけているという消息で明白であろう。こうして南海の胡椒を中国に輸入していたのは、ほとんどシナ船であったと考えられ、元代そして明初も同じであった。

中国の胡椒時代は十三世紀の前半から始まっている。十三世紀末の百万のマルコ様の頃には、杭州一都市の胡椒の消費量は一日約九五〇〇ポンドであったと彼は語っている。一年では約一五〇〇トンの量に達し、人口約一五〇万人に対し、一人当り年平均一キロを消費していたというのは常識では考えられない。それで彼のいう杭州一日の消費量を、杭州胡椒市場の一日の取り扱い高と見よう。この市場はもちろん胡椒専門の全国向け市場である。彼は市場は週に三回開かれているというから、年約一五〇日開かれたとして、一日約九五〇〇ポンドの取引量とすれば、一年では約六四〇トンとなる。当時の中国本土の人口を約一億人と見、主要な大都市に人口が集中していたとして、消費生活の拡大からこのような大量の消費があったのだろうか。薬用に供した分も相当にあった。それから塞外諸民族の需要分もあった。といってマルコ様の数字を頼りにして、十三世紀末の中国の胡椒年間消費量を推定することは不可能に近かろう。そうするとポーロの話は誇張がありすぎて、あてにならないでたらめだということになる。しかし十五世紀末の中国の胡椒年間輸入量がヨーロッパより多かった事実から見れば、早く十三世紀の末に中国の年間輸入量はヨーロッパを凌駕していたということを告げてくれたことでは、ポーロは正しかったと言わねばならないだろう。

第二部　香料群島（スパイス・アイランド）

一　中国人と丁香

はじめに

モルッカ諸島は東経一二七度より一三〇度の間、赤道の南北に散布する小さな島々の一群である。地図を開けば一見して知られる如く、北方にフィリッピン群島、西方にセレベス島、東方にニューギニヤ島があり、これらの大なる島々にくらべ、いかにも蕞爾《さいじ》（小さい）たる存在である。しかしてまたその価値、即ち産業における、政治および軍事上における世界に対する寄与のほども、これらの大島に比すればもちろんおしてはかれるところであり、現今および将来に大きな期待がこの諸島に対していだかれようとは思われぬ。また東経一三一・二度の間にあるバンダ諸島にいたっては、その形いよいよ小さく、これをもって、なんらかの問題とするに足ろうかとは、とうてい考えおよばぬほどである。

然しながら、往古においては、この小さな島々がいかに世界における大きな存在価値を有したことであろうか。十六―七世紀の間、東洋へ発展したヨーロッパ諸国は、まず何よりもさきにこの小さな諸島の占有に努力しただけでも、これを知るべきであろう。それを略述すれば、一五一一年にマレイ半島の貿易上の要衝マラッカを征服したポルトガル人は、その遠航の船をシナへ送るにさきだち、まずその年内にモルッカ諸島へ遣わして占拠の実をあげた。次には一五一九年にエスパニャの船がモルッカ諸島を目的としてその国を出発し、南アメリカの南端を廻って太平洋に出で、ついに一五二一年の末にフィリッピン群島よりこの島に達した。すなわち有名なマガリャンイス船隊の最初の太平洋横断であり、かつ世界一周の航海である。かくして西方より来て先占したポルトガル人と、東方である太平洋より進んだエスパニヤ人とが、この諸島を争うこととなり、しばしば激しい闘争が繰り返された。その間、一五二九年にエスパニヤはポルトガルより莫大な償金を収めて、この諸島における権利を放棄したけれども、それは表面の条約であって、諸島に対する活動を中止したのではない。エスパニヤ人のフィリッピン群島を経営したのは、この諸島に志を得ずして、いたしかたなく転進せねばならなかったからであるというて過言ではない。さらに十六世紀末には、イギリスとオランダの新勢力が登場した。オランダ人は早く一五九八年に諸島に達して以来、数年にしてその勢力を確立し、ポルトガル・エスパニヤの両国人を排撃した。またイギリス人も、一五一七年にバンダ諸島に近いプーロ・ルン島によって附近の島を占領して、オランダ人に拮抗した。これらのヨーロッパ諸国民が、おのおのモルッカ諸島の諸王と結んで互いに深刻な争奪戦をなし、流血の惨劇を演じたが、ついに一六二三年のわが日本人の参加したアンボイナにおける著名なイギリス人虐殺事件をもって大勢は決し、すべてポルトガル・エスパニヤ・イギリス人はモルッカ諸島から退場して、ひとりオランダ人の覇権が確立したのである。これほどの死闘をあえてして、この蕞爾たるモルッカ諸島を渇望した当時のヨーロッパ諸国民は、附近のセレベスやボルネオの大きな島々に対しては一顧も加えなかった。ましてニューギニヤにいたっては、最近にいたるまで世の視聴から閑却されていたのである。それには、もとより大きな理由がある。モルッカ諸島にはスパイスが産したということである。けだしこの諸島が一名・香料群島 (Spice Islands) ともよばれたわけは、世界における唯一の丁香《ちょうじ》 (clove) の産地であり、バンダ諸島が肉荳蔻《にくづく》 (nutmeg, mace) の産地であったからである。今日の世界より、これを顧みればすこぶる奇妙なことと思われるであろう。ましてや、丁香は今ではインド洋沿岸の諸地方へも移植され、モルッカ諸島はむしろその産地とは見なされていないのであるから。

これは私の親友で先学である岡本良知氏(一九〇〇―七二年)が、昭和一九年(一九四四)に著した名著『中世モルッカ諸島の香料』の劈頭の書き出しである。十六―七世紀のヨーロッパ人の大航海時代が、新しく今日の世界を展開させた。その重大な基本的要素《エレメント》の一つが、モルッカとバンダ以外には世界のどこを探しても産出しなかった丁香と肉荳蔲の獲得のためであった。この歴史上の事実は動かすことができない。私は今、この唯一の原産地であるモルッカとバンダの二つの諸島を最初に発見した東西両洋の人たちの記事を中心にして、十四―五世紀の丁香と肉荳蔲の歴史を追ってみたい。

丁香は、モルッカの五島であるテルナテ、チドール、モーチル、マキヤン、バチヤンの小島を中心として産し、十八世紀の末に東アフリカのザンジバルに移植されるまで他のどこにもなかった。丁香樹の花蕾(flower bud)あるいは開花したものと果実そして花梗(flower stem)などを乾燥したものである。乾燥した花蕾は釘のような形になっているから、丁子という名を与えられた。これは東西両洋を通じ皆同じである。この丁子という名より早く、中国では鶏舌香といっている。それは開花したもの、あるいは結実したのを乾燥したもので、これを二つに割ると鶏の舌に似ているから、そう名づけたのであった。

丁香の価値を認めた最初の文化民族は、紀元前後にマレイ、スマトラ、ジャワに渡海したインド系民族のようである。彼らは多分ジャワ島で、彼らの故国で古く紀元前からなじんでいたある種の肉桂の葉と果実の匂いと味をより濃厚にした、いわゆるモルッカの丁香に接し、その真価を認めたのであった。それはジャワ人などから教わったのであろうが、薬用と調味料としてのほんとうの価値はインド系民族の渡来によって初めて明らかにされたといってよかろう。しかしこのことは、彼らインド人が古く、そして最初にモルッカへ渡航したというのでは決してない。彼らに丁香を教えたジャワ人も、古くからモルッカへ渡ったのではない。モルッカの住民は後代までほとんど丁香の価値を知っていなかった。モルッカに近いある島のある民族が、その芳香と薬物上の効能をおぼろげながら認めて、それをジャワ人へ提供したのが最初のようで、紀元前をそう溯らないころのことであったろう。ジャワ人のモルッカ渡航も後代のことであって、紀元前後から相当以上の長年代にわたり、原産地からジャワへ丁香を転送した民族は一切わからない。しかし、紀元前後にはインドに、そして二世紀代には西のローマと東の中国まで、例え僅かであっても伝播している。

中国では五世紀の初め頃、一般の人はその形が丁の字に似ているから丁子というと記録されている。だから最初の丁香は開花したもの、あるいは結実した果実であったが、この頃になって芳香が一段と強い花蕾を乾燥したものが産地から提供されたのである。また七世紀の後半に中国僧の義浄はスマトラのパレンバンで、花(果実)と花蕾の二種の丁香をあげ、「堅歯、口香、食欲増進」などにインド系の僧侶が使用していることを語っている。こうして中国人は早くから、南海の産、あるいはおぼろげながらジャワより東方の産物であると認めていたようである。早くスマトラ、ジャワに渡海したインド人についても同じであった。

このことはまた西方のイスラムとヨーロッパ人にとっても同じである。六世紀半ばのコスマス(インディコプレウステス)は、セイロン島で、東方から絹、沈香、丁香、白檀が運ばれ取引されているという。また九世紀以後のアラビア人の地誌、航海記、その他の書はマレイ半島からスマトラ島にかけて、各時代の中継地をその産地としている。その著しい例は、十四世紀なかばのイブン・バットゥータで、彼は丁香をスマトラの産として説明し、彼自身の目で確かめたものだとさえいっている。

されば歴史あって以来、独り香料中においてのみならず、恐らくあらゆる熱帯産物中において産地の最も遅くまで確知されなかったのは、実にこの二つのスパイスであろう。古代における熱帯原産地と温帯消費地との交易関係は、すこぶる興味のある問題として研究された。しかしてこの二つのスパイスの運送径路は、その産地の位置からして最も迂遠を極めたから、その間における仲介者として幾多の民族を想像せねばならないし、数度の大洋舶送を推定せねばならない。この問題はけだし未だ研究の行われぬところであるが、その意義は他のいずれにも増して大きいものである。しかもその上に、原産地の住民は世界における非文化民族の一つに数えられ、スパイスを産してスパイスを需要することを知らなかったから、いかにしてこれらのスパイスが世に知られるにいたったか、何人がその最初の取り引き者であったかという文化史上の重大な疑問がこれに加わってくる。したがって、ヨーロッパ人東漸にいたるまでの十数世紀間、果してこの小さな島々の住民は丁香を世界に輸出しながら、その位置の遠隔であるために世界から孤立し、全く閑却されて過したであろうかという疑問に、なんらかの返答が与えられねばならなくなった。それには諸島の住民の応接した外来貿易者の何者であったかを探求すべきであり、また丁香生産の変遷と産額の変化を推知するのも、これに重大な関係を有することと思われる。

これもまた故岡本良知氏の序説の一部である。私は例え十分でないとしても、できる限り力をつくしてその核心に端的にせまってみたい。なおここでは薬物としての丁香と肉荳蔻にふれていないが、後で必要な場所にゆずる。また肉荳蔻の歴史上の経過については、丁香と異なるところがあるから、これも肉荳蔻の項にゆずっておく。

最初のモルッカ見聞記

一三三〇年から四五年頃にかけて前後二回、広く南海各地を旅行した汪大淵は『島夷志略』に文老古（モルッカ）の記事を残している。

険しい谷が海岸までせまって、地勢は狭隘《きょうあい》である。山林は繁茂しているが、土壌は痩せて穀物は乏しい。気候は暑熱で、生活は極めて低く、男女とももとどりを結び、花竹布を括っている。象歯を室内に立てて供養のそなえとする。人びとは海水を煮て塩を作り、沙糊ヤシの澱粉を食料とする。土地に丁香を産し、満山丁香樹であるが、いつも多くできるのではなく、三年または二年に一度成熟するのである。この地に酋長がおって、毎年シナ船が交易に来るのを待望しているが、往々五梅鶏雛を出せば一隻の唐船が必ず来航し、二鶏雛であると必ず二隻だという。このようにして来航を占うと、ひびきが声につれて起るようにあらたかである。交易品は、銀、鉄、水綾、絲布、巫崙、八節那澗布、土印布、象歯、焼珠、青瓷器、埕器（口の小さい素焼の瓶類）である。

この一文は中国だけではなく、世界で最初のそして唯一のモルッカ見聞記である。まず文老古（モルッカ）という名称である。ある学者はモルッコの音がアラビア語に由来すると説いたが、この諸島にイスラム教の勢力が伝播したのは十五世紀のなかばごろ以後のことである。汪大淵の伝えるモルッコの音は、これより一世紀以前である。その他に近代マライ語によるという考え方もあるが、それでも十分説明できない。それから住民本来の語から出たともいわれているが、確かにそうであるのか見当がつけにくい。とにかくこの名称の由来は不明とするよりほかにしかたがないが、十四世紀の前半には既にそういわれていたのであった。しかし十四世紀以前、いつごろまで溯れるかは疑問として残すより以外に方法はなかろう。

本文にうつると、地勢、山林、土壌、気候は簡単でも要を得ている。生活程度は極めて低く、頭髪をくくり、花竹布で飾り、象歯（牙か）を室内に立てて原始的な祭祀をしているようである。また海水を煮て塩を取っていることと、サゴヤシの澱粉を常食とするのは、マレイ諸島一般に行われていたことで、汪大淵の記事をまつまでもない。十三世紀末のマルコ・ポーロはスマトラ島のファンスル国で世界最良の竜脳（カンフル）を産すると語り、ついで同地方の常食にふれている。

もう一つとても奇妙なことがらがある。それは樹から採れる麦粉（すなわち澱粉）がこの地にできることであって、その模様をお伝えしよう。この地方にはとてもたけの高い一種の喬木があって、その幹の中に麦粉がぎっしりと詰まっている。この樹の木質部は指三本幅の厚さをした樹皮からなり、それ以外はすべて木髄で、この木髄がすなわち麦粉なのである。しかもこの樹はいずれも大の男が二人してでなければ、かかえられないほどの大木である。木髄部をなすこの粉は、まず水を張った桶に入れて、棒でかきまわされる。すると屑や芥《あくた》は水面に浮かび、粉は桶の底に沈澱する。次いで水を放出すると、桶の底にきれいな粉だけが残る。この粉を用いて調味料を加え、菓子そのほか我々が麦粉で作る各種の食品を作成しているのであるが、その味はとても美味である。マルコ氏やその一行の人びとはしばしばこのパンを食べたので、実際にその味をよく知っていた。なおマルコ氏はこの粉とそれで作られたパンを若干持ち帰ったが、このパンはどちらかといえば大麦のパンに似た味をしていた。

この樹はまた鉄のように堅く、水中に投ずれば浮かばないで、鉄と同様に沈むのであるし、まるで竹のように梢から根本まで一直線に裂くこともできる。粉を取り去ってしまうと、前記したように指三本幅の木質部が残るが、土人はこれで投げ槍を作る。この投げ槍は短いものでそう長くはない。それというのも、この樹はとても重いから、長い投げ槍を作ったのでは、自由に使用するどころか持ち運びすらできないからである。土人はこの投げ槍の先を尖らせ、少しばかり火の中で焦すのであるが、こうすると投げ槍は鉄製のものよりも鋭利となり、どんな甲冑でも刺し通すことができる。

ポーロは初めてサゴヤシの澱粉食に接し、非常に珍らしかったので、いささか以上に好奇心をそそられている。これを日常の食事としていた原住民にとっては、その他に適当なものを見出さないからである。それからサゴヤシの外皮で投げ槍を作るという。モルッカ諸島では小島各地の部落民が独立割拠して対立し、永年代にわたって闘争をこととしていた。「住民は甚だ好戦的で、戦争には極めて勇敢であった。」といわれたように、戦争に心をかたむけ、そして行動は俊敏軽快であった。戦争こそ彼らの生き甲斐のある仕事であって生活の源であった。氏族集団から発展した部落と島はおのおの単一の社会となり、他部落や他島との間に不信義と敵対の関係をもって十数世紀ないしそれ以上を経過してきたのである。殊にその特産物である丁香が世界に伝播するようになってからは、その収穫と輸出によって莫大な利益を収めたので、食料その他の必需品の生産などということを忘れるようになった。従ってこれを他に求めねばならなくなってくるが、それと交換される物は必ずしも他島や他部落の農耕者の欲するところのものとよく一致しない。そこで実力をもって圧伏強制したり掠奪したりする必要にせまられ、すべてを戦闘の結果に期待したのである。このような民にとって唯一の最低食料資源であったサゴヤシの澱粉と、その樹の外皮から作った鉄より堅い投げ槍は、天が与えた絶好の武器の一つであったろう。

次は特産の丁香である。満山、丁香樹であるという。栽培していたのではなくて自然に生育したままであった。十六世紀初めのトメ・ピレスは「ここの住民はだれも丁香の木を所有しており、そして各自がその見張りをするのであるが、しかしわざわざ栽培するわけではない。」といっている。汪大淵のころ既に各住民の所有になっていたものかどうか、問題にしておくが、彼は最も多く成熟する時期を三年もしくは二年に一度としている。ピレスは「丁香は一年中とれるが、この一年の六回の時期には、他の時期よりも沢山とれるということである。」というのは、野生であるから順次成熟してゆくのをのべたのだろう。マガリヤンイス船隊のアントニオ・ピガフェッタは、一年に二回の収穫があり、一度は我々の救世主の降誕祭のころ、もう一度は洗礼者ヨハネの誕生祭のころ——従って十二月下旬と六月下旬——であるといっている。あるいは、収穫は年一回で、花は二、三月に発芽し、九月に成熟するともいわれている。ところが一五三四年二月にトリスタン・デ・アテイデはモルッカからポルトガル国王に宛てて、モルッカ五島の丁香の産出額を三年ごとの収穫期によって報告している。彼の書簡では、丁香の収穫は三年に一度であったように記されている。良い収穫を得るためには、新しい枝などを折りとって、翌年の開花を防ぐことも必要であったようである。すると三年に一度、あるいは足掛け三年に一度の収穫というのは、このような人為的な方法によって多くの成熟が期待されたからであろう。しかし汪大淵のころ既にそのような方法が行われていたのだろうか。あるいは汪大淵の誤聞であったのか。疑問としておこう。

そして汪大淵は、そこに酋長がおり、毎年シナ船が一隻あるいは二隻やってくるのを鶴首し、五匹あるいは二匹の鶏雛を出して占っているという。すなわち丁香の取引は、酋長あるいは長老の統制下にあったのではなかろうか。あるいは既にその域を脱して、王あるいはこれに準ずる強力な酋長の下にあったという問題を提示している。

バロスの記す(注)モルッカ住民の口伝によれば、当初は住民は丁香の価値を知らなかったが、シナ人が交易に来るようになってから、丁香をもってその欲する必需物に代えることができたので、しだいに丁香樹の所有欲が生じ、これを財産視するにいたったという。シナ人の交易に来るようになってからということは、そのままでは信じ難く、むしろこれを最初の外来人に代えられねばならず、この丁香樹所有の観念の生じたのは上古のことであるから、上古の社会状態は想像の許される限りすこぶる渾沌としたものであったろう。そして住民の記憶の溯る限界は、幾つもの部族にわかれて、経験のある幾人かの長老の指導に従ったという点までである。その後に酋長もしくは小さな王を頂き、次いで有力な王の治下に入ったのであるが、長老支配の幾つもの部落が絶えず互いに敵視して相争ったというから、吾人（岡本）の推察をもってすれば、国王の名は近隣の諸部族・諸部落を統一して大をなした部族の長老または酋長によって僭称され、かつそれだけの実権を具えるにいたったものであったろう。但し住民の間には、島々の諸王をいただく機縁を作った美しいそして詳細な神話的伝説が伝えられていたので、王政の発生したのはポルトガル人到達のころよりかなり遠い時代に属したようである。しかしはたして王政の出現はいつ頃のことか、もちろん口伝では明らかにわからない。されば『島夷志略』に見える酋長は諸部族の長老の一人であるか、それとも一島の王であるかは不明であるといわねばならないが、『志略』の文によって察して、すでに丁香貿易がそのいう酋長の統制下にあったとすれば、それはある地方に相当の強権を有した酋長の出現を考えて見なければならないこととなり、従って当時すでに事実上の王政が行われていたと推察出来るかもしれない。こうしてモルッカ諸島は、十四世紀の初めにしだいに部族割據と長老支配の時代を脱するようになろうとし、島々の住民は王もしくはこれに準じられる首長をいただき、かつそのうちには近隣に威を振うた強力な者もあったと推察すべきであろう。

（注）ポルトガルの歴史家ジョアン・デ・バロスの『アジア志』は十六世紀の前半中に編述された。モルッカ諸島については、最初の遠征隊の到着した一五一二年から数年間に諸島を観察したポルトガル人の記録によっているが、原記録と原報告は今はほとんど存在していない。

これもまた岡本良知氏の一文であるが、氏の推定は大体において妥当であろう。では『志略』の報告で中心となるシナ船のモルッカ渡海について記さなければならない。しかしこれはシナ船の南方海上諸国への発展進出について重大な事柄であるから、私は特に項をわけて次にのべることとしたい。

最後は丁香とバーターするためシナ船のもたらす物品である。銀、鉄、水綾、絲（絹）布、青瓷器、埕器などが中国のものであるのはいうまでもない。注目されるのは、石炭を利用して増産された鉄を輸入していることである。染色の布類である巫崙、八節那澗布、土印布について『志略』は爪哇《ジャワ》で極めて細く耐久力のある色印布（すなわち印花布）を、東ジャワ・ジャンガラの海岸地方と思われる八節那で退色しない単茇花印布の産をあげている。ジャワ東部産の布帛類が提供されていたのである。十六世紀初めのトメ・ピレスがマラッカのマレイ人などは、ジャワで染色の布類を仕入れ、それをモルッカへ持って行くといっているから、『志略』の記す布帛類はそれであったろう。象歯とは象牙であろう。多分タイ産であると私は思う。焼珠はインドのカンバヤ産の数珠玉で、当時西はアフリカから東南アジアの各地に広く輸出されていた。これらの物品は、丁香の取引を支配していた酋長あるいは王に提供されたものである。後で十六世紀初めのポルトガル人の伝える交易品をあげるが、例えばインドのカンバヤ（グジャラット）とベンガルの各種の織物や布帛が歓迎されている。しかし十四世紀の前半ではまだそこまでおよんでいなかったようである。といっても、当時のモルッカの権力者が要求した物品は、丁香に対する需要が相当に高まっていたようだから、往古とくらべてある程度は進んでいたように推測される。

中国人の東洋航路と丁香

『島夷志略』にのっている至正十年（一三五〇）の張翥《ちょうしょ》の序に「汪君、冠年（成年）に当り、かつて再び舶に附し、東・西洋の遇《あ》う所、すなわちその山川・風土・物産の詭異――云々」とある。大淵自身も『志略』のフィリッピン群島で、極めて生活程度の低かった比舎耶（ヴィサヤ）人が辺鄙な島の土民を生け捕って他国に売っているから「東洋ではヴィサヤの名を聞くと皆恐れて逃げ出す」といっている。またインド南部マラバルの要港であったカリカットを「西洋諸国の馬頭である」と説明している。すなわち現在私たちが使っている東洋と西洋という意味とは全く異なっているが、この二つの語は『志略』に初めて記されているようである。

こうして中国人はすくなくとも元末から、南海の諸国を東洋と西洋の二群に大別しているのがわかる。これはボルネオ島北部のブルネイ国を標準にして、その西岸から南岸およびそれ以西と以南の諸国、すなわちインドシナ半島からマレイ半島、スマトラ、ジャワの方面そしてインドあたりまでを西洋とし、それ以東のフィリッピン群島からモルッカ諸島の方面あるいはボルネオの東海岸地方を東洋といっておるのであって、後では琉球と台湾まで東洋の中に数えるようになった。これが当時そして明代の中国人のいうところの東洋と西洋であるが、要するにブルネイを東西両洋の区分の中心としたようで、一六一八年序の有名な張燮《ちょうしょう》の『東西洋考』はブルネイをもって「東洋の終る所で西洋の始まる所」といっている。これは元末以来の中国人の通念と考えてよろしいのであるが、ブルネイは南シナ海を航海するときの要衝の地点であったことを忘れてはならない。まだ東西の両洋がはっきりしていない宋代に「ブルネイは順風に乗れば、ジャワから四―五十日、パレンバンから四十日、ミンドロ島とチャンパから各三十日の航程である。」といわれている。東洋航路がはっきり知られていない前から、ブルネイはすでに南方海上交通の重要な拠点であった。

それはともかくとして、東西洋の区分はどうして生じたのであろうか。なんでブルネイを東西の区別の標準に採ったのかということについては、従来いろいろな説が提出されている。ある人は、明人の東洋と西洋の区別は、もとマレイ人とペルシア人がモンスーンを基礎としている方法を採ったのであると考えた。その他に種々の考え方もあるが、早く坪井九馬三博士が(『東洋学芸雑誌』二五六、「明代のシナ人が知りたるシナ海インド洋の諸国に就て」)「これを地理的区画と見るのが誤りで、実は『東西洋考』に明らかに示された通り、いわゆる東洋針路、西洋針路の実際の航海路に基ずいた区分」といわれたのが最も妥当である。そしてシナ人の航海者によって使われた東洋鍼路に属する国々が東洋諸国、西洋鍼路に属する国々が西洋諸国である。

すなわちシナ船は宋代から磁針を備えて航海していたから、泉州あるいは広東を出て鍼路を西へ取り、インドシナ半島からシンガポール海峡あたりに行ってスマトラ島に渡り、東に転じてジャワ、バリをへてチモールにいたった。またジャワから東北を指してボルネオの西・南沿岸におよんだが、これらを西洋鍼路といったのである。以上に対し福建の泉州から鍼路を東に取って澎湖と台湾に渡り、あるいは直ちにルソンに達し、さらに南下してミンダナオ島にいたり、東してモルッカ諸島からバンダにいたるもの、西してスールー列島をへてボルネオに向かうもの、ないしはルソンよりパラワン島に沿ってボルネオ北部のブルネイに行くものなど、これらを東洋鍼路といった。そして、それぞれの路線上にある諸国を西洋と東洋の国々と呼んだのである。

このうち、西洋諸国は早くから開け、物資も豊富で、インドと西南アジア文化圏との海上交通の通路に当っていたから、漢魏以来中国と往復があり、唐宋時代には盛んな交通があった。しかし東洋諸国はその反対で、福建の開発のおくれたことや、台湾、バシー両海峡の航海の難にはばまれ、中国と交渉を持つようになったのは、大分後のことである。それでも台湾は三国と隋のころ既に交渉が開けていたようであるが、フィリッピン方面となると、ヴィサヤ、ミンドロ、パラワンの島々が中国人に知られるようになったのは宋代からである。それも航路が開けて船の航海が絶えずあったというほどではなかった。だから東西洋の分れ目であるブルネイは、実は後では東洋の内に入れられているが、初めはかえって西洋鍼路によって中国との交通があったような始末である。

　ところで『志略』に伝えているモルッカに渡海していたシナ船は東洋航路によったものだろうか。もしそうだとすれば、東洋航路の始めはおそくとも十四世紀の三～四〇年代に求められることになる。私はフィリッピン群島の歴史に暗いが、十三～四世紀ごろはミンドロ島を中心に北はマニラ、南はヴィサヤの蛮族、西はブスアンガ、カラミアンからパラワン諸島そしてブルネイとつながっていたようである。十三世紀、二〇年代の南宋の趙汝适の『諸蕃志』は渤泥（ブルネイ）、麻逸（ミンドロ）、三嶼（『志略』の三島。ブスアンガ、カラミアン、パラワン）の三つをあげて、泉州→ミンドロ→三嶼→ブルネイあるいは泉州→ブルネイ間の航路があったことを明らかにしている。ブルネイでは王の居城、起居、服飾、軍備、軍隊から物産、葬祭、生活、民俗などを説いている。そして交易品をあげ、特にシナ船との交易について、取引はほとんど国王の裁定下にあって、入港、国王に対する船主の貢献と敬意、交易物資の評価と私の取引の許可、帰帆の際の国王との儀礼などを詳しく記しているが、年一回がせいぜいの航海であったようである。また国王の服装は裸体跣足《はだし》であっても、ほぼ中国スタイルをまね、中国からの親書を敬するなど、中国に好感を持っているように書かれている。例え筆者である趙汝适自身の買いかぶりと一流の中華尊大はあっても、当時ブルネイの国王が中国船の交易に期待するところが大きかったからであろう。そしてミンドロはブルネイより民度が低く、シナ船は指定の場所に泊し酋長に 贐《はなむけ》をして交易する。土民の商人がまず物貨を受け取って各地の島々の住民と取引し、帰ってから決済する風習で往々八〜九カ月かかるから、シナ船は帰帆の時期を失うこともあって、この地との交易は長時日を必要とする。それからミンドロの勢力下にあるブスアンガ、カラミアン、パラワンなどでは島々の小部落で三、四日、船をとどめて物々交換をする位で、民俗は極めて低いという。またマニラをミンドロの属国にあげているが、なんの説明もない。ミンドロから西南のヴィサヤについては、言語も通ぜず、バーターもできない畜類に等しい人間の住む地方だとしている。以上のようであるから、泉州からブルネイ、ミンドロ、それからブスアンガ、カラミアン、パラワンなどへの航海はあっても、その程度はインドシナ半島の沿岸を南下してマレイ、スマトラ、ジャワ、そしてインドなどへ行く航海とくらべてまだ問題にならない。従って後者とくらべ、対立して考えられるほどの航海路ではないから、東洋航路という名称も生まれなかったのである。

『諸蕃志』から約一三〇年後の汪大淵の『志略』は彼が二回の旅行で見聞したところをもととし、報告は実際的で要を得ているが、現存本では南海の各諸国が地域あるいは地方別にまとめられておらず順序不同である。私は列挙されている九九の地名(国名)の中から、東洋関係だけを拾って次にあげよう。

『志略』があげている八の地名に現在名をあてて、地図で辿って見ると上のようである。またこの八地（国）の記事から物産、交易品その他を次頁に表記しよう。

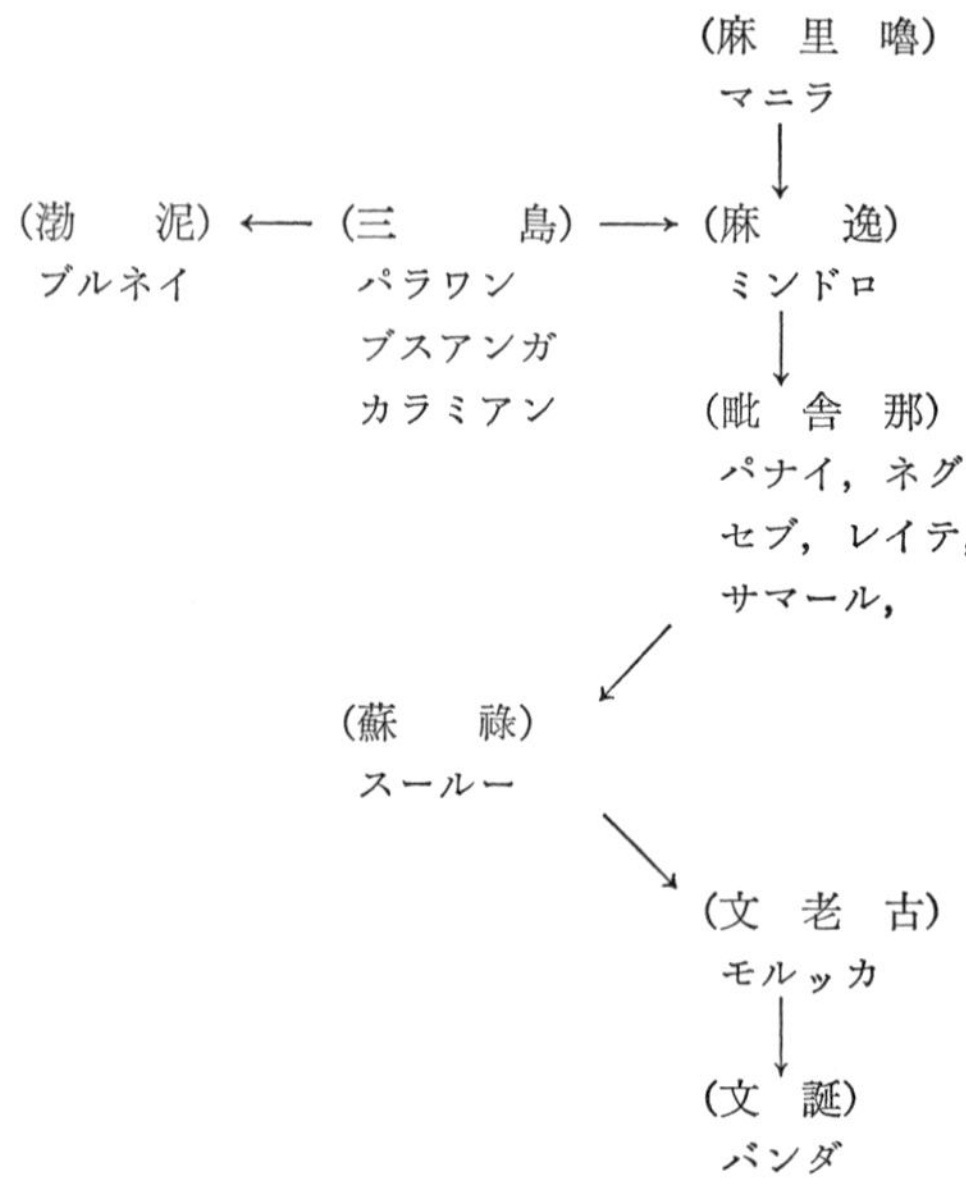

少々補足すれば、(1)はミンドロ島の殉死である。曰く、夫が死去すると妻は髪を削り、七日間絶食して夫の死体とともに寝《ね》るから、殆ど死ぬ。七日がすぎても死なないと、親戚の人が飲食をさせ、生命を保つ者もあるが、終身その節度を守っている。また夫の死体を焼くとき投身して殉死する者もあるという。これは夫の死体とともに妻が生きながら焼かれるインドの suttee の風習であるが、一世紀前の『諸蕃志』にはないから、その後にジャワ島から伝わったと考えられる。『志略』は酋豪が死んだときは二、三千人の奴婢を殺すと殉葬を誇張している。程度のほどは別として、私はこのことから、

地名	支配者	産物	交易品	その他
麻里噜（マニラ）		黄蠟、降真香、木綿花、玳瑁、竹布	足錠、青布、磁器盤、処州磁器、水壜、大甕、鉄鼎	義をとうとぶ。
麻逸（ミンドロ）	酋豪	黄蠟、木綿、花布、檳榔	銅鼎、鉄塊、五采紅布、紅絹、牙錠	節義をとうとび、博易に信義を守る。殉死の風習。[1]
三島（前掲）	酋長	黄蠟、木綿、花布	銅珠、青白花碗、鉄塊、	俗質朴。
浡泥（ブルネイ）	酋長	黄蠟、降真香、玳瑁、竜脳	白銀、赤金、色緞、牙箱、鉄器、	唐人を敬愛する。計数に熟達する能吏がいて計算、出納、収税を司る。竜脳の有名な産出地。
毗舎耶（前掲）	ナシ	ナシ	ナシ	掠奪をこととし、全身入れ墨。小舟で他島へゆき人を生けどりにして他国人に売る。東洋で最も恐れられている。
蘇祿（スールー）	酋長	黄蠟、降真香、珍珠、玳瑁	赤金、花銀、八都剌布、青焼珠、処州磁器、鉄条	真珠の大産地。[2]中国人の愛好する絶品である。
文老古（モルッカ）	酋長	丁香	銀、鉄、水綾、絲布、巫崙八節那澗布、土印布、象歯焼珠、青瓷器、埕器	
文誕（バンダ）	酋長	肉荳蔻、荳蔻花、小丁皮	水綾、絲布、花印布、烏瓶、鼓瑟、青瓷器	

ジャワ島とのつながりが十四世紀の始めにはあったと思う。その経路は、ジャワ島からボルネオ島の西海岸に沿って北上し、ブルネイにいたり、そこからであって、モルッカからスールーを北上する東洋航路ではなかった。このことだけで、ミンドロがジャワの進んだ文化を相当に受け入れていたというのは行き過ぎであろうか。次は(2)のスールー諸島の真珠である。スールーの珍珠はインドのネガパタムに近いソリパタムとプットランの産にくらべれば、色は青白で円く、値段はすこぶる高い。中国人は首飾に用いるが、色はあせないから絶品だという。径寸に達するものさえある。原産地では、大は直段七〜八百余錠、中は二〜三百錠、小は十〜二十錠である。そのほか小珠は一万あるいは一千ないし三〜四百両の重さに達するほどである、と『志略』はいっている。するとミンドロ島からパナイ、ネグロス、ミンダナオの西海岸に沿って南下し、ザンボアンガからバシラン島そしてスールー列島へ達していたことになる。目的は名物の真珠である。ここまで来れば、バシラン島から東南に進み、シアオ島をへてモルッカに達する。そして一足のばせばバンダにいたる。丁香と肉荳蔻とその花のためである。

『志略』の東洋八カ国とその所在と物産をあとづけてゆけば、北方ではミンドロ島とブルネイを中心として竜脳、黄蠟、玳瑁、綿花布、降真香などがある。そして南にはスールーの真珠とモルッカの丁香、バンダの肉荳蔻がある。交易品として、中国から絹、糸、布帛、陶磁器、金、銀はもちろんとして、各地とも鉄、鉄条、鉄塊、鉄器、鉄鼎が輸出されている。酋長たちの必要とする儀礼用の備品と武器などに使用されるとともに、生活用品に利用されていたのだろう。(農具にまで利用されるには早すぎょう。）こうしてこの地域の生活程度は十四世紀に入り相当進んでいたようである。

『志略』はモルッカの酋長が毎年一ないし二隻のシナ船を待望しているという。このシナ船はインド洋まで航海していた大船ではもちろんなかった。十三世紀末のマルコ・ポーロが伝える小型船位であったろう。それでも胡椒千俵を積むことができると彼はいうから、大体一五〇トン内外の積載能力のある船である。モルッカの住民にとっては驚異であったろう。このシナ船はミンダナオ島のザンボアンガあたりから、スールー諸島をへてモルッカへいたったのか、あるいはザンボアンガから直ちにモルッカへ渡航していたのだろう。こうして私は遠くモルッカとバンダまで到達していた中国人のいう東洋航路が、大淵の時にはすでに開けていたと考えたい。大淵自身が親しくモルッカとバンダを訪ねたかどうかはっきりしないが、少なくともミンドロとブルネイに旅行したことだけは確かであると思うからである。

このようにモルッカの丁香とバンダの肉荳蔻を最終の目的とする東洋航路は、十四世紀の三〇年代には確実に始まっていた。（バンダの肉荳蔻とバンダ諸島については、改めて説くことにするから、ここではしばらくおくのを許していただきたい。）その後しばらくこの航路は継続していたようであるが、明初の十五世紀の初めには途絶している。明の海外渡航の禁令の影響もあろうが、この禁令は空文に終っているからそのためだけとはいえない。ミンダナオ、ルソン、ブルネイ方面への航海は依然としてあったようであるが、スールー、モルッカ、バンダまではいたっていない。十七世紀初めの張燮は『東西洋考』で、北はルソン島から南はモルッカまでの各地の沿岸の港と地名を詳細にあげて説明している。(注1)

この頃になると東洋航路に沿う各地の民度が高まって、島嶼間の交易も相当に行われ、シナ船の航海も旧に倍し、西洋航路と対立して東洋航路がそう認められるだけの重要度を持っていたからだろう。(注2)ところが、これより早く一五二一年の秋、マガリャンイスがセブ島で戦死してから、その麾下のエスパニャ船二隻が、フィリッピン群島よりモルッカ諸島へ向かう航路で、ミンダナオ島、サンギン島を過ぎてから航路を誤ったとき、「モルッカより行くシナの一ジャンクに遭遇した。合図によってその船と語り、航路を元へ引き返すべき」ことを知ったという事実が伝えられている。これは当時フィリッピン群島の沿岸を南下してモルッカ諸島へ往来していたシナ船の一例であるから、その頃にはモルッカ渡海が旧に復していたのであろう。すると、十四世紀の後半から十六世紀の初めに入るまでモルッカへの渡海が中絶したのは、どんな理由からであったのだろうか。

(注1)『東西洋考』にあげられている北はルソン島から南はモルッカまでの各要港と島々の名を次に列挙しよう。
ルソン島――大港アパリ、南旺ラオアグ、玳瑁港リンガエン、馮嘉施蘭パンガシナン、呂宋マニラ
ルバン島――呂蓬
ミンドロ島――文武楼マンブラオ
パラワン島――巴荖円
ボルネオ島――文莱ブルネイ
マリンドゥク島――猫里務
クヨス島――高楽
パナイ島――屋党港オトン
セブ島――朔務
ミンダナオ島――吶嗶嘽ダピタン、班隘ザンボアンガ、魍根礁老コタバト

バシラン島——逐奇馬山
スールー島——蘇祿
シアオ島——紹山
モルッカ——美洛居　（以上の地名については巻末の地図を見られたい。）

（注2）　中国船の二大航路から生まれた東洋と西洋という名称は、十八世紀の初めには次のように拡大されている。

東　洋——朝鮮、日本
東南洋——台湾、フィリッピン、ブルネイ、モルッカ（『東西洋考』の東洋）
南　洋——インドシナ、シャム、マレイ、スマトラ、ジャワ（『東西洋考』の西洋）
小西洋——マラッカ海峡から以西のインド洋
大西洋——東アフリカ海岸から希望峰をまわって西アフリカそしてヨーロッパ

それから以後ヨーロッパとの交渉が種々問題になってくると、西洋は主として彼らを指すようになり、十七世紀の西洋航路と東洋航路の意味は失われている。

日本では江戸時代にオランダ人を通じてヨーロッパの知識が伝わり、一七〇五年に密入国したイスパニア人宣教師シドッチを尋問した記録を新井白石は『西洋紀聞』という一書にまとめ、ヨーロッパを西洋としている。また中国の地理書を通じてヨーロッパのことを知り、中国の西洋を極西のヨーロッパにあてて日本とは異質の文化があると考えた。同時にこの西洋文化に対し、東方には中国を中心とする文化が古来から厳として存在すると考え、これを東洋とした。佐久間象山（一八一一—一六四年）が「東洋は道徳、西洋は芸」といったのは、中国の儒教を中心にして日本をふくむ東洋と、実証科学的なヨーロッパすなわち西洋とを対立させ区別したのである。これは中国人が「中学は体をなし、西学は用をなす」と考えたのと同じである。人間生活の根本原理は中国古来の学問と思想にあって、西洋の学芸は実用すなわち精神的な思考から派生した応用技術であるという。ところが日本では今一つ仏教を世界に誇るものと考え、インド、中央アジア、東南アジア、中国、朝鮮、日本とその流伝した地域を東洋とし、東洋をインドから東方のアジア全体に拡大してしまった。しかし中国人からすれば、東洋は依然として朝鮮と日本である。中国自体は決して東洋の中にふくまれるものではない。中華としての存在である。インドやその他の地域から見ても同じであろう。

ここでよく理解してもらわなければならないことは、中国人の丁香使用の態度が、中世末以後のヨーロッパ人とは相当以上に異なっているという点である。

早く梁の陶弘景（四五二―五三六年）は「沈香、薫陸（乳香）、鶏舌（丁香）、藿香《かっこう》、詹糖香《せんとうこう》、楓香の六種の香料は、私たちが使用する匂いの料を作り出すのに必要なもので、薬品の範疇に入れるのは適正でない。」といって、中国人の香（料）の代表である沈香木を中心に五種の主要香料をあげているが、その中に丁香がある。このような考え方は七、八、九世紀の唐の時代でも同じで、彼ら中国人は「香」といえば、沈香木を中心に火で焚いて香気を感じる「焚香料 incense」に限定している。だから丁香は焚香料の一つであって薬品ではないという。現実に香料を最も多く使用した宋代に、焚香料としては、沈香が全体の四〇パーセント近く使われているが、これにつぐのは白檀木、丁香の各一二パーセント近くである（山田『東亜香料史研究』一七四―五頁参照）。諸種の香料に混じ、各種の香料の香気を発揮させるのに十分な効力がある（能発諸香）と認めている。

ところが表向きの薬物とするのは正しくないとする主張と平行して、事実は薬剤として十分に認められている。矛盾しているが事実はそうである。宋代の本草書は記している。

丁香は辛温無毒で、主として脾《ひ》と胃を温め、霍乱（暑気にあたって吐きくだす病気）、擁脹《ようちょう》（はれもの）、風毒（風邪）、諸腫、歯疳虫（歯痛）を止める。

その他口の臭さを消し、虫毒、酒毒、腹痛によろしく、委細は省略するが、宋末には五香散などという丁香と肉桂を主とした薬湯さえ流行したようである。だから香（料）であるとともに薬品の一つとして重要なものであった。このことは後代にいたっても変りはなく、二十世紀の初め、上海・海関の総税務司であったG・A・スチュアートの『シナ薬物志』を開いてもそうである。

そうであってもスパイスすなわち調味料、中国人のいう葷辛類《くんしん》（味が辛くて匂いの臭いもの）として、あるいは宋代の味つけである料物の中には完全に入っていない。中国人の食生活に特異な刺戟である甘辛《あまから》さと味と匂いを増すものとして薬味がある。南海の胡椒、長胡椒、キュベーブ、ジンジャー、肉桂などが中国在来の葷辛類とともに広く調味料にあてられているが、丁香は使用されていない。元代の料理書である『飲膳正要』や明代の有名な『随園食単』その他を広く検しても駄目である。それで考えられるのは、中国では丁香がスパイスとして必要とされていないことである。丁香本来の用途は「スパイス、薬物、香料」の三つで、ヨーロッパではスパイスを中心としている。しかし中国では薬物と香料としてだけである。そして丁香の需要量から見れば、このスパイスとしてということが、他の二つの用途を圧して大部分を占めている。ヨーロッパで近世末からスパイスすなわち丁香、すなわち香料とされていたのとは完全にちがっている。

このように中国における丁香の実際上の用途を見てゆけば、十四世紀の前半に丁香を求めるため遠く後代の東洋航路と称する海路を取ってモルッカに渡海していた。それがしばらくして、十六世紀の初めまで約一世紀以上中絶したという理由が明らかになるだろう。中国人自体の丁香の需要には一つの限界点がある。当時のヨーロッパと同じには考えられない。元代のシナ船の南方海上発展は西は遠くインドまで、そして東はフィリッピン群島からスールー諸島をへてモルッカまで到達させた。しかしモルッカ渡海のシナ船は、中国で需要する丁香を目的としただけであった。だから本土の需要に限界があれば、それに応じて渡海の必要もなくなってくる。汪大淵がモルッカの酋長はシナ船の渡来を待望していると記しているのは、シナ船が案外高値で——すなわち交易物品を他の外来人よりも気前よく提供して——買ってくれたからであろう。十六—七世紀に新しく東洋航路と称されるものが展開されたのは、例えその海路がモルッカまで達していても、フィリッピン群島とパラワン、スールー諸島各地間の島嶼間のバーターが前代とは異なった様相を呈したからである。モルッカはその一つであったにすぎない。

二　ヨーロッパ人の渡来と丁香

ヨーロッパ人最初の記事

一五〇二年から八年にかけてアラビア、ペルシア、インド、スマトラ、ジャワ、バンダ、モルッカと旅行したイタリア人ルドヴィッコ・デ・バルテマは、真偽のほどはともかく、ヨーロッパ人としてバンダとモルッカを訪ね、その記事を残した最初の人であるという。彼は一五〇五年五月、バンダに二日泊してモルッカに向かっている。

二日目の終りに、私の僚友はキリスト教徒に、どこに丁香が生ずるかと尋ねた。彼らは、ここから六日路程にあるモノックという一島に生じ、その島民は獣のようで、このバンダンの民よりも陋劣でつまらないと答えた。ついにわれわれはその住民がどうであろうと、その島へ行くことにきめた。そしてわれわれは出帆し、十二日目に前記の島に着いた。われわれはこのモノックの島に上陸した。それはバンダンよりもはるかに小さい。しかし住民はバンダンのそれより劣等であるが、これと同じように生活していて少しは色が白い。空気はバンダンよりも冷たい。この島と附近の数多くの島々に丁香を生ずる。それらの島々は小さくして無人である。丁香樹は正しく黄楊樹《つげ》のようだ。樹は太く、葉は肉桂の葉に似ているが、肉桂よりは少し円味があり、私が前にセイラン島を語るところで諸君にいったあの色を持っていて、殆ど月桂樹の葉のようである。これらの丁香が成熟すると、前にのべた者どもは、籐《とう》でこれを打ち落す。それを受けるために樹下に数枚の蓆《むしろ》を敷く。これらの樹のある所は砂地のようだ。けだし砂と同じ色をしているが、実は砂ではない。この国は非常に低く、北極星を見られない。われらがこの島とこの住民を見たとき、キリスト教徒たちに他にもなにか見るものがあろうかと尋ねた。彼らは答えて、いかにして彼ら住民が丁香を売るかを見ようではないかといった。彼ら住民が肉荳蔻と同じだけを二倍の価で売ったのを我らは知った。しかし彼らが重量を理解していないから、それは大きさで計ったのである。

彼の紀行によると、彼はモルッカに一〜二日滞在したにすぎなかったようであるが、バンダから十二日もかかったこと、住民の生活が極めて低いこと、丁香を生じる小島は無人であること、などなど、彼より百五六十年前の汪大淵の簡潔で要を得ている報告とくらべてあまりにひどい。実際にこの島を訪ねた人の報告としては、例え滞在日数が短時日であったとしても、貧弱この上もない。私は多くの先学者が疑っているように、彼のモルッカ行きは、そのままに受けとることができない。ジャワあたりで耳にした俗説と風聞であったと考えたいのである。

モルッカ社会体制の変化

バルボーザの報告

十五世紀の末にインドに到達したポルトガル人も、最初は丁香がジャワのはるか東方奥地のモルッカからのみ出ることを知らなかっただろう。バンダの肉荳蔻についても同じであった。しかし彼らのインド渡海の目的は胡椒、肉桂とともに丁香と肉荳蔻であった。胡椒の大産地であるマラバルのカリカットに入港したバスコ・ダ・ガマの船隊の一人は一回（一四九七―九年）と二回（一五〇二―三年）目のとき、優良なセイロン肉桂をカリカットの市場で見出し、二回目の航海に参加したトメー・ローペスは、

コーチンから一五〇レグワ（一レグワは約五・九三キロメートル）離れた富裕なセイロン島には、どこの国よりも多くの良質の肉桂（シンナモン）を産することを聞いた。

と報告している。こうして胡椒についで肉桂（シンナモン）を確認した彼らにとり、より以上に緊急なことは丁香と肉荳蔻の原産地を確かめ有利な入手をはかることにある。一五一〇年にゴアを占拠して全インド支配の根拠地とした彼らは、翌一一年には東南アジア海上の最大要衝地であるマラッカのイ

スラム王国を強奪し、その年いち早くモルッカへ探険船を派遣している。ジャワ、スマトラ、シナより、とにかくモルッカとバンダが先である。丁香と肉荳蔻である。こうして彼らのスパイス・アイランドに対する進出が始まったのであるが、彼らは同時にモルッカとバンダの調査を怠っていない。十六世紀初めの彼らの諸報告は、コートとバロスの『アジア志』に多く採録されて今日に残っている。私はそれを参照しつつ、次に代表的な二つの報告をあげよう。彼らの報告は、彼らが実際に足跡を印した最初の見聞記である。それとともに彼らが住民から伝聞した話の中には、多分に彼ら渡来以前の事実が伝えられている。これによって十五世紀、それから溯って十四世紀、いやもっと前のころまでのモルッカの住民と丁香のことを推測することができる。（バンダの肉荳蔻についても同じであるが、項を改めて記す。）住民は文字を知らず、極めて低度の生活をもって経過し、記録を持たないから、彼らの記憶するところだけが辛うじて彼らの過去を語るものであった。それを採録した最初のポルトガル人の諸報告だけが唯一の資料である。また当時の実状をそのまま記録していることは、彼らモルッカの原住民の生活がそれ以前の時代と大体においてそう変っていないと思われるから、これもまた往時を推測させてくれるものである。しかし彼らポルトガル人の報告といえども、誤伝と誤聞と、彼ら自身の先入観その他があるから、それらの諸点について批判と識別を忘れてはならない。

まずドアルテ・バルボーザの報告（一五一六年）をあげよう。一五一二年にモルッカ諸島へ遠征したポルトガル船隊の消息によるところもあるが、その多くはマラッカで彼自身が聞き糺《ただ》したもので、ヨーロッパ人到来直前の諸事情を語るものと認めてよろしい。

アンボン島を過ぎると、五つの島が互いに近接していてモルッコという。全島に丁香が生育している。住民は異教徒とイスラムであるが、王たちはイスラムである。第一の島はバチャン、第二はモウチル、第三はマキアン、第四はチドール、第五はテルナーテという が、テルナーテには人びとがサルタン・ビナラコラと称するイスラム王が住んでいる。彼はもと五島の王であったが、現在他の四島は彼に叛して独立している。五島の樹木（すなわち丁香樹）はある種の月桂樹に似て、葉はコケモモのようである。丁香はオレンジやスイカズラの花のように鈴生《な》りに群生している。始めは非常に青く、それから白色になるが、熟すれば美麗な赤色となる。土地の住民は手で摘んで採集し、黒色に変じるまで、戸外に散布して太陽で乾燥する。もし日が照らないときは燻製室で乾燥させる。（小屋の中で火を焚いてくすべたのだろう――山田）乾燥すると少量の塩水を撒布しているが、黴《かび》の生えるのを防いで、香味を十分に保たせるためである。この丁香はこれらの五島で極めて大量に採集されるから、もし国外に輸送されなかったり、あるいは採集しないでそのまま捨て置かれると、森林中で駄目になってしまう。もし三年間も採集しないと樹は野生化して、取れる丁香は無価値であるという。

毎年マラッカとジャワから多数の船が丁香を積み取りに来る。交易品としては「銅、水銀、辰砂、カンバヤの綿布、蒔蘿（コミニュス）、銀、陶磁器、ジャワの金属製の鈴」を舶載する。ジャワの鈴とは鉢の大きさ位で、その縁《ふち》で懸垂し、中ほどに把手のあるものである。これを鳴らすために何物かで打撃をする。王たちや上流の人びとは大いにこれを珍重し、あるいはその大きなもの、あるいはその小さいものを宝物として財産として保持し、これをもってまた金属製、錫製の鉢をもって、また中央に孔のあるセイチルのようなシナの銅貨で音楽を奏する。これらの商品では多量の丁香を与える。例えば鈴もしくは陶磁製の鉢でかなり大きければ、その一個で丁香二〇、三〇キンタルを供し、ジャワの鈴一個では丁香一バハルを与え、他の物でもほぼそのようである。だからマラッカよりこの地へ来るのは、莫大な利得になる。

最も偉大な王はイスラムで、彼は一人のイスラムの女を妻としているが、三～四百人の異教徒の女を蓄妾とし、彼の宮殿の中に住まわせている。彼女たちの生んだ子は異教徒であるが、イスラム婦人の子はイスラムである。王はせむしの女たちにかしずかれていることを自慢としている。彼女たちは幼時に背骨を折られたものである。このような侍女を王は八〇人ないし百人はべらせておる。彼女たちは王の日常生活と起居に奉仕している。ある者はベテルをささげて王にすすめ、宴会の時は剣を持って列している。この王は私たちのポルトガル国王に好感を寄せ、国王陛下に従属する意志を表わしている。ノアレスという大変美しい色合を持ち、人によくなれている鸚鵡《おうむ》が沢山おる。この島は彼らの間で非常に珍重されている。

前にのべたように十四世紀の三〜四〇年代には、シナ船がフィリッピン群島の西海岸を南下してスールー諸島からモルッカへ到達していた。彼ら中国人の到来する以前にジャワ人が、従来の仲介者であったモルッカとジャワの間のある島のある民族を排して直接モルッカに渡海していたのだろうと私は考える。その時期について確かなことはわからないが、十四世紀以前のことであろう。住民の口伝によるとジャワ人についで、丁香の取引に参加したのはマレイ人であった。そして彼らのいうマレイ人は、マレイ半島のマレイ人に限っているようである。バロスは「シンガプーラの町が、ついで海峡の航海にともなってマラッカの町が創建されるようになり、それとともにマレイ人もまた甚だ多い多数の島々の航海」に初めて参加するにいたったという。また「ポルトガル人がインドに入った時には、ジャワ人とマレイ人と、この二つの民族があらゆる東洋のスパイスと物産のために航海し、かの有名な東方の大市場であるマラッカへ舶送していた。」という。この事実をバルボーザは、毎年多数の船がマラッカとジャワから丁香を積みに来るといっている。

マレイ人の航海は十四世紀の末にマラッカ王国が建設されてからすぐではなくて、マラッカが東西貿易の中継貿易港として繁栄した十五世紀半ばごろからのことであった。このマレイ人のモルッカ諸島への航海は、諸島住民の生活に大きな変化を与えた。それは十四世紀の前半に中国人の渡来したときや、それ以前にジャワ人の勢力が伸びたときには見られぬものである。すなわち彼らマレイ人がイスラム教をこの諸島へ伝えたことである。マラッカが東西貿易の要衝であるとともに、東方のイスラム教の中心地となり、マレイ人の航海発展とともにイスラム教が広められたからである。彼らはまずジャワのマジャパヒト王国の衰退に乗じて、十五世紀の前半にはジャワ東部海岸の諸港をイスラム化した。それからイスラム化したジャワ人とマレイ人とは、ジャワから東方の島々を非常な勢いでイスラム化したのである。バロスは十六世紀の初めにはモルッカ諸島で多数の住民がイスラム化していたこと、モルッカ以外にも彼らの航海範囲がバンダ諸島を始めその他の島々におよんだこと、モルッカへはポルトガル人の初めて渡った一五一二年から数えて八十余年前にイスラムが入ったと住民が語ったことを記している。しかし一五二一年の末にチドール島にいたピガフェッタは、この当時からわずかに五十年前、イスラム教が伝来したと伝えているから、たしかに何年頃のこととはっきり言えないようである。とにかく十五世紀の後半にイスラム教が入ったとするのが穏当であろう。

イスラム教が入ってから、住民は文字を使うことを知り、従ってものごとを記録するようになった。また初めて年数を計算するようになり、重量や度量によって物を量ることを知った。それまでは丁香樹以外の物に執着を持たなかったが、所有および財産の観念が生じたのである。島の内部の住民はなお異教徒であったが、海岸地帯は最早王たちと名づけられるイスラムの支配地域であった。そして海岸の住民はかなり思慮があって、丁香の取引のために富裕であるといわれるのは、低地に住む海岸地帯の開化したイスラムのことであろう。異教徒である在来の住民の住家は塚のような粗末な四本柱にニッパ椰子を葺き土壁をめぐらしているが、海岸のイスラムは石壁の家に住み、ことに彼らのモスクは地上に礎石をおいて、数本の柱の上に二階三階建で周辺の家々から群をぬいて目立っていただろう。

こうしてイスラム教伝来当時のモルッカ諸島は急激な社会生活の変化を示したのであるが、丁香の収穫と輸出についても同じであった。丁香の収穫はモルッカのイスラム諸王の富の源泉である。それは家臣である島の住民の貢税より確実であったと伝えられている。そして、丁香の新しい収穫が始まると、王は各部落へその供出すべき量を賦課する。それから賦課の重量とは別に、ほとんど同じ量を王の許へ提供するよう命令している。丁香の島外輸出については、ほとんど各島の王の専権に属していた。例えばピガフェッタの報告に

チドール島の王が語るようには、外来の船あるいはジャンクに初めて丁香が積みこまれると、王は船員と商人たちのために取引完了の祝宴を開き、同時にその家郷へ無事に帰ることを天に祈るのは、チドール島の習慣である。

とあることでも推察されよう。またピガフェッタの船隊にいた一人の日記に「チドール島からほど近いバラガン島の王が船隊の許へ来て、所有する丁香四〇〇バハルをポルトガル人へ売る契約をしたことを語った。」とあるから、王の意志によって丁香の売却が行われていたのがはっきりしている。彼らモルッカのイスラム諸王は島の住民に絶対専制の強大な権力を発揮していた。この強大な権力は彼らが十五世紀の後半にスルタン(あるいはラジャ)の称号を採るとともに殊にいちじるしくなったのだろう。もちろんその以前、イスラムが伝播するまで、島々の諸王が丁香の取引に強い支配権を持っていたのは事実である。しかし彼らはイスラム化した諸王となってからは、前代以上に強い力を丁香を収穫する多数の文盲な住民の上に及ぼし、その輸出にあたっては独裁的な専制支配を行っていたのである。

イスラム教伝播についての付記

モルッカ諸島のことではないが、十六世紀初めのトメ・ピレスが伝えている「海岸にいるジャワ人の領主たちが、どのようにしてイスラム教徒になったか」について記そう。モルッカ諸島の王がイスラム化したことに大きな示唆を与えると思うからである。

ジャワが異教徒のものであった当時、海岸地帯に多くのペルシア人、アラビア人、グザラテ人、ベンガラ人、マライ人およびその他の国々の商人が沢山やって来た。彼らの間には多くのイスラム教徒がいた。彼らはこの国で取引を始め、やがて富裕になった。彼らはモスクを作る風習を持っていた。外部からはイスラム教にくわしい人がやって来た。従って彼らは次第に増加するようになった。これらのイスラム教徒たちの子供たちはすでにジャワ人となり、豊かになった。こうしてこの七十年来、若干の地域では元来のジャワ人の異教徒の領主がイスラム教に改宗するという風習が続いている。そして彼らが異教徒の他の領主を殺し、イスラム教徒の商人たちがこれらの場所を手に入れた。またある人びとは自分の住んでいる場所に要塞を築く方法をとった。そして彼らは支配下の人びとをジュンコにのせて航海し、異教徒の領主たちを殺し、自分たちが領主になった。彼らはこうして海岸に君臨し、ジャワの取引と権力をにぎるようになった。

これらの領主のパテたちは昔からこの国にいたジャワ人ではなくて、シナ人、ペルシア人、ケリン人、あるいはすでにのべた国々の人の子孫である。しかし彼らは高慢なジャワ人の間で育った上、先祖からのこされた富の力で、ジャワ全土で内陸部の人びとより地位があがり、立派になった。彼らはそれぞれ自分の住んでいる国で、もっとも偉いもののように尊敬されている。

十五世紀初めの馬歓は『瀛涯勝覧』で「国に三等の人がある。一等はイスラムで、西蕃各国の商人として、この地方に来航し定住する者である。衣食と諸事は皆清潔である。(二等は中国人、三等はジャワ人であるが、ここでは省略する。)」と記している。彼らは各地で富を蓄積し、各地の支配者に接近し、やがて結婚を通じて支配者層に入りこむと同時に彼らをイスラム教に改宗させていった。彼らイスラムの活躍は十五世紀のなかばごろに始まり、十五世紀の後半には極めて盛大となった。しかしモルッカの住民の生活程度はジャワとくらべれば非常に劣っており、酋長あるいは王の支配もジャワのようなものではなかった。はるかに低いものであった。だから大筋はピレスが伝えるようであっても、案外簡単にイスラム化したのではなかろうか。外来のイスラム化したジャワ人あるいはマレイ人の渡来は、モルッカの王と住民に唯一の利益と生活の資源を与えるものであったからである。丁香の輸出によって生きているモルッカの王と住民にとって、中国人の渡航が中絶していたとき、彼らイスラムの渡来は天が与えた絶大な恩恵であるとされたのであろう。

丁香の産出量と交易品そして価格

トメ・ピレスの報告

題目としている三つは誰でも知りたいところである。しかしそうたやすくは問屋《とんや》がおろさない。長談義でくどいようでも、十六世紀初めの諸般の産業取引事情を最もよく伝えているトメ・ピレスのモルッカ諸島の話から入ろう。

マルコ諸島　マルコ諸島は丁香を産する五つの島である。すなわち主要な島はテルナテと呼ばれ、他はそれぞれティドレ、モテイ、マキエン、パシャンと呼ばれる。またバトシナ島（ハルマヘラすなわちジロロ）の国のジェイロロの港にも野生の丁香が沢山ある。人びとの話によると、マルコ諸島ではイスラム教が始まって五十年になるということである。この諸島の諸王はイスラム教徒であるが、その教えに深く染まっているわけではない。大多数は割礼（陰茎の包皮を切りとる儀式）をしていないイスラム教徒である。イスラム教徒は多くなく、異教徒が全体の四分の三以上を占めている。この諸島の人びとは暗褐色で、頭髪はまっすぐである。彼らはいつもお互いに戦争をしているが、ほとんど皆が親戚関係にある。

この五つの島は毎年約六千バハル前後の丁香を産出する。時にはさらに一千バハルも多く、時には一千バハルも少ない。このマルコでは、マラッカで五百レアルで買うことのできる商品で一バハルの丁香が買えることは事実である。ここのバハルはマラッカの目方によるもので、これはマラッカの目方を尊重して、それによって丁香を量るからである。商人は秤を持って行く。これは目方に多少の過不足があるからである。丁香は年に六回の収穫がある。昔はマラッカからはバンダとマルコに八隻のジュンコが行ったが、その中の三、四隻はグリシ(東ジャワのグレシク)のもので、他はマラッカのものであった。マラッカのものはコロマンデル出身の商人クリア・デヴァのものであり、グリシのものはパテ・クスフのもので、彼は同地で取引を行っていた。この他にジャワ人やマレイ人の商人も加わっていたが、この二人が主要な商人で、二人ともこの取引で多量の黄金を入手していた。丁香は、マラッカでは通常、量が多い時には一バハル十クルサドの価格で、少ない時には十二クルサドの価格であった。

われわれの友、テルナテ島　この五つの島の中心はテルナテ島である。王はイスラム教徒で、サルタン・ベン・アコララという名前である。彼は良い人物だということである。彼の島では毎年千五百バハルまたはそれ以上の丁香を産する。この島の港には二、三隻の船(ナウ)が碇泊することができる。その港には立派な集落がある。国王は国内に何人かの外国人の商人を置いている。ここには約二千人の人がおり、イスラム教徒は約二百人に達するということである。王は近隣の諸王の間では有力である。彼の国には土産の食糧が豊富である。しかしマルコの諸王のところへは、後に述べる通り他の島から沢山の食糧が来る。テルナテの王だけがサルタンと称し、その他の諸王はラジャと称している。この王はティドレ島の王である義父のラジャ・アルマンソールと戦争をしている。彼は百隻に達するパラオを持っている。この島は周囲が約六レグワある。この島は中央に山が一つあり、ここから多量の硫黄を産出する。それはそこで沢山燃えている。

このテルナテ王はモテイ島の半分を自分のものにしていて、ここから彼の島に多量の食糧が来る。テルナテは他のどの島よりも住みやすいが、他の島の方が良い港があり、そのため取引もテルナテより盛んである。王は正義を行ない、人びとを服従させているということである。彼はもしわれわれの信仰が良いと思えたら、自分の教えを離れてキリスト教徒になりたいので、キリスト教の司祭には喜んで会うと語っている。(中略)

マルコの人びとの間ではテルナテの人びとは騎士(カヴァレィロ)である。彼らは独特の酒を飲む。ここには良い飲料水がある。テルナテは健康的で、空気が良い国である。テルナテ王は宮殿の門内に四百人の婦人を住まわせている。彼女らは皆ひとかどの人の娘である。彼は彼女らとの間に大勢の娘をもうけている。王が戦争に行く時には黄金の冠をつけて出て行く。息子たちも威厳を示すために同じく冠をつける。これらの冠はごく普通の価値しかない。

テルナテにある商品　この国には丁香がある。外部からではバンガイ諸島(セレベス島の西部)から大量の鉄と、鉄製の斧、大庖丁、剣、小刀が来る。他の島々からは黄金が来る。また小さな象牙が少しある。彼らの独特の粗末な織物がある。モロタイ諸島からは沢山の鸚鵡が来る。セラム島からは白い鸚鵡が来る。

テルナテで高価な商品　マルコではカンバヤ産の粗質の織物と上質の織物が高価で、またボヌア・ケリンのあらゆる織物、大中小の普通のエンロラドと格子縞のエンロラドおよびパトラ、粗質の白色の織物、例えばシニャヴァ、バラショ、パンシャヴェリス、コトバラショが高価である。しかし商品の筆頭はカンバヤの衣服、ベンガルから持って来る白い牛の尻尾である。

丁香の育ち方　丁香は年に六回収穫がある。ある人びとによれば丁香は一年中とれるが、この一年の六回の時期には、他の時期よりも沢山にとれるということである。丁香は花が咲いてから緑色になり、次いで赤色になる。するとそれを手を使ったり竿を使ったりして収穫する。こうして、赤くなったものをむしろの上にひろげて干すと黒くなる。丁香の木は小さく、天人花(モルティニョ)のように成育する。沢山の果実も成育する。この果実はすべて異教徒の手中にあり、彼らの手からすべて海岸に来る。

ティドラ島　テルナテを出発し、アンボンへ向って三レグワ航海すると、ティドラ(チドール)島が現われる。それは一つの島で、周囲が約十レグワある。この島の王はイスラム教徒で、テルナテ王の敵であり、また義父でもある。この王は国内に約二千人の人を持っており、そのうち約二百人はイスラム教徒で、その他は異教徒である。王はラジャ・アルマンソールと呼ばれ、沢山の妻を持ち、子供もある。彼の国では毎年約千四百バハルの丁香を産する。彼の島には船(ナウ)が碇泊できる港がない。彼はテルナテ王と同じくらい有力な王で、常にテルナテ王と戦争をしている。この二人はマルコの中では最も身分が高い。彼の国には約八十隻のパラオがあると見積られている。王はマキエン王を臣下としている。

王はモティ島の半分を従えている。彼の国には米、肉、魚などの食糧が沢山ある。彼は思慮のある人物であるということである。王はわれわれとの取引を非常に希望している。それはマルコ諸島が荒廃し、丁香もこの三年間ほんのわずかしか収穫がないからで、それはまたマラッカの占領以来この地域への航海が行われないからである。

モティ島　このティドラ(チドール)から六レグワ航海するとモティ(モティル)島がある。この島は周囲が約四・五レグワある。中央には山脈がある。島の半分はテルナテ王に服従し、他の半分はティドラ王に服従している。彼らは二人とも自分の司令官をその領土においている。この島はすべて異教徒のもので、約六百人が住んでいる。この島では毎年約千二百バハルの丁香が産出される。二人の司令官はそれぞれ四〜五隻の小さなランシャラを持っている。この島には多量の食糧があり、それぞれの側で自分の領主を助けている。これらの島々の各司令官は異教徒で、騎士的な人物であり、また、身分の高い人物で、お互いに友人である。

ティドラ王もこのモティ島の人びとも丁香をパラオに積んで、マキエン島に運び、そこで売りさばくが、これはそこに港があって、ジュンコが碇泊するからである。

マキエン島　モティ島から五レグワでマキエン(マキヤン)島が現われる。このマキエン島は周囲が八〜九レグワで、約三千人が住んでいる。百三十隻のパラオがある。丁香は毎年約千五百バハル産出される。王はラジャ・ウセンと呼ばれ、イスラム教徒で、国内にいる約三百人の人もイスラム教徒である。このマキエン島には大変よい港がある。この島でジュンコは積荷をする。またすべての島から丁香をここへ運んで来て売りさばく。ただテルナテは別で、碇泊できる港があるのでジュンコは同地へも行く。マキエン島には沢山の食糧がある。王は他の諸王と似たりよったりである。ここにはティドラより多くの人とパラオがある。

このマキエン島の王ラジャ・ウセンはティドラ王ラジャ・アルマンソールの従兄弟で、彼はティドラ王にある程度服従している。ここの港には若干の外国人がいる。彼らはわれわれと和睦を非常に望んでいる。かの王は良い人物であるということである。この国は他の国々よりも取引が盛んで、そのためジュンコが来て碇泊する。港は安全で良い。ほとんどすべての人びとは異教徒である。この島には多くの島から人びとが商品をたずさえて来る。食糧は豊富で、良い飲料水もある。海岸の人びとは温和であるということである。

パシャン諸島　私がのべたこのマキエン島からパシャン（バチャン）諸島までは約十四レグワある。このパシャン諸島には十ないし十二の島がある。パシャンと呼ばれる島には丁香が産出し、その他の島々にはない。この島の王はラジャ・クスフと呼ばれ、マルコのどの王よりも多くの土地と人民とパラオを持っている。国王はテルナテ王の腹違いの兄弟で、二人は大変親しい。ほとんどすべての人びとは異教徒である。この島には良い港がいくつかあって、マルコで積荷をする必要のある人びとはここに来てこの国を見た上で、ここから他の島々へ行く。パシャン諸島は島々がつらなってアンボンの対岸のセラムにいたる。このパシャン島には毎年約五百バハルの丁香が産出する。多量の樹脂はあるが、食糧は沢山ない。しかし、人びとは他の島々からそれを大量に運んで来る。人びとは彼の国で盛んに取引を行なう。この島には鸚鵡、ござ、およびその他の品物があり、それらは人びとがここに買いに来る品物である。

私の聞いたところによると、ごく最近まではこの国の丁香は野生であって、それは、野生のすもが栽培すももになり、野生のオリーブが栽培オリーブになったように、栽培されるようになったということである。また昔はこの丁香は消費されなかったが、それはこの木が荒地に密生していたからだということである。またこの十年来、この国では他の島の丁香と同じように良い丁香が作られているということであり、またこの島では丁香の産額は非常に増加してきているということである。この島からアンボンまでは四十レグワある。この五つの島の丁香は、もし完全に熟した時に収穫すれば、皆ひとしく良い品である。

この島では葉が沢山ついている丁香の木の枝を干す。われわれのヨーロッパ地方ではこの葉がキンマの代りに用いられるためと、乾燥したキンマには芳香がなく、その代りにこの葉を入れるので、これは良い商品である。これは昔アレクサンドリアを経てベネツィアへ運ばれた商品である。(中略)

——マラッカからマルコへの航海は危険だといってはいけない。それは良い航路で、われわれの船(ナウ)にとっては便利なものであり、また季節風にのればバンダンあるいはアンボンまでは一カ月で航海できるし、同地からマルコまでは一日か二日の航程であるからである。われわれのよく艤装された船はアンボンで遅延することなく、マルコへ直進しなければならない。(中略)国王陛下のために仕事をやりとげたいという情熱を持つ人は、決してジャワの海岸を経由してマルコへ行く航路をとるべきでなく、シンガプラを経由し、シンガプラからボルネオへ行き、ボルネオからブトゥン(ブトン)諸島へ行き、それからすぐにマルコへ行く航路をとるべきである。マルコへ航海したことのある人にとって、これは大変よい航路で、季節風の時期には常に早い。マラッカからマルコへの航路はこうして正式に設けられた。われわれにはボルネオからマルコへの航路が都合がよく、マラッカの商人にとってはジャワからの航路が都合がよい。われわれにとってボルネオ経由の航路が都合がよいのは、われわれが各地に寄港して、あちらこちらで商品を売りさばいて各地で利益をあげることをせず、従って時間がかからないからである。彼らマラッカの商人は資本が少なく、水夫は奴隷などで、時間をかけて利益のあがる航海を行なう。それは彼らが、マラッカからジャワで高価な商品を運び、ジャワからはビマ、シンバワで高価な商品を運んで行くからで、また彼らは同地からバンダン、マルコ向けの織物と、マラッカから持って来て取っておいたものを運んで行くからである。バンダンやマルコの人びとはこれらのものを珍重する。彼らマラッカの商人はこうして商取引を行なう。ボルネオ、ブトゥン、マカッサル経由の航路をとったのでは、こうした取引を行なうことができないであろう。――(以下略)

引用が長すぎて退屈だという人もあろう。ピレスは彼自身モルッカに足跡を印していないが、これだけの消息を残したのはさすがである。ポルトガル人であるという先入観を除くと、十六世紀初めのモルッカの状態、いやその前夜の姿が生き生きとして浮かんでくる。では丁香の産出量と交易品にうつることにしよう。随時、このピレスの記事を思い出してもらいたい。

ところがである。前のバルボーザとピレスの両人は、自身が現地のモルッカで丁香樹を直かに見ていない。丁香そのものは知っていても、樹木の生育状態や花蕾と花・果実などについては未だという点もあろう。引用が重なるが、この点について一五二一年十一月六日にチドールに到着し、十二月二十一日に同島を出帆するまで、親しく島の王と接触交渉し、丁香を中心に島の生活や事物と事情を細かによく観察したピガフェッタの報告を聞いておこう。

丁香の木は丈が高く、太さは大体人間の身体と同じ位になる。枝は幹の中ほどでは幾分まばらであるが、樹頭では密生して円錐形をなしている。葉は月桂樹の葉と似ている。樹皮はオリーブ色をしている。枝の先端に十個から二十個のひとかたまりの実を結ぶ。この木は季節によって、こちら側よりもあちら側に多く、というように実を結ぶ。丁香の実は、最初は白く、熟してくると赤く、乾くと黒くなる。一年に二回収穫がある。一度はわれらの救世主の降誕祭のころ（十二月下旬）であり、もう一度は洗礼者聖ヨハネの誕生祭のころ（六月下旬）である。この地方ではこの二つの時期が一番気候が快適なのだ。とりわけ、われらの救世主の降誕祭のころがよろしい。気温が高くそして雨量がすくない年には、これらの島のおのおので三百バハルないし四百バハルの収穫がある。丁香は山地にだけ成育し、平野部では植えつけても、例えそれが山地の近くであっても枯れてしまう。丁香は葉も樹皮も生木も、実と同様に香気が強い。実は熟した時に採取しないと、あまりに大きくそして堅くなりすぎて、皮の部分しか役に立たなくなる。世界中でこの五つの島の五つの山のほかには丁香を産出しない。ただし例外としてジャイロロ島と、それからマレ島といったタドーレ島とムティル島の間にある小さな島で若干産出する。但しそこの丁香は品質が劣る。ほとんど毎日霧がおりてきてこれらの山をひとつずつ閉じこめ、そのため丁香の味が完全なものになるのである。ここの住民たちはだれも丁香の木を所有しており、そして各自がその見張りをするのであるが、しかしわざわざ栽培するわけではない。

花蕾と花と結実した果実について正確にふれていないような気もするが、十一月十七日に丁香を見学するため上陸し、直接樹木を見、親しく住民から説明を聞いたのである。私は一五〇五年五月にモルッカで直かに丁香を見たというルドヴィッコ・デ・バルテマの記事の真偽を疑っている。するとこのピガフェッタの記録は、丁香に関してヨーロッパに報告された最初の生《なま》のものである。

産出量と交易品そして価格

モルッカ五島の丁香の年産額（収穫量）について、ピレスとほか二人の報告をあげよう。単位はバハルである。

島名	ピレス（一五一五年）	トリスタン・デ・アタイデ（一五三四年）	ファン・パブロ・デ・カリヨン（十六世紀なかば）
テルナーテ	約一五〇〇以上	一五〇〇	一一〇〇↕一二〇〇
チドール	約一四〇〇	八〇〇↕一〇〇〇	一〇〇〇↕一一〇〇
モーチル	約一二〇〇	四〇〇	三〇〇↓四〇〇↓五〇〇
マキアン	約一五〇〇	一五〇〇	六〇〇↕八〇〇
バチャン	約　五〇〇	三〇〇	一二〇〇
計	約六一〇〇	四七〇〇	四八〇〇

ピレスの報告は、一五一一年以降にインドとマラッカで得た情報によってマラッカ滞在中に執筆され、一五一五年一月以前に終了しているようである。とすると彼のモルッカの記事は、初めてモルッカに渡来したポルトガル人からの報告によっている。アタイデは一五三四年の二月二十日付でモルッカからポルトガル国王宛に記した書簡中に、三年ごとの収穫期の量をあげている。三番目のエスパニヤ人カリヨンは同国人カブリエル・レベロと同じころ長くチドール島に滞在していた。（レベロの報告は一五六九年に著され、彼自身はそれより以前長くモルッカに滞在している。）

ピレスはモルッカの冒頭で、五島計、年約六〇〇〇バハル前後、時にはそれから一〇〇〇バハル多く、あるいは少ないといっている。アタイデの三年ごとというのは、多い収獲が大体三年ごとに見こまれるから、それをとったのだろう。最後のカリヨンは「豊作、不作の年をとらないで、平均して五島は総額四二〇〇バハルの丁香を収穫する。」と説明している。アタイデとカリョンの数字はほぼ近いが、ピレスだけが飛びはなれているようである。ところがコウトは『アジア志』に「丁香では四〇〇〇バハル、帯枝丁香では六〇〇〇バハルを収穫した。」と記している。であるからピレスのいう六〇〇〇バハルは、枝すなわちステムをつけたままの丁香であったろう。そして後のアタイデとカリョンのはステムを取り去った精選丁香を指したのではなかろうか。そう解釈しないと六〇〇〇と四〇〇〇バハルの相違が解決しない。しかし後のバンダの肉荳蔲のところでもふれるが、ピレスの産出量はどうも甘すぎて、過大に推定されているように感じられる。アタイデとカリョンの方が正確に近いようである。

またピレスはその目方はマラッカの目方によるという。彼のマラッカの説明でのべている目方では「胡椒、丁香、肉荳蔲、荳蔲花、安息香、ラック、(中略)その他類似の品物」は、大バハルで、一九五・七一七キログラムに当る。そうすると、

六〇〇〇バハルでは一一七〇トン　　四〇〇〇バハルでは七八〇トン

となるから、一二〇〇トンから八〇〇トンである。はっきりわからないが大体これ位だという見当でよかろう。

それから五島以外にも丁香は産出している。このことはピレスその他に語られているが、その量は極めて少なかったようであるから、五島をもって十六世紀初めのモルッカの産出量と見てよかろう。丁香はモルッカ以外には産出しない。そしてモルッカの住民は丁香を薬用あるいはスパイスそして香

料として全く消費していない。古く一―二世紀代から丁香の価値が東西の文化民族に認められていても、モルッカの住民は後代まで一貫して丁香を使用することがなかった。だから、収穫された丁香は全部島外へ輸出されて世界の各地へ送られていたのである。その年収穫量は同時に毎年の輸出量であるといってよろしい。

ピレスはバチャン島で、最近まで丁香は野生であったが、栽培されるようになって良い丁香ができ、産額も増加しているといっている。十五世紀のなかばごろからジャワ人とマレイ人渡来の増加によって丁香の需要は、その以前より増大したように推察される。そしてイスラム教の伝播によって島民の生活に大きな変化が生まれた。しかし全住民の四分の三以上はイスラムではなく、四分の一以下が海岸に住むイスラム教徒であった。全島民のほとんどは従来の生活環境であったようであるから、ピガフェッタが「ここの住民はだれもが丁香の木を所有しているが、わざわざ栽培するわけではない。」というのが事実であったろう。自然の生育にまかせていたのであるが、ジャワ人、マレイ人、中国人ついでポルトガル人、イスパニア人の渡来に刺戟され、住民の少数の者は収穫の多いことを欲して多少の手を加えるようになったのではなかろうか。放っておけば、二―三年めには花実の収穫が減少するので、毎年花蕾を摘むようになった。あるいはバルボーザが伝えているように、太陽が照らないと小屋の中で火を焚いて干す。それから干した丁香に塩水をふくませて佳香の長持ちをはかるなどしているから、ピレスはそのようなことから一部では栽培されるようになったと解釈したのだろう。しかし自然に生育している山地の丁香樹について、山地の住民はおのおのの持分を定めていたようで、このことがヨーロッパ人から丁香樹の私有あるいは財産と見られたのだろう。

以上は十六世紀前半の状態であるが、その以前はどうであったろう。それを知る手がかりはヨーロッパ人の記録にもないが、大体自然の生育にまかせて、住民は収穫の労をとっていただけであるとすれば、よほど時代を溯らない限り、大体十六世紀初めと余り変らない産額であったろう。しかし十五世紀に入ると、外来人の需要はその以前とは格段のちがいが見られたようである。十四世紀前半の汪大淵が記した中国人の渡来したころ、産出の程度はどれ位であったろうか。すべては外来者による需要の増減によっていたのであって、不明であるというほかはなかろう。

丁香の原産地であるモルッカの交易状態を告げる記録は、十五世紀以前には全くないようである。ただ一つ十四世紀初めの汪大淵の記事だけがある。曰く、シナ船が毎年一艘あるいは二艘やってきて、丁香と交易するため、

銀、鉄、水綾、絲布、巫崙、八節那澗布、土印布、象歯、焼珠、青瓷器、埕器

などを持ってくるとあるが、どれだけの丁香をどれだけの物品で手に入れたのかとんとわからない。十六世紀に入り、前にあげたドアルテ・バルボーザは、

銅、水銀、辰砂(cinnabar)、カンバヤ綿布、蒔蘿《しら》(茴香《ういきょう》の一種)、銀、陶磁器、ジャワの金属製の鈴(ひも

でつるしてばちで打ちならす銅鑼《どら》)

をあげ、これらの商品では多量の丁香を与え、例えば、

銅鑼あるいは大きな陶磁の鉢では丁香二〇または三〇キンタル。ジャワの銅鑼(大型であろう)では丁香一バハル

といって、マラッカからモルッカへ行けば莫大な利益があるという。彼の記している物品は、十四世紀の汪大淵と共通するものもあり、ちがうものもある。年代の変化によるだろうが、インドのカンバヤの綿布が輸入されているのは注目に値いしよう。トメ・ピレスはテルナテで高価な品物(すなわち丁香を有利に手に入れる物品)として「カンバヤ産の衣服と粗質と上質の織物、ケリンのあらゆる種類の織物」をあげている。彼は、ポルトガル人はマラッカからボルネオ島とセレベス島の南海岸ブトンをへて直接モルッカへ行くといい、マレイ、ジャワの小商人は、ジャワからビマ、シンバワの島々をへてモルッカへ行く。彼らは各地で交易を繰り返すのであるが、モルッカへ持って行く品物はビマ、シンバワなどの産が主であるという。だとすれば汪大淵のころ中国人が持っていったジャワ産の綿系布が、彼らによって将来されていたのである。インドのカンバヤとベンガルの衣服、綿系布などは主としてポルトガル人によって将来されたのである。それからピレスはモルッカでは「マラッカで五百

レアルで買うことのできる商品で一バハルの丁香が買える。」また「丁香はマラッカでは通常、量が多い時には一バハル十クルサドの価格で、少ない時には十二クルサドの価格であった。」というだけで、他には何も語っていない。交易物品の種類についてはバルボーザの方が詳しく、ピレスはインドの綿系布だけである。

これはなぜであろう。彼らポルトガル人は商人である。後でのべるように異常なまでにもうかる丁香の原産地の取引値段は、彼らにとっては絶対秘密である。ヨーロッパ諸国民に知らせてはならない。どのような品物でどれだけの量の丁香がモルッカで手に入る（買える）ということは、彼らの重要な極秘事項である。バルボーザのように、これらの物資で莫大な利益があるとしかいえない。商業取引事情を精細に伝えたピレスにとっても、秘密は秘密である。他にもらしてはならない。知らせてはポルトガル人の立場と利潤がなくなってしまう。だから彼らの記録では当時の丁香の原価はよくつかめない。幸い一五二一年の末にエスパニヤ船がチドール島で取引した交易価格がピガフェッタによって残されている。これは武力で安い値段にするよう強制していないから、当時の普通の売買値段の一例としてよかろう。

良質の紅布	一〇ブラッサ	丁香	一バハル
中等の布	一五ブラッサ	右同	
斧	一五挺	右同	
硝子碗	三五個	右同	

辰砂	一七カチル	丁香一バハル
水銀	同	右同
布	二六ブラッサ	右同
精良の布	二五ブラッサ	右同
ナイフ	一五挺	右同
鋏	五〇対	右同
帽子（頭紐付）	四〇	右同
グジェラット羅紗	一〇ブラッサ	右同
銅	一キンタル	右同

以上の品物について、ピガフェッタは、その一部は彼らがモルッカへ着く前に捕獲したジャンクから取ったものという。とにかく有利な取引をしたと思っていたが、後でテルナテ島から来たポルトガル人に聞くと、そう安価ではなかったということである。このことから推して、当時のポルトガル人がいかに安い値段（すなわち交易）で入手していたかが判明しよう。またジャワとマレイの小商人、それから彼らを代表する若干の大商人は、想像もできないほどの有利な条件(すなわち安い価格)で丁香を手に入れていたのであった。

さて多年、いや数世紀におよんで以上のような交易をつづけ、毎年約四〇〇〇バハル（約八〇〇トン内外）の丁香をもって、インドやシナとジャワそしてマラッカ、それから西方先進諸国の物資と交換していたモルッカの住民は、丁香の貿易のために富裕であった。世界のあらゆる先進諸国民の熱望し珍重する丁香の産出を独占していた彼ら住民は、物質的には恵まれていた。シナの船もマラッカの船もジャワの船も、毎年ただこの諸島だけを目的として渡来し、おびただしい物資を残して去った。例え王を中心とする人びとがその大部分を占めて、住民にわたる分はすくなかったとしても、他の近隣の諸島の住民の生活とくらべれば豊かな生活であった。彼らが生活のためになにもしなかったのは当然である。各島の王は自分の利益を守るため、領土の保全と戦争をこととしていた。丁香を産出する限られた地域の確保のためである。

このように数世紀間、モルッカの王と住民の生活を豊かにし、多大の利益をもたらした丁香は、それを入手して他国に転売する外国人たちにどれほどの利益を与えたのであろうか。今日では想像されないほどの利益があったればこそ、彼らははるばる世界のはてのモルッカ諸島までやってきたのである。それについて唯一の資料は、バルボーザの報告書にのせてあるインドのカリカット市場における香料、薬品の価格表である。これは十六世紀の初めにインドに渡来したポルトガル人が、重要市場の取引価格を調査したもので、彼らの勢力が及ぶ前夜、すなわち十五世紀末の状態を知ることができる貴重な資料である。いまそれをあげてみよう。

品名	単位	値段（単位 ファナム）
（スパイス）		
胡椒（マラバルとカリカット産）	一バハル	二〇〇—二三〇
丁香（モルッカ産）	一バハル	五〇〇—六〇〇
丁香（同、清浄精選品）	一バハル	七〇〇
肉荳蔻（ナツメッグ、バンダでは一バハル八—一〇ファナム）	一ファラゾラ	一〇—一二
荳蔻花（メース、バンダでは一バハル五〇ファナム）	一ファラゾラ	二五—三〇
シンナモン（セイロンの新鮮な精選品）	一バハル	三〇〇
カッシア（新鮮、良質）	一ファラゾラ	一・五
ジンジャー（デリー、カナノール）	一バハル	四〇
ジンジャー（ベンガル青、砂糖漬）	一ファラゾラ	一四—一五—一六
タマリンド（新品、飲料と料理用）	一ファラゾラ	四
カーダモン（穀粒状）	一ファラゾラ	二〇
（香料）		
竜脳（塊状粗悪、シナ樟脳か）	一ファラゾラ	七〇—八〇
竜脳（食用、眼薬用）	一ミチガル	三
竜脳（偶像賦香用）	一ミチガル	一・五
沈香	一ファラゾラ	三〇〇—四〇〇
沈香（黒色、重く美麗な純品）	一ファラゾラ	一〇〇〇
安息香（良質）	一ファラゾラ	六五—七〇
乳香（粒状、良質）	一ファラゾラ	一五
乳香（糊状、不良）	一ファラゾラ	三
没薬	一ファラゾラ	一八—二〇
甘松香（新鮮、良質）	一ファラゾラ	三〇—四〇
白檀（チモール産）	一ファラゾラ	四〇—六〇

品名	単位	値段（単位ファナム）
麝香（良質）	一オンス	三六
竜涎香（良質）	一ミチガル	二—三
（薬品）		
ラック（良質マルターバン、染料）	一ファラゾラ	一八
硼砂（良質、大塊）	一ファラゾラ	三〇—四〇—五〇まで
菖蒲根（疝痛、健胃）	一ファラゾラ	一二
藍（純品、良質）	一ファラゾラ	三〇
藍（最良質）	一ファラゾラ	三〇
藍（重くて砂を混ず）	一ファラゾラ	一八—二〇
訶梨勒（砂糖漬）	一ファラゾラ	一六—二五
赤栴檀（染料）	一ファラゾラ	五—六
チュルビット（鎮痛緩下剤）	一ファラゾラ	一三
莪蒁（ゼルンバ）	一ファラゾラ	二
莪蒁（ゼドアリー）	一ファラゾラ	一
蘆薈（ソコトラ）	一ファラゾラ	八
大黄（マラバルとシナ）	一ファラゾラ	四〇—五〇
訶梨勒（エムブリック）	一ファラゾラ	二
訶梨勒（ベレリック）	一ファラゾラ	一・五
訶梨勒（チェブロス）	一ファラゾラ	二
訶梨勒（インド）	一ファラゾラ	三
不純酸化亜鉛（タッチー）	一ファラゾラ	三〇
阿片（アデンで調合品）	一ファラゾラ	二八〇—三二〇
阿片（カンバヤで調合品）	一ファラゾラ	二〇〇—二五〇

（注）秤量と貨幣の単位について。バルボーザの書の英訳注者M・L・デームス氏は一バハルを四四八ポンドとし、一バハルは二〇ファラゾラ（二二・四ポンド）であり、一ミチガルは1/40ポンドであるという。

ファナムは南インドで使用した少額貨幣の単位で、バルボーザは一銀リアルは二〇ないし四〇レイス、すなわち金六グレイン（一グレインは〇・〇六四グラム）に当るという。

バルボーザはこの表の始めに、丁香は原産地のモルッカでは渡航購買者の人数に従って、一バハルが一ないし二ドカドとなり、マラッカの市場へ運ばれると需要（市況）によって一〇ないし一四ドカドで売られる。そしてインドのカリカットでは一バハル五〇〇ないし六〇〇ファノンであるが、非常に精選された清浄品は七〇〇ファノンで、別に一バハルについて一八ファノンの税を払わねばならなかったといっている。この記事のドカドはヨーロッパの貨幣単位で、ポルトガル人が便宜上自国の貨幣単位に換算して記載したのである。ファノンはインドの貨幣単位で、一五一五年の一報告によると、当時インドで一クルサード（すなわち一ドカド）は一七ファノンであったという。仮にこの率で換算すれば五〇〇ファノンは三〇ドカド強、六〇〇ファノンは三五ドカド強、七〇〇ファノンでは四一ドカド強となる。これによって原産地モルッカ諸島の価額を基礎として考えれば、丁香は大体マラッカで十倍以上、インドのカリカットで三〇倍以上の値段で取引されていたということができる。J・クロフォード（『東南アジア辞典』一八六五年）は、バルボーザの記している貨幣と重量の単位をヨーロッパのそれに換算し、同じように三市場（モルッカ、マラッカ、カリカット）の価格を比較し、さらに喜望峰発見以前のイギリスにおける丁香の価額をこれと対照し、ヨーロッパでは原産地の値段の三六〇倍に達していたと説明している。

あらゆるスパイスと香料、薬品の中で、とびぬけて莫大な利潤をあげたのは丁香である。ポルトガル人とイスパニヤ人が原産地のモルッカ諸島で血眼《ちまなこ》であったのは当然であろう。しかしヨーロッパでは、このような高値でも熱狂的に需要されていた。その根本原因はなんであったろうか。単なる流行以上のなにものかがあった筈である。これについては、次の「バンダ諸島の肉荳蔻」のところで、肉荳蔻とともに説明することにしよう。

三　バンダ諸島の肉荳蔲

肉荳蔲《にくづく》の出現とその効用

丁香の唯一の原産地であるモルッカ諸島から南下してアンボンを経由し、十六世紀の初めごろ四～五日で航海できたバンダ諸島がある。島の数は六つで、そのうちの五つの小島が肉荳蔲の原産地であったと伝えられている。肉荳蔲樹はバンダ諸島を中心として生育していた常緑の喬木で、その果実の種子が肉荳蔲（ナツメッグ nutmeg）、種子を包む仮種皮が荳蔲花（メース mace）である。仮種皮はほんとうは花ではないが、東西いずれも昔の人は花であると誤認していた。甘い（sweet）刺戟性の香味であるが、メースはナツメッグよりも味がすこぶるよくて苦味（bitter）がほとんどないから、種々のスパイスの中で最も優秀なものとされている。

肉荳蔲がインド人に知られるようになったのは、五～六世紀よりすこし前のことで、古くそれ以前には溯らないようである。アラビア人は八～九世紀のころインド人からその実物に接して使用するようになった。そして彼らにより、東の中国人と西のヨーロッパ人は肉荳蔲を知るようになった。モルッカの丁香が、早く紀元前後にインド人に知られ、二世紀代には東の中国と西のヨーロッパへ伝播していたのに、バンダの肉荳蔲の出現が数世紀もおくれているのは不思議なことである。しかし事実はそうであった。

十六世紀のヨーロッパ人の記録では「バンダの住民は肉荳蔲の緑果を砂糖漬にしてその芳香を尊重しているが、薬効があるという。また果実から油を採って、これを冷えこみの薬に用いる。」といっている。確かなことはわからないが、バンダの住民は十六世紀ごろにはおぼろげながらその薬効を知っていたようである。しかしこのことはいつごろからのことか全くわからない。古くから後代までほとんどその価値を認めていなかったというのが事実に近かったろう。

言葉の上で、肉荳蔲は pala 荳蔲花は bunapala という。ブナパラのブナは正しくは bunga で花を意味するから、これは肉荳蔲の花すなわち荳蔲花（メース）である。セレベス島のブギー語、マカッサル語、それからジャワ語、マレイ語でも同じである。この語はインドのサンスクリットの肉荳蔲を意味する jati-phala のジャチを略してパラといったもので、後でこのパラに花のブンガを加えたものである。サンスクリットでは前のジャチに肉荳蔲の意味があったようである。しかしジャチファラというサンスクリットが始めから肉荳蔲の意味であったのだろうか。この語は早く『スシュートラ』の草果類中にあげられているというが、それは中国の本草書でいう巴豆あるいは巴椒に近いものであるように解釈されている。だからジャチファラは古くは肉荳蔲の意味ではなかったのである。

マレイ語のパラであるが、この語はマレイ人、ジャワ人、セレベス人そしてバンダ人の内、どの人びとに早く用いられたのだろうか。パラはサンスクリットに語源があるとすれば、それを求めたインド系民族にその由来を求めるべきであろう。マレイ諸島系の言葉の中に肉荳蔻に該当する言葉がなく、ただこのインド系のパラだけだとすればそうとしか考えられない。であるからインドからスマトラ、ジャワへ、それからセレベスとバンダへ、パラという言葉が拡がっていったのだろう。こう推論してゆくと、肉荳蔻を香料（スパイス）、薬品として最初に認めた人は、バンダの住民でなかったのはもちろん、多分セレベスの住民でも、ジャワの住民でもなかったことになる。といって当初に古くバンダに渡来したのがインド人であったというのでは決してない。彼らインド人はスマトラかジャワでその価値を知ったのであった。バンダの住民は自己の島に産する肉荳蔻の価値を全く認めていない。知っていなかった。すると誰か近隣の島のある民族がそれを認めて、他に転送したことになろう。それについて、バンダ諸島で称されている島々の名がバンダ住民固有のものでないということである。ほとんど皆ジャワ語である。このことから古くバンダの肉荳蔻の取引に当った者がジャワ人であったという示唆を与えるのではなかろうか。とすればまずジャワ人によって知られ、それからジャワに渡来してきたインド人がその真価を認め、パラという語が広くマレイ諸島と原産地バンダに用いられたのであろう。

ではなんでバンダの肉荳蔻の出現がおくれたのだろうか。

肉荳蔻と香味がよく似ているものに多年生草本のカーダモンの種子がある。コーヒーに近い香味で、中国人のいう白荳蔻あるいは小荳蔻である。インド南部マラバル海岸の山岳地帯とセイロンの山地に生育し、またインドシナ半島の東南部からマレイ半島の北部そしてジャワにかけて生育し、相当以上に多種類の品種がある。古代のインド人はもちろんのこと、西のアラビア人、ヨーロッパ人、東の中国人は早くから知っていた。料理の味つけとし、口中で嚙んで口臭を消し、気分を爽快にして食欲を増す。また種々の医薬に用いるが、胃をあたため、消化をよくし、胃腸の働きをよくするという。このカーダモンの代用、いやそれ以上の効能があるものとして認められたのが肉荳蔲である。

カーダモンはアラビア語でカークーラというが、九世紀のアラビアの地理学者イブン・コルダドベーは、マレイ半島北部の産としてあげ、同じ頃の中国人は伽古羅国から出るとしている。カコラ国というのは、アラビア人のいうマレイ半島西北部の海岸地帯で、そのころアラビア人の東方中継地として重要な所であった。ともにカーダモンのアラビア名であるカークーラが、この地方の国名とされるほど、その産出と取引が多かった。そしてマレイ半島北部のカーダモンが薬物あるいはスパイスとして需要の多かったことが推察できる。

カーダモンの代用としての肉荳蔲は、ヨーロッパでは胡椒と肉桂そして丁香についで使用された。大体十世紀後にアラビア人から教わったのである。それから中国人は八世紀ごろ、同じくアラビア人を通じて肉荳蔲を知った。しかし彼らの肉荳蔲の使用は、ヨーロッパとはいささかニューアンスを異にする。中国人は宋代に身体を温め、食を消し、積冷、心腹、脹痛、霍乱その他によいとし、胃を開いて食いもたれや食欲を増すといっている。しかし白粥(かゆ)、生薑湯などに加えて霍乱を治するなど、すべて薬用としての用法である。スパイスとしての用途は丁香と同じくほとんどなかったようである。それ以前からのカーダモン系の荳蔲と白荳蔲の使用が医薬としては依然として主流を占めている。例えばG・A・スチュアートは、スパイスとして使用されることは全くなかったといっている。(『中国薬物志』一九一一年、上海)

では十三〜四世紀以後に、ヨーロッパで丁香とともに肉荳蔲(ナツメッグとメース)が、なんで熱狂的に近いほど需要されたのだろうか。流行であるといえばそれまでのことであるが、丁香とともに媚薬と強壮、そして防腐などに効能のあることは事実である。十四〜五世紀のヨーロッパでは、日常生活の飲食品に味と匂いと刺戟を与え食欲を進めるものとしてスパイスがなくてはならないものであった。北ヨーロッパの海のサケ、マス、タラ、ニシン、イワシその他の塩乾魚、牛や羊や豚、そして種々の野鳥類などの塩漬け、それからオリーブ油と動物性の脂肪を中心とする彼らの調理に、スパイスがなければ、とても食べられない。ではクローブとナツメッグの特徴を簡単に示そう。

丁香	強壮剤	防腐力最大	駆風、胃病、消化、食欲増進
肉荳蔲	右同	腐敗の進行をおくらせる	右同

丁香は殺菌力が特に強く、防腐力も最大である。臭い鼻もちのならない塩乾魚といろいろの肉と鳥など、丁香がないと腐敗して口に入れられない。また丁香は甘いと辛いとどちらの料理にも調和する熱性の独特な辛辣さと、味と匂いがある。次に肉荳蔲は防腐力は丁香に劣るが、チョコレート、バニラ、コーヒーなどの舌のとろけるような香味が出現する以前に、このスタイルの香味を持つ唯一のス

パイスであった。現在私たちの生活から、チョコレート、カカオ、コーヒーなどが全くないとしたら、なんとドライであるだろう。嗜好品だといって簡単にすまされない。ここに十四〜五世紀の肉荳蔲の存在がある。

そのようなことで、肉荳蔲の大流行を強調することはできる。しかしそれだけだったのだろうか。私はそれとともに、マレイ諸島で民間薬として肉荳蔲が胃腸の妙薬、とくに消化剤として広く用いられておることに注目したい。古くいつごろからであるのかわからないが、七世紀後半の義浄はスマトラのパレンバンで、およそ病気の生じるのは過食に原因するものが多く、三種の荳蔲や二種の丁香を服用すればよいといっている。二種の丁香とは花蕾と結実した果実（あるいは花）である。三種の荳蔲はカーダモンとナツメッグそれからメースであろう。するとパレンバン在住のインド系僧侶の間で、丁香、カーダモン、ナツメッグは消化剤として使用されていたのである。中世のアラビア人も丁香、カーダモン、ナツメッグは胃を強くし肝臓に特によろしいという。ナツメッグについて彼らの考え方を聞こう。十三世紀のイブン・アル・バイタールの『薬方書』にイスハック・イブン・アムラーンは語っている。

インドの原産である。最上品は赤色で脂肪質に富み重さのあるものである。最下品は黒色で軽くて乾燥している。口中の悪臭を消す。皮膚の斑点とソバカスに効能があるが瘙痒症によい。肝臓に生じる硬い腫物を軟化させ、体内に発生するガスを発散させる。（ナツメッグの説明というが、むしろカーダモンに近いように考え

られる。――山田)

さらにある『実験書』はナツメッグについて、

衰弱した胃を強くし温める。冷え性から生じる腸の粘着と下痢によく利く。要するに淋巴器管の疾患と消化不良に効能があり、保温剤で収斂剤を必要とするすべての病気によろしい。胃の中に生じた不純な体液によって発生する臭い呼吸を浄化する。水腫と高熱に効能があって、肝臓を温め、その衰弱を防ぐ。

次はメースである。

ナツメッグを包む三種の殻の二番目のものである。第一のものは指ほどの厚さで、苦くすっぱくて熟すれば開く。この外皮の下の皮(膜)は多くの紐状にわかれた網状をなして、その性質は粘着性、油状性で薄く、香気は快的で芳香を放ち、刺戟性のバルサムようの風味である。

ナツメッグより浸透性が強く衰弱した胃と肝臓に最もよろしい。その効能は芳香性によるもので、慢性の下痢その他内臓一切の病気によろしい。

メースが種子を包む仮種皮であることに近い説明である。両者ともその芳香と香料とともに、いやそれ以上に胃、腸、肝臓の妙薬である。近世初期のヨーロッパで丁香とともに愛好されたのは、スパイスとしての香味はもちろんであるが、胃腸の妙薬として特によくきくと信じられたからであろう。一般に広く信じられることほど強いものはない。またよくきく。ヨーロッパ人の飲食品にピッタリとマッチしたこと。飲食品に加味して新しい「生命の味」をかもし出したこと。それから大切な胃腸の妙薬である。ちょっとマス・コミに気をつけてもらいたい。今日でも胃腸の薬品のなんと多いことだろう。十六世紀末のリンスホーテンはいう。

ナツメッグは頭脳を強めて記憶力を強くし、胃腸を温め丈夫にしてガスを排出し、呼気を芳しくし、利尿を促し、下痢と吐き気を止める。すなわち頭脳、胃腸、肝臓、子宮などの冷えに原因する種々の疾患に効能がある。メースは胃腸の冷えと衰弱に特によろしく、あらゆる悪性の体液を浄化し、ガスを追放して食物の消化を早める。

最初のバンダの記事

すでに㈠で説いたように十四世紀の三〜四〇年代に中国船はフィリッピン群島の西海岸を南下し、スールー諸島をへてモルッカ諸島へ、そしてバンダ諸島に達していた。汪大淵は『島夷志略』に文誕（バンダ）の記事をのせているが、これは世界最初のバンダの肉荳蔻（ナツメッグ）と荳蔻花（メース）に関する報告である。

海をめぐらして山は高く、小川に清水が流れ、土壌は痩せて、住民の過半はサゴヤシを常食としている。

気候は暑苦しく、一夫多妻で、男女はもとどりを結び、裸体で樹皮あるいは椰子の葉で編んだ青い布の下袴をつけている。日中は暑いから働かず、夕刻から農事、魚猟、薪取り、水汲みなどをする。山中には蛇や虎の害がなく、家々には盗賊の心配もない。海水を煮て塩を作り、椰子の汁を醸造して酒をかもす。婦人は木綿を織ることを仕事にしている。酋長がおる。肉荳蔻、黒小廝《し》荳蔻花と小丁皮を産する。交易品は水綾、絲布、花印布、鳥瓶、鼓、瑟、青磁器の類である。

『志略』の文は簡単であるから、十六世紀初めのポルトガル人の報告によって補足してゆこう。バロスの記しているポルトガル人の報告に、

バンダと呼ぶ島は、最も優美で、その景観は吾人の目を楽しませてくれる。ヨーロッパにある一つの庭園にも似ている。この佳景の中に、自然はあの特殊な果実である肉荳蔻樹の果実を添えものとし、あたかも一幅の絵画に恍惚とさせられるようである。

優美な海岸の裾野をすぎると、島の中ほどにやや急峻な山が屹立し、その上から幾筋かの小川が流れて下の平地を潤《うるお》している。苦労をして山に登れば、上は台地をなして、低地と同じように色あざやかな草木でおおわれている。島の形は蹄鉄のようで北から南へ横たわり、その端から端まで縦三レグワ、横一レグワもあろう。

これ以上誉められては、もうなにもいうことはない。

一五二一年の末にモルッカ諸島にいたイスパニヤ船隊のピガフェッタはバンダのことを聞いて「サゴ、米、ヤシ、バナナ」などを列挙しているが、住民の主食はサゴヤシの澱粉を主とし、米、バナナ、

ヤシの実などを食べていたのだろう。『志略』に土壌が瘦せているというのは米作に力を注がず、極めて僅かの陸稲類を植えていたにすぎなかったのだろう。住民は肉荳蔻を外来の民族に渡し、それだけで生活をなし、必要な品は近隣の島の民族か、あるいは肉荳蔻を求める外来人にあおいでいたから、農耕はほとんどしていなかったといってよい。

気候と風俗であるが、『志略』の原文に「俗淫」とあるのは、一夫多妻であったから中国人の目にそう映じたのである。簡単な結髪と樹皮あるいはヤシの葉で編んだ短い下袴をつけているなどは、古来からの習俗であやしむにたらない。

日中は暑さをさけて、夕に出て単純な農耕や魚猟と薪水を取る風習はマレイ諸島一般にあるが、『志略』ではこの島だけについて記し、他の島にはふれていない。蛇や虎の害がないのは、山野に棲息していないことである。また泥棒の心配がないというのは、原始的な社会状態であるからである。海水で塩を作り、椰子の果汁をしぼって酒を醸造することは異とすることではない。ただ婦人が木綿を織ることを仕事としているといっているのは、そのままでは信じられない。ヤシその他の繊維あるいは樹皮などを編んでいたのを、先進の中国人の目に業とすると映じたのであろうか。誇張もはなはだしいようである。

『志略』は次に「有酋長」という。この簡単な三字で、酋長の支配がどんなものであったのか。とてもわかる筈はない。バロスによると、十六世紀の初め、バンダには王も君主らしい人もおらず、支配は老齢の人たちの手にあって、彼らの意見によりすべてのことが左右されていた。だからしばしば意見の違いが生じ互いに相争うことがあったという。部落によって社会的な小さな生活グループとして氏族制が行われ、酋長のようなものはなく、氏族の年長者数人が部落の政治と司法と経済など、いろいろの活動を支配していたのだろう。しかしこのような状態も十五世紀に入るとジャワ人、マレイ人の渡来が増加し、同世紀の末にはイスラム教も伝播したから、十六世紀の初めには相当の変化を示したかもしれない。ところが一五〇六年にこの島を訪れたというルドヴィコ・デ・バルテマは、

この島ではすべての物が住民の共有である。労役は本島に生育する肉荳蔻樹に少しも与えられないのであるが、自然は自らその作業を行ってくれるから、住民各自はできるだけ多くの肉荳蔻を収穫できる。

という。またバロスも、肉荳蔻樹が特別の不動産として、住民のうちの何人にも属しないで共同の所有であるといっている。そしてバルテマは「この島では裁判を行う必要はない。なぜなら住民は非常に愚直であって、彼らが悪事をしようとしても、それはどうしたらそうなるのかということを知らないからである。」とさえいった。いささか以上に言い過ぎた点もあるが、要するに十六世紀初めでも、まだ素朴な所有観念の存在しない島民の生活であった。であるから、それから溯って十四世紀の三〜四十年代の汪大淵のころ、字のとおりの酋長があったとは考えられない。当時渡来した中国人が接した部落の長老の一人が相当有力に感じられたので、酋長と解釈したのだろう。

物産として肉荳蔻と荳蔻花はもちろんであるが、今一つ小丁皮がある。多くの人は丁香樹の皮と解

し、モルッカ諸島の丁香樹の皮がバンダへ送られていたと解釈している。丁香皮が歯痛その他に薬効の高いことは東西ともに古くから認めている。しかしバンダに産した丁皮は、そのようにせまくモルッカの産だけに限定したものではない。ジャワ、スマトラ、ボルネオから、モルッカにかけて広がっているマレイ肉桂の一種、クリット・ラワン (kulit lawang) である。ラワンの樹皮は丁香の樹皮とともに歯痛薬である。汪大淵のころモルッカからわざわざ丁香の樹皮だけが送られていたというのは、まだ早すぎよう。

要するに『志略』の記事は簡略にすぎて、意をつくさぬところもある。といって当時中国船が、毎年とまではゆかないまでも、モルッカから南下して到達していたことは事実であろう。『志略』によると肉荳蔻と荳蔻花の代価として水綾、絲布、花印布、烏瓶、鼓、瑟、青磁器の類を提供したとある。十三〜四世紀のバンダは酋長もなく生活程度はまだ低かった。といってもその唯一の資源である肉荳蔻のおかげで、ジャワ人、中国人などの渡来があり、近隣の他の島々より案外に恵まれた生活を営んでいたのではなかろうか。

前にのべたように汪大淵のころ、フィリッピン群島の西海岸を南下しモルッカからバンダにまで達した中国船の航海は、その後しばらくしてストップし、十六世紀の初めごろから東洋航路として再開され、十四世紀当時より盛大となった。しかしこの時からの航路はモルッカまでで、バンダには渡海していない。バンダ渡海は十四世紀のなかばにあっただけである。前に記した中国人の肉荳蔻と荳蔻花の使用からすれば、西のヨーロッパ人ほど切実で必要なものではない。薬品としてカーダモン系統の白荳蔲と紅荳蔲でことは足りる。十六世紀に渡来したヨーロッパ人と競争してまで求める必要はなかった。ナツメッグとメースをスパイスとして使用しなかった中国人としては、当然の成行であろう。

ヨーロッパ人の渡来

ヨーロッパ人渡来以前の変化の一つは、十五世紀の末か、それとも十六世紀の初めにイスラム教が伝播したことである。バロスは、住民はイスラム教を信じ、商業に熱心で、女は農事に従っているという。といって住民のことごとくがイスラム教徒となり、男は商業に、女は農事にはげんだのではない。実際は住民中のごく一部の人びとについて報じたのであった。彼らは住民中の上層を占めていた比較的に恵まれた人びとで、商業すなわち肉荳蔻の交易にあたっていたのである。バロスはさらに「肉荳蔻の交易を支配する者は港に住む人びとである。なぜなら、この港から住民日常の必要品が入り、島の物産である肉荳蔻が出るからである。」といっている。海岸の港以外の土地には旧来のままの生活をつづけていた住民がいた。そして海岸の港に住む一部の人びとがイスラムであった。このイスラム教の伝来の時は、はっきりわからないが、モルッカ諸島に入った十五世紀なかばごろよりおくれていたのは事実であろう。イスラム教徒であるジャワ人とマレイ人の渡来によるものである。そしてこのイスラム化は、モルッカ諸島で起ったように、住民全体にさほど大きな変化を与えていない。

サルタンもラジャもまだ発生していない。
バロスは記している。

バンダ諸島の産物として他へ輸出されるものは肉荳蔲と荳蔲花だけであるが、この果実を生じる樹木は土地がそれだけで満ちあふれているように多く、どれも誰かがそれを植えたのではない。肉荳蔲の樹林は特別の不動産として、住民の誰にも属していない。住民全体の共有物である。六月から九月にかけて果実を収穫するようになると、肉荳蔲の樹林は各部落に分割され、住民は各自それを採っている。多く収穫したものは、それだけ収入が大きい。

だからバンダの住民にとって唯一の財産である肉荳蔲樹の共有と採集は、丁香を唯一の資源としていたモルッカの往古の姿によく似ている。またバロスは「住民全部の上に最も大きい力で、これを支配する者は港に住む人びとである。なぜなら、この港から住民の必要とする品物が入り、島の産物が出るからである。産物とはこの島の輸出する唯一のもの、すなわち肉荳蔲と荳蔲花である。」といっている。こうしてバンダ諸島住民の収穫した肉荳蔲と荳蔲花は、ことごとく港に住む人びとである商業(交易)を行う人の所に集められ、その輸出と日用品の輸入は彼らにまかせられていたから、彼らは一般住民の生活を左右する大きな力を持っていた。このような力を持っていた商人は、もちろんイスラム教を信ずる少数の上層階級で、その中にはマレイ人、ジャワ人もあったろう。そしてこのような階級が生まれたのは、恐らくイスラム教渡来前後のことであろう。要するに十四世紀の前半には中国人が彼らの東洋針路の終点としてバンダに交通していた。(しかしこれはしばらくして杜絶している。)その以前から以後にかけてジャワ人あるいは近隣の島々の人が、肉荳蔻の交易にあたった。十四世紀末からはジャワ人の渡来が目立って多く、十五世紀の後半になると彼らとともにマラッカのマレイ人が特に多く、このような状態が十六世紀初めのヨーロッパ人渡来までつづいていたのである。

当時の交易については、ドァルテ・バルボーザに記されている。

チモール島を去り更に前進すれば、すこぶる近接した五つの島がある。それらの島々は一つの碇泊地を形づくって、その間にジャンクが繫留される。ジャンクは二つの方面からこれへ入る。これらの島々をバンダという。イスラム教徒と異教徒だけが住んでいる。そのうちの三つの島には、月桂樹のような沢山の肉荳蔻と荳蔻花を生ずる。果実は肉荳蔻で、果実の上に荳蔻花は花のようにこれをおおい、その上にさらに外皮がある。この地では荳蔻花一キンタルが肉荳蔻の七倍に価する。そして余りに多くありすぎるから、住民はこれを焼却し、また価もほとんどただに近い。これを求めに行く者は、絹製や綿製のカンバヤの織物、少なからぬ銅、水銀、辰砂、錫、鉛、近東から来る毛織の赤い帽子、大きな鈴を船載する。住民はそれらの品物の一つ毎に、荳蔻花二十バハルを与える。このバンダ諸島から北方にあるモルッカについては多くの島々があり、そのある島島には人が住み、他の島々は無人である。それらの島々にはことごとく、貴い宝としてすこぶる大きな金属の鈴、象牙、カンバヤの織物であるバトラ、良質の陶磁器がある。このバンダ諸島には王がいないし、また何人にも服従していない。ときにはモルッカの王に従うことがある。

バルボーザの記事によって、十五世紀末から十六世紀初めのバンダの事情を知ることができ、肉荳蔻と荳蔻花の交易について正しい消息を伝えている。十四世紀前半の汪大淵のあげる交易物品とくらべれば、そこに大きな相違が見られよう。例えばカンバヤの織物と諸種の金属が列挙され、ジャワのゴングなどのあることは注目に値いする。といっても肉荳蔻はありあまるほど産して、無価値に近いほど安価であったというから、島民の生活程度はモルッカとくらべればまだ随分低いものであったろう。バルボーザは最後にバンダがモルッカの王に従属していたことがあるという。当時この両島の関係についてフェルナンル・ローペス・デ・カスタニエーダはこう伝えている。

モルッカ諸島の住民は戦争以外の船を持っていない。その戦争船は櫂で漕ぎ、最大なものをコラス・コラスあるいはジョアンガスという。片舷百八十の櫂がある位長く、すこぶる堅固に作られている。彼らがジャンクやその他の高舷の船を持っていないのは、彼らの中に商人もなく、丁香以外は国外に輸出する物資がないからである。彼らは丁香を輸送する船を持たないから、彼ら自身で外部に丁香を搬出していない。バンダの住民は彼らのジャンクでモルッカへ渡り、丁香を求めている。彼らバンダ人はマラッカの商人がバンダへ舶載してきた着衣用のインドの織物をもって、丁香を甚だ安い値段で買う。そしてマラッカの商人は、バンダでこのインドの織物で肉荳蔻、荳蔻花、丁香を買い入れ、丁香のためにモルッカ諸島へ渡ろうとしない。なぜなら、モルッカとの航海に、彼らがマラッカからバンダへの往復に要する六カ月の期間のほとんど二倍の時日を費すからである。

だからバンダ人はモルッカから丁香を積んで帰り、自分たちの島の肉荳蔻とともにマレイ商人のマラッカから来るのを待って売っていた。モルッカの丁香の一部分はバンダで第一次的に中継されていた。しかしバンダ住民のモルッカ渡海は、マレイ商人の都合によるもので、それ以上のなにものでもない。モルッカ諸島の港が、岩礁多く外国船の入港に困難であるという障害がなく、バンダ諸島の港が碇泊に好適であったということがなかったとすれば、マレイ商人はあえてモルッカまで渡航していただろう。するとバンダ住民のモルッカ渡海は行われなかった筈である。彼ら自身は元来、海上の活躍者でもない。また機敏な交易者ではもちろんなかった。マレイ商人の渡来により、彼らに便宜を計れば若干の利益が生まれるという目前の事実に教えられ、小舟を利用してモルッカとの間の航海を行ったにすぎなかったのだろう。しかし強力な軍事力を持つモルッカの王が、この現実を見のがす筈はない。例え一時的でも、その海上支配力をバンダまでのばしたことはあったろう。

ではバンダの肉荳蔲の年産額や価格について記す前に、トメ・ピレスの報告を聞こう。

バンダン諸島　バンダン諸島の島の数は六つである。そのうちの五つの島には荳蔲花（マーサ）があり、他の一つはグヌン・アピ島（活火山島）である。最も大きな島はロントール島（プロ・バンダン）と呼ばれる。同島には四つの港、すなわちサラモン、オルタタン、ボンタル、コンベルがある。この島は他の島に比較すると荳蔲花がより多量である。これらの島には集落があるが、王はおらず、首長（カビラ）や長老たちによって統治されている。海岸に住んでいる人びとはイスラム教徒の商人である。バンダン諸島では人びとがイスラム教徒になり始めてから三十年たっている。内陸部には若干の異教徒がいる。これらの島々の人びとは全体で約二千五百ないし三千人である。荳蔲花は桃か杏に似た果物で、成熟すると開いて、外側の果肉は落ち、内側の果肉は赤くなる。これが肉荳蔲（ノス）の外側にある荳蔲花である。これを集め、広げて乾燥させる。この果物は一年中あり、毎月集められる。全島では毎年約五百ないし六百バハルの荳蔲花がとれる。肉荳蔲は約六、七千バハルとれる。これは毎年の平均のことで、時には多く、時には少ない。また種類は一種類とは限らない。この島々ではかつて千バハルもの荳蔲花がとれたということである。プロ・バンダンと呼ばれるこの島は他の島全体を合わせたよりも大きい。他にバンダン・ネイラ島と呼ばれる島があり、ジャワ人が碇泊する港があって、ネイラ港と呼ばれる。ここには荳蔲花がある。他の三つの島、すなわちアイ島、ルン島、ロゼンガイン島は三つの小島で、荳蔲花がある。これらの島々には、碇泊するための港はない。これらの島の人びとは、荳蔲花をバンダン島に運んで行く。これらの島々はすべて互いに近接していて、視界の中にある。フォゴ島についてては取引がないので語らないことにするが、またサゴ椰子のあるナイラカ島と呼ばれる別の小島についても語らない。

これらの島の人びとはまっすぐで黒い頭髪をしており、現在では以前より豊かである。これは彼らは現在荳蔲花を以前よりも沢山、以前よりも良い値段で売っているからである。以前は毎年ジャワ人やマレイ人が、これらの島々に航海していた。彼らは少量の織物をたずさえて来て、まずジャワに向かい、そこに立寄って大部分の最良の衣類をカイシャや他の粗末な品物と交換に売り払い、そこからスンバワとビマへ向かった。そしてこの二つの島で、ジャワからたずさえて来た商品を売り払った。彼らはこうしてジャワで売り払った品物と、ジャワから前記のビマ島、スンバワ島に運んで行った品物で利益をあげていた。彼らはこれらの島で、バンダンで高価な織物を買い入れ、バンダンではこれらの織物やジャワのカイシャで荳蔲花を買い入れた。ジュンコがバンダンに着くと、彼らはこの国の支配権をにぎり、そこにいる間に思いのままにそれを買い入れた。バンダンの人びとがポルトガル人から良い織物を手に入れるようになると、これは彼らにとって大変な新しい出来事となった。彼らはこの国の人びとに価格をおしつけていたのである。ジュンコの船長（カピタン）たちは、この国の人びとから尊敬されていた。

バンダン諸島に国王陛下の命による航海が行われるようになり、また陛下の支配下に入ってからは、このようなことは行われなくなり、バンダンの人びとは立派な大量の適切な価格の衣服の所有者となり、常にポルトガル人の恩恵と贈物を受け、われわれと親しく交際している。ポルトガル人はイスラム教徒がつまらぬ品物で買い入れている品物（荳蔻花など）を、黄金や立派な品物で買い入れるために同地に出かけて行く。イスラム教徒は、バンダンの人びとのわれわれとの交際にひどく不満である。

われわれがバンダンへたずさえて行く商品はあらゆる種類のシナバフオ、ベンガラ産のあらゆる種類の薄い白い織物、ボヌア・キリンのあらゆる織物、すなわち大中小の格子縞のエンロラドの織物、トペティとグザラテ産のあらゆる種類の織物。従ってバンダンの人びとは幸福だといわなければならない。バンダンのことをよく知っているマルコの諸王が、その立派な島々について語る時に触れるように、われわれを待ちこがれているのは理由のないことではない。以前同地に来航していた商人たちは古い壺、耳飾り、カンバヤの数珠玉、その他これに類する品物で荳蔻花などを買い入れていた。従って現在バンダンは以前よりも豊かであることは疑いない。バンダンにはまた丁子がある。これはマルコからアンボンへ、またアンボンからバンダンへと運ばれて来る。これは季節風にのって十二日か十五日を要する。丁子一バハルは荳蔻花一バハルと等価で、荳蔻花一バハルは肉荳蔻七バハルと等価である。彼らは荳蔻花と肉荳蔻はいっしょでなければ売らない。つまりもし荳蔻花が一バハルほしければ、肉荳蔻を七バハル買わなければならない。これはこの方法で売らなければ、肉荳蔻は駄目になってしまうので、他の方法では取引ができないからである。

バンダン向けの主要な商品はグザラテ産の織物である。すなわち赤と黒のブレタンジ、カスト、白と黒のマインディ、コラソンの織物、およびパトラである。ベンガラ産の織物がこれに次ぎ、ベンガラの次はボヌア・キリンの織物である。グザラテからは、ラメダルと沢山のサボンが来る。計算してみると、荳蔻花は買入れに用いる商品に応じて一バハルが三クルサドから三クルサド半の価格である。また四クルサドするものもある。

衣服が上等であればあるほど、荳蔻花の買い入れ値段も高くなる。これは彼らが一般の人びとのための粗末な織物を要求しているからであり、またバンダン以外の大部分の島々からもバンダンに衣服を買入れに来るためである。ジロロからパプア（ニューギニア）までのバンダン諸島と、パプアからマルコまでの諸島と、その他の多くの島々から来る人びとは、バンダンではマラッカのバハルの目方によって買入れる。ここへ来る人びとは秤をたずさえて来て、バンダンではそれを使って自由に量っている。バンダンには他の島々から売るために持って来る象牙や黄金がある。

バンダン諸島には食糧がほとんど全くない。周囲の島々の人びとは、同地へ食糧を持って行って売る。同地へ行くジュンコはビマの米や食物を運んで行く。サゴ（椰子の澱粉を焼いたもの）は煉瓦の形をしたパンで、パン屑で出来ていて、よく焼いてある。人びとはそれを周囲の島々からバンダン諸島へ持って行く。そしてある品物については、どれだけのサゴを払うというようにして貨幣として流通している。これはパセー（スマトラ島の西北部）で胡椒が用いられるのと同様である。バンダンには二、三日の航程のところに大きな島がいくつかあり、サゴはそこから供給される。これらの島は異教徒のものであり、人びとは皆農民である。

ピレスは、一五一二年にポルトガル人として初めてバンダに到着したアントニオ・デ・アブレウの船隊の情報にもとづいているようである。彼は、ポルトガル人の渡来以前は、ジャワ人やマレイ人が随分粗末な安物の品をバンダの住民に提供してナツメッグとメースを得ていた。自分たちはそうでないから、現在のバンダは豊かになったと説いている。モルッカの丁香の場合も同じである。余りにも好意的で人道的のようにとれるが、実際はすこぶる疑わしいことである。ポルトガル国の偉大さと国王の低級な東インド住民に対する慈愛心の宣伝としか考えられない。相当以上に割引する必要がある。

交易品としては、インドのカンバヤとベンガルの種々の織物をあげ、特に上級品であるという。しかしバンダより奥地のニューギニアからジロロ島そしてセラム島ならびにいろいろの島々の住民の衣料と布帛がバンダで供給されている。バンダ一般の住民の衣料とともに、これらは粗末なものでよかったのだから、肉荳蔻と花の対価として提供されたものは、至極上級品というより、むしろ低級品の方が多かったろう。

次は肉荳蔻と荳蔻花の年産額である。ピレスは、毎年平均して肉荳蔻は六、七千バハル（時には多く、時には少なく）、荳蔻花は五百ないし六百バハルとれるという。すなわちメースはナツメッグの約一割以下である。そしてメース一バハルの値段はナツメッグ七バハルと等しく、島民はメースをナツメッグと抱き合せでないと売らない。メースが欲しければ、その七倍のナツメッグをいっしょに買わなければならないという。

ところが十六世紀のなかばごろモルッカに久しく滞在したイスパニア人ファン・パブロ・デ・カリヨンが本国にあてた報告では「ナツメッグが二千ないし二千五百キンタル、メースが三百キンタル」であるという。メースがナツメッグの七分の一ないし八分の一である。それで四キンタル半を一バハルとすれば「ナツメッグは四五〇ないし五五〇バハル、メース六七バハル弱」となる。彼の報告は前のモルッカの丁香の年産報告で見たように比較的に妥当で正確に近い。そして彼の報告以外には、ピレスの記述のみで、他には全くない。両者は余りにかけはなれている。肉荳蔻樹が当時なお自然林のまま放置されており、全く人手を加えられておらず、ナツメッグはありあまるので住民はこれを焼却しているとバルボーザは伝えている。十六世紀に入って前半の五〇年間に、肉荳蔻樹の数を減らすような手段は全く取られていない。その産額は十五世紀そのままであったろう。

ここで考えられるのはピレスの報告である。彼は丁香について、十六世紀なかばのカリョンとアタイデ両人の四五〇〇バハル内外に対し、六〇〇〇バハル内外という。それで私はピレスの六〇〇〇バハルは枝（ステム）つきで、他の二人の四〇〇〇バハルは精選品だろうと解釈した。しかしナツメッグとメースについては、そういう解釈はできない。それで考えられるのはピレスのよった情報である。彼は最初にモルッカとバンダに遠征した船隊の報告によっている。最初のポルトガル人は初めてあこがれのスパイス・アイランドに到達した。欣喜雀躍である。ともすれば生産量などを甘く過大に見すぎたのではなかろうか。これだけ多量の丁香と肉荳蔻（と花）がある。しめたもの。ヨーロッパへ持って行けば巨額の利潤が手に入ると。しかしこれは私の想像である。だから二つのはなはだかけへだたった年産報告があることを記すだけにとどめておこう。

最後は肉荳蔻の原産地値段であるが、十五世紀以前には全く資料がない。十六世紀初めのバルボーザが記しているのが、多分最初であろう。原産地のバンダでは、スパイス、香料、薬品としての価値をほとんど認めていなかったのであるから、その値段は外から求めにやってきた人たちの交易価格である。バルボーザの記述では「カンバヤの絹織と交ぜ織、多量の銅、水銀、辰砂、鉛、近東産毛織の赤色の帽子、大きな鈴（銅鑼）」を船載し、その一つ毎にメース二〇バハルと交易するという。それからピレスは「計算してみると、メースは買入れに用いる商品に応じて一バハルが三クルサドから三クルサド半、また四クルサドするものもある。」とだけ記している。またカスタニエーダは、極めて下級の粗末な布で外来商人は交易し、バンダで僅かに三クルサドの値の布一コルジヤ（すなわち二〇反一揃い）でメースでは一バハル、ナツメッグでは七バハルを求めるという。これらは皆極めて漠然とした消息で、ナツメッグとメースの価値がいくらであったのか、判断に苦しむところもある。バルボーザは巻末の東インドのスパイス価格表中に、バンダでナツメッグは一バハルが八ないし一〇ファナム、メースは五〇ファナムと記している。また彼はバンダで「メースの一キンタルはナツメッグの七倍に値し、これを焼却するほど豊富で、ほとんどただに近い。」というから、メースの安かったのが想像できるとともに、ナツメッグはその七分の一であるから、これまたべらぼうな安値である。なお彼はインドのカリカット市場ではナツメッグ一ファラゾラが一〇ないし一二ファナム、メースが二五ないし三〇ファナムであるという。（㈡の終りを見られたい。）一ファラゾラは二〇バハルに換算されるから、ナツメッグはカリカットでバンダの二〇ないし二五倍、メースは四〇ないし五〇倍の相場であった。

とにかくモルッカ諸島についてはポルトガル、イスパニア両国人の報告は詳細であるが、バンダ諸島についてはそれより少ない。というのはヨーロッパ人のスパイスとして中心をなすものはやはりモルッカの丁香であったからである。ナツメッグとメースは丁香に従属するものとしての存在であった。

薬味料から香辛料へ

第一部の㈡で記しているように、中国人の使用した胡椒はあくまでも薬味料の一つとしてであった。しかし十三世紀のジャワ胡椒に対する大需要から始まった中国人の胡椒年間輸入量は、十五世紀末までヨーロッパ全体より多かった。私は宋元代の中国大都市の消費生活、とくに食生活の向上と中国船の南方海上発展を背景として、中国人の知った東ジャワ、インドのマラバル、そしてスマトラ西北部の胡椒栽培地の状態を推測したのである。

およそある特殊な植物性物産の伝播経路を知るのには、原産地の周辺の諸民族あるいはそれを需要し消費した諸民族の記録をたずねることでよかろう。ともに原産地の住民による生産（採集）と輸出の経過を知らねばならないが、むしろこの方が伝播経路の歴史を知る上の根本である。といっても、香料とくにスパイスのような、熱帯アジアの僻遠なある限られた地域にだけ産したものは、すべてこの方法で解明されない。というのは原産地の住民自身による、原産物に関する記録その他は無いことの方が多いからである。従ってそれを需要するため、原産地に早く往来した需要者である人たちの記録と伝聞にまたねばならない。私たちはそれによって、原産地の状態とそれ以前をできるかぎり推定する必要がある。

私は中国人の胡椒について、宋元代の中国人の社会経済生活の進展と併行して、彼らが知ったジャワ、スマトラ西北部、インドのマラバルの胡椒生産の事実を知ろうとつとめた。それも各産地を訪れた中国人自身の記録によってである。しかしこれは原産地の住民自身の語るところではないから、たしかに一つのへだたりがあるだろう。そうだとしても十三世紀のジャワと十五世紀初めのスマトラ西北部の胡椒については、中国人の記録以外にはない。インドのマラバルの胡椒については、十三―五世紀のイスラム系の伝聞と記録がある筈であるが、私の説明は中国一辺倒でそこまで及んでいない欠陥がある。

次はモルッカとバンダの二諸島にだけしか産出しなかった丁香と肉荳蔲である。ヨーロッパ人のスパイスは胡椒（マラバル、スマトラ、ジャワ）、肉桂（セイロン）、生薑（マラバル）、丁香（モルッカ）、肉荳蔲（バンダ）をもって代表され、量的にはインドの胡椒であるが、質的に最も熱望されたのはモルッカの丁香である。バンダの肉荳蔲と合わせて、スパイス・アイランドと称されたわけである。十六～七世紀にかけて、ポルトガル、イスパニア、オランダ、イギリスのヨーロッパ先進国が、その争奪をめぐって血みどろの死闘を繰りかえし、原産地の支配者と住民を巻き添えにした。例えばバンダでは、十七世紀に入りオランダ人によって住民の多くは殺され、ほとんど全部が他島に移された。また英・蘭の両東インド会社の闘争に、傭兵となっていた日本人がイギリス人とともにアンボンで虐殺されるなどの事例がそれである。

しかし私の叙述は十六～七世紀ヨーロッパ人の争奪以前の、モルッカとバンダの丁香と肉荳蔲の発見史である。誰によって、いつ初めて記録されたのだろうか。両島の住民はこの二つのスパイスの産地に古代から生活していながら、スパイスとしての価値はもちろんのこと、香料として薬品としての価値を全く認めていなかった。古代から十六世紀まで極めて低級な生活をつづけ、外来の民族が二つのスパイスを求めにやってくるから、自然に生育しているスパイスを提供して、外来の民族が与える物資の恩恵に浴し、それで満足していたのである。文字もなく、計算も知らなかったから、彼ら原住民の記録がある筈もなく、ほそぼそと彼らの間に語りつがれていた極めて漠然とした伝承だけである。

従って彼らの原産地の状態を知るのには、最初にこの両諸島に渡来した東西両洋の先進民族の報告による以外に方法はない。そこで私は十四世紀前半の中国人、汪大淵の語るモルッカとバンダの記事に、最初の手がかりを求めた。元末の中国船の南方海上発展は、僻遠のモルッカとバンダまで航路を開拓したのである。しかし中国人本来の丁香と肉荳蔻の使用は香料と薬用であって、スパイスとしてではなかった。ここにこの二つの香薬に対する需要の限界点がある。というわけで中国人のモルッカとバンダ渡航は、時期ははっきりわからないが杜絶している。十六世紀に入り東洋航路と称してフィリッピン群島からこの方面への航海が再開されても、モルッカまででバンダにはいたっていない。だから中国人の記録としては汪大淵だけである。

十四〜五世紀にヨーロッパではスパイス大流行時代に入る。その結果十六世紀ポルトガル人のインド到達となるが、マラバルの胡椒とセイロンの肉桂についで、いやそれ以上に熱望したのはモルッカの丁香とバンダの肉荳蔻であった。こうしてポルトガル人と、彼らに対抗して太平洋を横断し、フィリッピン群島から南下してきたイスパニア人の報告によって、モルッカとバンダの詳細な報告が残された。彼らの報告は、彼らの渡来した時のことを語るだけではなく、十六世紀以前の十四〜五世紀、それからより以前の状態を推測させてくれる唯一の資料である。

私はそれらの代表的な原史料を中心にして、十四世紀前半の中国人の記事とともに、モルッカとバンダの原産地の生産と輸出その他に能う限りふれたつもりである。これらの資料以外には、知る方法がないからである。ところがここまで読んでもらった本書の読者に、なにか一つの疑問というか、問題が提出されるのではなかろうか。山田は記録の上では、十四世紀前半の中国人の唯一の記事と、十六世紀初めのポルトガル、イスパニア両国人の諸報告だけであるという。たしかにそうだろう。しかし十四世紀後半から十五世紀末までの一世紀半は空白である。なにも記述されていない。この間、例え記録はなくても類推はできないものか。広大なインド洋から東南アジアの海域にかけてなにかあったのではないか。特に十六世紀前夜の十五世紀についてである。

このことについてはインド本土を中心に、西はペルシア、アラビアとアフリカ、それからマレイ半島とスマトラ、ジャワ、そしてスパイス・アイランドとのつながり。また東の中国と現在のインドネシア。インドネシアにおけるジャワの位置。そしてインドからペルシアとアラビアをへてヨーロッパ（ベニス）とのつながり。などについてインド本土を拠点としたイスラム系商人の東西海上におよぶ活躍を考えねばならない。これはスパイスだけに限定されないが、スパイスと香料から見れば、

胡椒（インドのマラバルとスマトラ西北部、ジャワのスンダ）、肉桂（マラバルとセイロン）、白檀（チモー

ル）、丁香（モルッカ）、肉荳蔲（バンダ）について、相互の転送をイスラム系商人の活動を中心にして考えてゆかねばならない。そして背後にある中国人の胡椒、ペルシア、アラビア人のスパイス、ヨーロッパ人のスパイスの需要を社会生活の変化とともに捉えてゆかなければならない。とくにヨーロッパ人の食生活に欠くことのできないものとされたスパイスについて、従来説かれている以上に具体的な考察が必要である。

このようにして十六～七世紀のヨーロッパ人とスパイスの歴史が展開されるのであるが、本書にのべている胡椒と丁香と肉荳蔲について、それぞれの歴史がまず先行するものと私は考えている。

〈付〉スパイス・ルート――肉桂から丁香と竜脳へ――

「香料（スパイス）の道」と題していますが、私の話はインドから南シナそして東南アジアにかけて生育している各種の肉桂（シンナモンとカッシア）と、東南アジアのマレイ、スマトラ、ボルネオの竜脳（カンフォル）、ならびにモルッカの丁香（クローブ）とのつながりを、匂いの成分と歴史の上からはっきりさせてみたい。そうすることで、これらの三つの香料が各々原産地から東西両洋の文化圏に伝播した経路が、明白になると考えるからです。だからスパイス・ルートの概括というような大袈裟なものではなくて、その中の一つの問題についての解釈にしかすぎません。羊頭をかかげて狗肉を売るような看板（題目）をあげていることを、初めにお詫びしておきます。

肉桂の皮と葉（花と果実）と根の匂い

昭和四二年（一九六七）六月下旬のことでした。私はスリ・ランカ（セイロン）の南端、マタラの町の海岸から約二時間ほど自動車で走った丘陵地帯で、シンナモン（肉桂）のプランテーションを見ることができました。約二メートル位の肉桂の若木を、根ごと引き抜いてもらった。幹の皮の部分（ただし内皮）は疑いもなくシンナモン本来の匂いですが、葉を取って手で揉むと丁香ようの匂いが高く、根を小刀で切ってみると、カンフォル（竜脳と樟脳）ようの匂いが強烈なまでに私の鼻にせまってくるのを知りました。シンナモンの葉の油が、オイゲノール（丁香）臭であることは、早くから知っていました。樹皮と葉、花、果実と根が、各々ちがう匂いであることはもちろんです。しかし、現地で、実際にシンナモンの若木を手にし、葉の丁香ようと根のカンフォルようの匂いの強いのには驚きました。現地の人たちは、花と果実は、葉より以上に丁香ようの匂いが高いと私に語ってくれました。

ポルトガル人、ガルシア・ダ・オルタ（一四九〇頃―一五七〇年頃）はインドのゴアに約三六年間居住して、インドの薬物と薬剤（simples and drugs）を専門に研究した医者ですが、彼の不朽の名著に(G. da. Orta, Collóquios dos simples e drogas da India, Goa, 1563.)

> マラバルでは、土地の王がカッシアを根もとから引き抜くことを禁じている。根の部分からカンフォルようの色を呈する液体が取れる。果実には軽快な香味はないが、この実を圧縮して油を取っている。この油は温めないと香気を発しない。また花を蒸溜しているが、樹皮を蒸溜した油よりすぐれた匂いではない。

と記しているだけで、樹皮と葉、花と果実、根の各部分の香気の相違について、はっきりさせていません。ところが彼より早く、イタリア人、ニコロ・デ・コンチ（一三九五頃―一四六九年）はセイロン肉桂の説明の中で「果実はローレルに似て、匂いの高い油が取れ、インド人の間で香油として重宝されている。」と伝えています。そして十六世紀末のオランダ人、リンスホーテン（一五六二―一六一一年）は根から出る水分はカンフォルようの芳香を有するが、根を抜き取ることは木の生育を妨げるので禁じられていると報告しています。また十七世紀の後半にセイロン島に拘禁されていた英国人、ロバート・ノックス（一六三八―一七〇〇年頃）はこういっています。

若葉を摘んで揉むと丁香ようの匂いの方が強い。果実は樹皮ほどの香味はないが、水に入れて煮沸すると上部に油が浮く。そして冷却すると白色固形の蠟分の塊となって、非常によい匂いがする。島民は種々の病気の軟膏に用い、あるいはランプの燈火としている。

そうすると、十六〜七世紀のヨーロッパ人は、とにかく肉桂の皮と花・果実・葉と根の各部分の香気の相違を漠然としてであっても、知っていたようです。だからインド人の間には、既にこの事実は古くから知られていたと考えてよろしいでしょう。

古代のインドと泰西の肉桂

肉桂科の植物は、インド本土（とセイロン）から東南アジアそして南中国にかけて生育し、相当以上に種々のものがありますが、現代に入ってインド（セイロン）肉桂はシンナモン、シナ肉桂はカッシアと通称されまして、この二つが商品上の肉桂の代表だとされています。そしてこの考え方をそのまま、古代と中世の肉桂の歴史にあてはめようとする人が多いものですから、歴史の上の解釈に多彩な議論と誤解が繰り返されている。それも単純に古代のヘブライ語に発するカッシアとシンナモンという、古代オリエント・ギリシア・ローマの語形からの主張です。しかしインドから東方の種々の肉桂が生育している地方の肉桂を指すいろいろの言葉には、泰西のカッシアとシンナモンという二つにつながるものは何もありません。(注)

（注） たった一例として中世のアラビア語で桂皮を qerfah（kirfa）といいますが、これはマラバル地方のカナレス、マレヤラム語の camea タミール語の karruwa, karua, carua からの転訛だろうと思われる。このドラヴィダ系の言葉はサンスクリットの肉桂を表わす種々の言葉の中に見あたりませんが、インドの土俗語の一つが西方世界の言葉とつながる例です。しかしこの言葉は、泰西のシンナモンとカッシアという語形とは関係がありません。

サンスクリットで肉桂の樹皮である桂皮を tvāc 葉を tamāla 果実を lavaṅga といい、古代インドの医薬書である『スシュルタ』『チャラカ』、それからいろいろの古典にそれらの名があげられています。古代のインドで早くから使用していたことは十分に推察されますが、その歴史上の経過と変遷について、私にまだよくわからないところが多分にあります。ただ主要な肉桂の分布から見ますと、「アッサム（インド）と雲南（シナ）とラオス（インドシナ）」の三つを結ぶ地帯が分布の中心となっているようです。また肉桂種の化学上の植物成分から大別しますと、

(イ) 肉桂本来の香味であるシンナミック・アルデヒドを中心とするもの
(ロ) サフロール、オイゲノールなどをふくんで竜脳と丁香に近いもの
(ハ) リナロールをふくんで樟脳に近いもの

の三つがあります。

インドでは西北部のインダス河の上流地方からネパール→シッキム→ブータン→アッサム→シルヘットと東方にかけて、葉と花と果実に丁香臭の強いものと、樹皮にカンフォル臭のあるものが古代から使用されています。その代表の一つは *Cinnamomum tamala* であって、丁香臭の強い葉を薬用と調味

料にあてています。また *C. grandiferum* は別名をネパール・サッサフラスあるいはカンフォルというように、カンフォル臭のある樹皮です。以上、北部の肉桂に対して西部から南部にかけて、特にマラバルを中心とするシンナモンとカッシアと通称する桂皮の使用になったようですが、その年代は北部の肉桂の使用よりおくれていると私は考えています。これは *C. zeylanicum* が中心ですが、薬用よりも調味料としての用途が主体をなしているようです。（なお有名なセイロン肉桂〈シンナモン〉の出現は、大体十三世紀をそうさかのぼらないということを付け加えておきましょう。）

それで考えさせられるのは、前十五世紀の古代エジプトから紀元前後までの、古代オリエント、ギリシア、ローマのシンナモンとカッシアという肉桂のことです。一世紀のストラボンがただ一人、カッシアの大部分はインドから来るという簡単な一説をあげるまで、すべての人びとは紅海入口のソマリーランド海岸とその奥地を肉桂の産地であるとしています。またストラボンによれば、「シンナモンを産する国」はナイル中流のメロエーを起点として、これより南方の人間の住んでいる端のところにあるとさえ考えられていたようです。そうであるのに、古代泰西の肉桂がインドあるいはシナ肉桂であったと仮定すれば、前十五世紀から紀元前後まで、なんでソマリーランド海岸にだけ限って東方アジアの肉桂が転送されていたかということが最初の問題点です。それから古代泰西の肉桂には、紀元後のヨーロッパのスパイスとしての用途が全く認められないということがあります。薬用あるいは化粧料——とくに香膏（ointment, unguent）——にあてられていまして、丁香臭もしくは樟脳臭に近いものであったように推定されますが、南アジアと東アジア本来の肉桂の爽涼感と甘味と香味のあるものではありません。その実体は今もってわからないのですが、東アフリカのソマリーランドの奥地にある種のオイゲノールあるいはサフロール臭に近いものをふくんだ植物があって、その樹皮と小枝が古代泰西のシンナモンとカッシアではなかったろうかと、私は推定しています。

ビルマ北部から雲南にかけて多いタマーラ系の一種の肉桂の葉を tamāla-pattra といいます。これをヘレナイズして malabathrum というものが、紀元前後には薬用と化粧料としてインドからローマに輸入されている。ローマ人は丁香臭の強い乾燥したこの葉を愛用したのであるが、インド肉桂の一種の葉であることは全く知っていませんでした。そうするとインド肉桂の一種の葉を使用しながら、なんで本来のインド肉桂(桂皮)に注目しなかったのでしょうか。また手に入れることが出来なかったのか。彼ら自身すでにインド本土の西海岸に渡海していたのにです。この点について、南アラビア人、ソマリー人、インド人との間で、紅海入口のソマリーランドを中心にして固く守られていた商業取引上の秘密性の保持であった。あるいはインド西海岸各地の支配者の輸出統制などのため、インド本来の肉桂がローマ人に知らされなかった。ローマ人は多くソマリーランドで手に入れねばならなかったので、その地の産と考えていた。などなどいろいろの考証があります。それらの考え方は、あるいは一つの事実であったことはたしかなようです。しかしインド肉桂の秘密――すなわちローマ人がインドに肉桂のあることを知らなかったこと――については、これらの諸点がすべてではなかったようです。

インドの肉桂の歴史で、インド人が古代から使用していたということはよくわかっています。事実そうでしょう。それから北部のヒマラヤ山脈に南面して東西にまたがる地帯と、西部および南部のマラバルとの二つに、その生育地域が大別されることも事実です。北部の肉桂種は花と果実と葉に丁香臭が強く、樹皮にカンフォル臭のあるものが多い。そして古代から早く使用されている。すなわちインド人の古代の肉桂というものはこれであったのです。西部と南部の、いわゆる私たちがシンナモンとカッシアという肉桂の使用は、北部肉桂の使用よりは大分後のことである。といってその年代ははっきりしないが、紀元前をそう古く溯らないころのことではなかったのでしょうか。だから一世紀のストラボンが、ソマリーランドとその奥地を肉桂の産地としながら、初めて一説として簡単にカッシアの大部分はインドから来るといったのではなかったのか。インド人の間に早く古代から使用されていたタマーラという北部の一種の肉桂の葉がローマに送られていた。そしてローマ人は、その実体を全く知っていない。シンナモンとカッシアは、あくまでもソマリーランド奥地の産としか考えていない。それはインドでも、南部のマラバル肉桂はまだ広く知られておらなかったからではなかったろうか。だからインドの西海岸に渡来して諸物資を入手したローマ人（ギリシア人）は、南部のマラバルに優良な肉桂の出ることを知らなかった。すなわちインド南部のシンナモンとカッシアの出現をこのように推定するわけです。しかしこれは実に大胆な考え方であって、私も初めて申すわけです。当っているのかどうか、識者の批判にまたねばなりません。とにかく古代泰西の肉桂がインド肉桂ではなかった。ストラボンのころ、初めて一部の肉桂（カッシア）が知られ、ようやく伝来していた。というように見てゆきますと、インドの北部と南部の肉桂種の使用を、年代上からそう推定しないわけにはゆきません。インド自体の肉桂の歴史がよくわからないので、逆に古代泰西の肉桂使用の事実から推理をたくましゅうしたしだいです。

中国人の肉桂

次はシナ肉桂、すなわち一般にカッシアと称するものです。中国上代の辛味料（薬味）としては、まず薑と椒が使用され、次に薑と桂が並び称されています。古く『楚辞』に「桂酒と椒漿《しょうしょう》を供える」とあって、南方では桂皮を浸した酒を神にささげ、人もまたそれを飲んでいたのでしょう。この使用は北方の漢民族の間に広まりまして、いろいろの古典に薑と桂が並んで記されている。しかし後漢の『説文』に「桂は江南の木で百薬の長である」と説かれているように、薬の薬、あらゆる薬物の王者として尊ばれています。それから古典時代の桂は、広西から北ベトナムにかけての本来の肉桂（カッシア）ではありません。単に桂というときは、揚子江以南の肉桂科に属する種々の桂樹です。紀元前後をそう溯らないころに、初めて本来の肉桂であるカッシアを知るようになりました。味は辛くて温かく、百病によろしく、精神を養い、顔色をつやつやさせ、あらゆる薬品に合わせて（配剤して）薬物の効能を絶大なものとさせてくれる。ですから常に服用していますと、身体が軽快に感じられて年をとらず、いつまでも若々しく、ついには神仙にさえ通じるといっています。これは中国人が肉桂に関していだいている考え方であって、古代から一貫して変わっていません。

すなわちシナ肉桂は爽涼感にあふれる甘味はあるが、香味はややビッター（bitter）で薬臭の方がまさっている。刺戟的で収斂味の方が強いというわけで、薬物あるいは薬味として最も適しています。

これに対しシンナモンと通称する南インドの肉桂は、香味がスゥイート（sweet）で収斂味がすくなく刺戟も弱く、薬物としての効き目はもちろんありますが、スパイス（調味）用としてはこの方がまさっています。ですから中国人は古代から南中国と北ベトナムの肉桂をもって満足し、マレイ諸島やインドの肉桂には後代まで関心を寄せていません。また紀元前後からインドの肉桂に注目したヨーロッパ人と中世のイスラムは、インドと東南アジアの肉桂を知っていても、シナ肉桂は知っていません。現に十六世紀のガルシア・ダ・オルタは、ポルトガル人はシナに肉桂のあることを知らないとさえ申している程です。だから薬物としてはシナ肉桂（カッシア）、スパイスとしては南インドの肉桂（シンナモン）に大別されるわけです。そしてインド北部から東南アジアにかけての種々の肉桂が、その中間にあります。この三つは、各々が持っている香味と刺戟のニューアンスに応じ、それぞれ古代から中世と近世におよんで東西両洋に伝播したのです。シナ肉桂の西方伝播は近世以後のことで、古代と中世にはなかったと主張できる理由はここに見出されます。また中国人の肉桂は、南中国と北ベトナム産だけで、それに終始したのであると考える根拠もここにあります。

モルッカの丁香の発見

インド古代の医薬書である『チャラカ』の果実の部に lavaṅga というものがあって、広い特性があると伝えている。これは疑いもなくインドの北部に多い肉桂種の果実でありまして、古代インドで早くから薬物として使用していたことを証明しています。ところが広くマレイ諸島からインドにかけて、モルッカ諸島にだけ産した丁香を lawang といっていますが、これは古代マレイ語に発するものです。

そして bunga lawang では丁香の花、すなわち丁香となり、kulit lawang ラワンの皮という語では丁香臭（オイゲノールあるいはサフロール）の強いマレイ肉桂を指しています。

早くG・フェラン氏は一九二一年に、タミール語には丁香を意味する kirāmbu と ilavangappū の二つがある。後の語の方が古くて、花を意味する pū と丁香を意味する ilavanga とが結合した形である。サンスクリットに lavaṅga があって、マレイ語にも lawang がある。すると古代マレイ語のラワンからサンスクリットのラワンガとなり、それからタミール語のイラワンガとなったように思われる。丁香は元来モルッカ諸島だけの産であるから、インドよりむしろマレイ諸島にその最初の名を求めるのが当然であると、主張しています。

私は言語学者ではありませんが、マレイ語からサンスクリットに入りタミール語となったという順序について、いささか疑問を持つものです。サンスクリットのラワンガは『チャラカ』以外に『ラーマーヤナ』その他にあって、相当に古い時代からあります。フェラン氏の引用によると、ケルン氏はタミール語の ilavanga とサンスクリットのラワンガのオリジンは、ドラヴィダ系の言語に由来するものだろうといっています。しかし丁香のラワンというマレイ語を論じる先学者は、ほとんどインド北部の肉桂の実体を失念しております。殊に『チャラカ』では果実の部にあげられていて、明白にインド北部に多い丁香臭の強い肉桂のことです。モルッカのほんとうの丁香は、二世紀には西のローマと東の中国に伝播していた。するとそれ以前にインドに伝播していた筈ですが、紀元前をそう古く溯るものではないと私は考えます。古代のインドでは、早くから丁香臭の強い肉桂の果実を薬用にあててラワンガといっていた。それから果実ほどではないが、丁香臭のある肉桂の樹皮を知っていました。彼らインド系の民族のある者が、ビルマの沿岸からマレイ半島を経由してインドシナ半島、あるいはスマトラからジャワへ紀元前に渡海していたことは、私がここに説くまでもありません。ジャワに到達したインド人は、ここで彼らの郷土に生育している肉桂よりオイゲノール分の強い樹皮のある植物をまず知った。それでマレイ語のクリット・ラワンという言葉が生まれた。これがいわゆるジャワの肉桂です。マレイ系では一般に肉桂の意味に取っていますが、インドでは丁香樹の皮の意味になっていて、この間の消息と経過を語っているようです。それとともに彼らの故国で早くから知っていた肉桂の花と果実より、なお一段とオイゲノール臭の強い丁香の果実と花に接して、ブンガ・ラワンあるいは単にラワンというようになった。すなわちジャワ人は、インド人の渡来によってオイゲノールの極めて強いモルッカの丁香（の果実）をラワンと称することを教えられたのです。そしてこれがマレイ諸島からインドにかけて広く丁香を指す言葉となった。モルッカの丁香のほんとうの価値が、国際的に初めて認められたというわけです。ジャワ肉桂のクリット・ラワンという称呼は、その中間のプロセスを示すものでしょう。こうしてモルッカの丁香は、紀元前をそう古く溯らない頃インドに伝播したのであった。ですからインド肉桂の果実を意味したサンスクリットのラワンガから、ジャワで丁香を指すラワンに転じ、それからはラワンと言えばモルッカの丁香であったと私は考えます。

このことはまたモルッカの丁香の出現した年代を、ほぼ推定させてくれます。インド人のラワンガから丁香の名称であるラワンが生まれたといっても、古く最初にインド人がモルッカまで到達したというのでは決してありません。モルッカの住民は後代まで、丁香のほんとうの使用価値を知っておらなかった。彼ら自身が進んで積極的に丁香を輸出することは、これも後代までなかった。モルッカ以外の民族の誰かが、モルッカの丁香に着目して、それを多分ジャワへ転送したのが初めてのようですが、それがどこの島のどんな住民であったのか、全くわかっていない。モルッカとジャワの中間の、ある島のある民族であったろうと想像されるだけです。ジャワ人自身も、もちろん最初ではありません。とにかく薬物上の効能のあることを、おぼろげながら認めたある島の住民が、モルッカからまずジャワ人に提供したのでした。そしてインド人のジャワ渡来によって、ジャワ人もモルッカの丁香のほんとうの価値がわかったというわけです。というのがオイゲノール分の一〇〇パーセントに近い——大体八四から九二パーセント——の丁香の発見であったと私は考えています。

なおマレイ諸島には kayu manis あるいは kulit manis 甘い皮という、シンナミック・アルデヒド分を主成分とするマレイ肉桂があります。しかしインドと南中国の肉桂とくらべて、この成分はややすくなく、樟脳油系のサフロールに近い匂いのするものさえあって、香味の点からすると劣っています。またこれと前のクリット・ラワンとどうちがうかについて、ここでは省略させてもらいます。

マレイ・スマトラの竜脳の出現

サンスクリットで karpūra といえば、普通は竜脳と樟脳、すなわちカンフォルだとされています。たしかにそうです。しかし最初から、古代のインド人がカルプーラといった時から、そうだったのか考えなければなりません。右旋性のイソ・ボルネオールを主体とする竜脳は、マレイ、スマトラ、ボルネオの限られた地域に生育します竜脳樹の樹心の中に、極めてまれに発見する結晶性の顆粒とその油分です。樟樹の脳分である樟脳とその油は、サフロール、シネオール、リナロールなどを含有していますが、本樹の生育地帯は南中国から台湾と日本の南部にかけてです。この二つともインド本土にはありません。特に樟脳とその油は、大体中国で十三世紀から、日本では十六世紀になって樟樹から取ったのですから、古代と中世のカルプーラは竜脳だけしか考えられません。するとインド系の人たちがマレイ、スマトラ方面に出かけてからということになります。そうであるのに『チャラカ』では、ラワンガと同じく果実の部にカルプーラがありまして、その他の古典にもこの名があります。そしてプラクリットではカルプーラのルが取れて kappūra となり、この語形が東西に広く伝わって今日のカンフォルとなっています。

そこで考えなければならないのは、サンスクリットで肉桂の根をどういっていたかということですが、私の調べたところでは見あたりません。『チャラカ』のカルプーラは、どうも肉桂の果実としか想像できない。ある種の肉桂の果実の中には、丁香臭よりカンフォル臭に近いものがたしかにあるからです。それから根の部分は、インドでは南部の肉桂種の方がカンフォル臭は特に強い。マラバル地方のタミール語では肉桂を carua といっています。これはドラヴィダ系の古い語形によるもので、サンスクリットのカルプーラの形に近いと私は考えます。サンスクリットのルを保存しているからです。そしてタミール語のカルアは、皮部とともに根のカンフォル分の強い部分まで意味していたのだろうと想像するからです。ただしここでサンスクリットのカルプーラは、ドラヴィダ系のカルワのある古い語形から転じたとまで強くは申しかねますが、肉桂の根の部分にカルプーラに近い語形が古くからあったのだろうと私は考えるわけです。

七世紀のなかばに（六二九年から六四五年の間）インド本土を旅行した玄奘は、南インドの白檀を説明し、つづいて竜脳について、

> 羯布羅香樹というものをあげ、樹木は湿気があって香は無いが、乾燥させてから樹木をさいてゆけば、その中に形は雲母のようで色は氷雪のような、透明白色結晶状の竜脳を発見することができる。

といっています。竜脳樹はインドには生育していない。だから彼はスマトラの竜脳樹と竜脳の話を聞いて、南部の白檀と一緒に記述したのであると解釈する人もあります。しかし私は、そう考えません。彼の頃まで南部のマラバル地方では、肉桂樹の根（に近い）の部分から竜脳に近いものを取っていたのである。彼は樹木から取るといっているが、根に近い部分であった。これは彼の聞き誤りか、あるいは彼に話をした人がはっきりしていなかったのでしょう。根の部分にカンフォル臭がプンプンしていることは、初めに私が申したとおりです。ですから根に近い部分を乾燥させ、切り開いてゆけば結晶体に近いものがあったでしょう。玄奘はある程度、事実を語ったわけです。また十六世紀のガルシア・ダ・オルタは、マラバル地方の支配者のある者は、肉桂を根ごと引き抜くことを厳禁していると いう。自然に生育している肉桂樹の減少を恐れたためということもありますが、その頃でもまだマラ

バルでは肉桂の根の部分から、竜脳の匂いに近い油分や結晶体を取っていたという消息を語っているのではないでしょうか。オルタは根の部分からカンフォル様の色を呈する液体（すなわち油）が取れるといっているから、そう想像してよいでしょう。

このように考えてこそ、初めてマレイ、スマトラの竜脳の発見ということが、妥当に考えられます。記録の上で、中国人は唐以前の六世紀代にマレイ半島の竜脳の油を知り、七～八世紀にはイスラム系の人たちと同じようにスマトラの結晶体である竜脳をよく知っています。しかし竜脳を表わすマレイ諸島のカープル、カポールなどという言葉から考えて、その最初のほんとうの価値の発見者は、渡来したインド人であったわけです。中世末から近世の初めにかけて、シナと日本の樟脳の大需要者はインド人であったように、マレイ、スマトラの竜脳の最大需要者はインド人で、彼らにつぐ者が西のイスラムと東の中国人でした。インド肉桂の実態と、彼ら古代のインド人と肉桂とのつながりがわかれば、この点は十分に理解されます。話は同じであるが、モルッカの丁香と同じように、インド肉桂の果実と根の部分のカンフォル臭から、絶妙でこの系統の匂いの強烈な竜脳を、マレイ半島とスマトラ島の西北部で発見したというわけです。その年代は丁香ほど東西の記録からはっきりさせることはできないが、スマトラでサンスクリットのカルプーラのルが取れたプラクリットのカープルという語形から転じていることから考えると、どうも六世紀をそう古く溯らないころだろうと私は推定します。

結びとして

以上、私はインド北部と南部の種々の肉桂を、その植物成分と言葉の上から考え、古代泰西のシンナモンとカッシアとつながりがあるのかどうかについて、私の意見を申しました。シナ肉桂については、南シナ肉桂（カッシア）と南インド肉桂（シンナモン）の相違をはっきりさせ、中国人の肉桂は中国独自のものであって、近世以後になりようやく世界的な関連が認められることを申しました。それからインド北部の丁香臭の強い肉桂の花と果実から、モルッカの丁香の発見に及び、ジャワのクリット・ラワンとカユ・マニスというマレイ肉桂をあげました。これはシナ肉桂とインド肉桂との中間的な存在ですが、ここで言い残していることは、北部ビルマから雲南にかけてのタマラの葉、すなわち丁香臭の強い一種の肉桂についてです。十三世紀後半のマルコ・ポーロはこの地方まで旅行して、自分たちの母国イタリアまで転送されていない一種の丁香が沢山にあるといっていることです。これはタマラ種の肉桂の花あるいは果実を乾燥したものを、一種の丁香と考えているようです。するとこの地方の桂実あるいは桂花が、ビルマと中国で、どう使用されていたのか問題ですが、私にはその用途がはっきりわかっていない。中国では六世紀の『広志』に丁香は南海とビルマ北部の剽（ピュー）から出るとありまして、早くこの地方の丁香臭の強い桂実（花）を指しているが、その他の中国人はほとんど沈黙していまして、私に見当が立たないからです。

最後に私は肉桂と竜脳のつながりをお話しました。皆さんにとって、一見したところすこぶる奇異に感じられたでしょう。しかしインド肉桂の根の部分のカンフォル臭の強烈なことからすれば、私としては当然のことです。十六世紀に入って渡来したヨーロッパ人は食用カンフォルというものをあげて、インドで需要の多いことに注目しています。われわれ日本人にとっては、カンフォル系の匂いがどうして調味用に供されるのか不思議でなりません。薬用しか知らないからです。ところが中世のイスラムとインド人にとっては、そうではない。このようなことも、インド人の肉桂とカンフォルとのつながりから、はじめて理解されます。

肉桂と丁香はスパイスの代表です。――胡椒とナツメッグやジンジャーもありますが、ここでは今しばらくとしてください。――しかしここにカンフォルを加えないと、インドとイスラム系では駄目です。というわけで、中世末から近世初めのヨーロッパのスパイス、すなわち香料であるとみなしていた人たちとは異なった分野が、南アジアと西南アジアにありました。またこの三つの香料に対する中国人の見方も異なっています。

というわけで、中世から近世にかけて東アジア、インド、イスラム、ヨーロッパにわけ、その各々について申さねばならないが、時間がありませんから省略します。実はこのところを概要だけでもお話すると、只今の私の話が生きてきますが、これは他の機会にゆずらねばなりません。ただ一言、ヨーロッパではスパイスである丁香が、中国ではなんでそうではなかったのか。それからカンフォルは中世以後、薬用としてようやくヨーロッパに知られているにすぎない。しかしこれと同一系統の匂いは早く一世紀代のマラベートロンから、薬用あるいは化粧料として使用されている。などなどいろいろの問題がありますが、香料の東西伝播について言葉の上からだけではなくて、香料自体の(植物)成分、そして民俗など広い分野から研究を進めてゆかねばならないと存じます。今回の話は、私としてこのような態度で考察した最初の試みです。

主要参照書目

『飲膳正要』元、忽思慧、四部叢刊、続編子部。

『本草綱目』明、李時珍、一六五三年、野田弥次右衛門板。

『経史證類大観本草』宋、唐慎微、艾晟重修、一九〇四年、武昌、柯子重校。

『嶺外代答』宋、周去非、国学文庫、北平、一九三七年。

『諸蕃志』宋、趙汝适、張海鵬訂、学津討原、第七集。

『島夷志略』元、汪大淵、藤田豊八校注、国学文庫、北平。

『瀛涯勝覧』明、馬歓、馮承鈞校注、上海、一九三五年。

『星槎勝覧』明、費信、馮承鈞校注、長沙、一九三八年。

岡本良知『中世モルッカ諸島の香料』昭和一九年。

石田幹之助『南海に関する支那史料』昭和二〇年。

マルコ・ポーロ、愛宕松男訳注『東方見聞録』東洋文庫、昭和四五・六年。

『コロンブス、ガマ、バルボア、マゼラン航海の記録』大航海時代叢書、一、一九六五年。

トメ・ピレス『東方諸国記』大航海時代叢書、五、一九六六年。

Cortesão (Armand), The Suma Oriental of Tomé Pires, London, 2 vols, 1944.

Da Asia, de João de Barros, e de Diogo de Couto, 24 vols, Lisboa, 1778.

Dames (Mansel Longworth), The Book of Duarte Barbosa, London, I. 1918, II. 1921.

Temple (Richard Cranc), The Itinerary of Ludovico di Varthema of Bologna, from 1502 to 1508, 1928, London.

Hirth (F), Rockhill (W.W.) Chau Ju-kua, St. Petersburg. 1912.

Gibb (H.A.R), Ibn Battúta, Travels in Asia and Africa, 1325–1354. London, 1929.

Ricci (Aldo), Ross (E. Denison) The Travels of Marco Polo, London, 1931.

Yule (H) Cordier (H), The Book of Ser. Marco Polo, 2 vols, London, 1921.

Yule (H) Burnell (A.C.), Hobson-Jobson, London, 1903.

第三部　異聞雑色

一　ガマとダルブケルケとオルタ

これは縁日でガマの油を売っている香具師《やし》が、ヤブレカブレで刀がオレタという話ではない。

もう七～八年も前のこと、私はインド南部とスリランカ（セイロン）の山中や僻地を二カ月ほど一人で旅をした。一般の観光客が訪れないところに、香料植物の実態とその歴史を求めてである。デッカン高原（マイソール）からマラバルのコチンへ、そしてかつての十六世紀ポルトガルのインド進出の中心であった「栄光のゴア」の廃墟を見てまわり、日本に初めてキリスト教を伝えたフランシスコ・ザビエル聖人の遺体をおさめた金色燦然《さんぜん》と輝く柩《ひつぎ》を拝した。

ゴアの三大名物を知っているか

その時のことである。土地の人が「ゴアの三大名物を知っているか。」と私に尋ねる。知らないというと、ほこらしげに「バスコ・ダ・ガマとアルフォンゾ・ダルブケルケとガルシア・ダ・オルタの三人である。ガマは知っていても、後の二人はとても知るまい。」と。

それで私はいった。ダルブケルケはガマについでインド総督となり、ゴアとマラッカを占領してポルトガルのインド支配を確立した豪傑で残忍非道の軍人である。オルタはゴアに在住してインドの薬物を研究した有名な医者で世界的な博物学者であった。すると土地の人曰く、さすがに貴君はプロフエッソールである。オルタを知っているとは実にえらい。

そこで私は「オルタはどんなことをしたのか。知っているか。」と問いかえすと、相手はションボリとなって、それは知らないという。私、プロフェッソール曰く「彼は『インドの薬物と薬剤』という対話の形になっている本を著述した。この本は十六世紀の後半にゴアで出版されたポルトガル文の三番目の世界的な名著である。知らないとは実にケシカラン。」と反対に鼻高々である。

話はこれまでとして、日本の観光地や名所で、土地の有名人（名物）と言えば、軍人、武人、大名、将軍、政治家、文人、歌人、名優などで、大体相場はきまっている。医学者で博物学者などは滅多に出てこない。さすがにゴアである。ヨーロッパ人の考え方はちがうと私は一応感心した。ルイス・デ・カモエンスのような十六世紀のポルトガルを代表する大詩人やザビエル聖人の名は出さない。（この二人はゴアに定着していないからだろう。カモエンスはインドからマカオへ、兵卒そして囚人となった不遇の詩人で、ザビエルは日本布教で余りにも高名であるから。）インドに初めて到達したガマと、彼についでインド支配を果敢に実行した残忍で勇猛な軍人と、博物学者のオルタである。この三人の組み合わせを、皆さんはどう解釈なさるか。

お答えしよう。十六世紀ポルトガルのインド（すなわちアジア）進出は、当時ヨーロッパで熱狂的に需要されたインドの胡椒（ペッパー）とセイロンの肉桂（シンナモン）、それからインドネシアの最も奥地にあるモルッカとバンダにだけ出した丁香（クローブ）と肉荳蔻（ナツメッグ、メース）の支配にあった。彼らがインドからアフリカ大陸を迂回してはるばる本国のポルトガルまで積んで帰った積荷の七五パーセントはスパイス（香辛料）であった。またそれはポルトガル王室が独占していたものであった。これがその時の現実である。

ポルトガルのインド進出は

インドからヨーロッパに流れこむスパイス（香料、薬品）を独占的に獲得し支配して、ヨーロッパでしこたまもうけねばならなかった。その代りに本国から銀を送るのであるが、できるだけ安価で、つまり最低量の銀で、インドとモルッカのスパイスをできるだけ大量にかき集めなければならない。そのためには軍事力がなによりの方法であり、最善の手段である。十の印のクルス（天主）の旗の下に、剣と槍と銃と大砲の威力こそ、インドとアジアの住民の手からスパイスを奪い取る最良のものである。この現実を人で表現すれば、バスコ・ダ・ガマであり、アルフォンゾ・ダルブケルケである。

インドで本物のスパイスをつかむ

しかしである。例え十六世紀のことであっても、科学的でなければならない。これがヨーロッパ人である。博物学者のガルシア・ダ・オルタは医者としてゴアに住み、ゴアで死んだ。彼曰く「私たちは真実を求めるためにやってきた。母国ポルトガルの栄光は、インドで何が真実であるのかを発見することである。」と。

彼のいう真実とは、インド（いや東洋）で香料薬品の実態を明白にすることである。それまでヨーロッパ人は、ペルシア人とアラビア人からだまされて、ほとんど偽物に近いスパイスを食べさせられていた。いや、ものによると原産地のインドで既に原住民によって偽和加工されている。香料薬品はそれほどややこしいしろものである。純品のスパイスを探し出さねばならない。ここにオルタ先生のいう「真実の発見」の意味がある。

オルタ大先生は、彼の生涯をこのことにかけた。そして彼の不朽の名著『インドの薬物と薬剤』を著述した。英語で simples は薬品で drugs は薬剤である。インドでスパイスの純品を探し出し、各種のスパイスを配剤加工したものとの区別をはっきりさせねばならない。こうしてヨーロッパの人たちは、初めて香料と薬品（スパイス）の実態を知らされたのである。オルタ大先生の功績である。しかし彼の功績は、その前に母国のポルトガルに莫大の利益を与えていた。

「剣と火薬（大砲）とスパイス」が、神の栄光（クルス、十の印）の名の下に、十六世紀初めのポルトガルの名を世界的なものにした。それはゴアを中心としてである。だからゴアは、この三つをシンボライズする三人の名で代表されている。日本であまり知られていないガルシア・ダ・オルタという人が、その一人にあげられるわけである。

スパイスは胃腸の妙薬で精力剤

では、なんでその頃、ペッパーとシンナモンとクローブとナツメッグが、異常なほどヨーロッパで熱狂的に需要されたのだろうか。普通には、野鳥、鶏、牛、羊、豚、その他と、鮭、鱒、鰊、鰯、鱈など、塩乾魚の油臭さを消し、味をよくして防腐的なはたらきをするという。またオリーブ油を広く用いる彼らにとって、その臭さがある。そして薬用によろしい。

しかしである。もっと突っこんで何かの理由があったのではなかろうか。ペッパーは食欲の増進剤、それから当時流行した悪疫（ペスト、コレラ、チフスその他）の予防剤としてなくてはならないもの。クローブは甘いと辛いのどちらの料理にもよろしく、防腐力は最も強く、肉食にもってこいである。おまけに脳神経の一部に微妙な刺激を与えて性的興奮を増大する精力剤の代表である。ナツメッグは、チョコレートとカカオとコーヒーが出現する以前、それらの味と匂いをかねていたものである。老いも若きも、男も女も、飲料、ケーキ、料理に欠くことはできない。シンナモンは爽涼な甘味と軽い辛さの中に、心もちのよい性的な興奮をさそってくれる。

ところが最後にいう。どれもこれも、スパイスは消化剤である。胃に腸に万能な最高の薬品であると信じられていた。マスコミに気をつけてください。胃腸の薬と栄養剤のなんと多いことだろう。これは今も昔も変りはない。十六世紀のヨーロッパでは、現代と同じように胃腸の悪い人間が多かった。だから最も良くきくという（またそう信じ切っていた）スパイスがなくてはならないのである。思えば平凡なことである。しかしこの平凡な事実が、世界の歴史を動かしたのであった。胃と腸を強くして精力絶倫となる。現実の生活を、生きる者としてエンジョイする。すべてはそれからである。曰く「大航海時代」である。

二　媚薬と香料

はじめに

私は昭和五十二年の十一月に『香談・東と西』（法政大学出版局刊）という一書を出したが、新聞や週刊誌の話題になって、いろいろな紹介と批評がのせられた。それらの中の一つにこう記してある。

もし、物足りない部分を探すとすれば、ここには「悪臭」の検証……死に至る香、もう一つの媚薬としての毒薬の言及が少ないということである。すでに、醜をはらまない美が存在しないように、香りにもグロッタの世界といったものがあるはずで、そうしたものを対極に据えることで、このすぐれた風俗史（『香談・東と西』）は倍の生彩を放ったのではないかと思われるからである。

私はこの本の「脂粉の香《か》」の部分でいくらか媚薬に言及したつもりであったが、それではまだまだ物足りないとのことである。また媚薬としての毒薬には全くふれていないからなおさらであろう。しかし私は閨房の媚薬としての香料について、和・漢・洋の「房中経」（房術の書）の源流とあわせて、年来関心を寄せている。ここにその一端を披瀝しよう。

媚薬と五味・五臭と香料

「媚薬」、それは性欲を催《もよお》させる薬品、すなわち淫薬である。そして相手方に恋慕の情を起させるというもの、すなわち惚薬《ほれぐすり》である。だからこの二字は、古今東西を通じて多くの人びとの耳目を引いた言葉である。

一世に喧伝された傑出人、絶世の美人、そして極めて限られた特権階級の人びとにしか許されない秘薬として存在するのかと思うと、大道の縁日《えんにち》で香具師《やし》が商う大衆のための、正体のわからない曖昧なものであったりする。実態がわかったようでわからないところに、媚薬の存在があるようで、われわれ人間の秘戯の面に深く食い入っているようである。

改めていうまでもないが、われわれ人間の生命は有限であるから、この限られた年月で、人間の生活を楽しもうという本能的なもののあることは否定できない。そしてこの本能的な秘戯の快楽を助長するものがあれば、その助けを借りようとする。こうして媚薬というものが登場するのであるが、一般には昔の生活の中にあったものを考え、語り合って、なにか喜悦を感じあうのが多いようである。しかし時代が移り変って、生活様式があらたまった今日、人間生活の秘戯の面に必要であるとされていた媚薬が、いつまでも秘薬として不明のままでは許されない。また昔の媚薬というものと今日のそれとは、全く変わっているかもしれない。昔は媚薬とされていたものが、今日ではそうでないものとして、案外日常の生活の中にあるかもしれない。

さて媚薬は、いうまでもなく薬物の一種である。「薬」はわれわれの生理上のいろいろの故障を癒して生活力（vitality）を充実させ、有限の生命をできるだけ長く快適に楽しくしようと考えて、それぞれが使い始めたものである。大体口に入れて服用する方が、身体の外部に塗布するものより多かったから、それは味の快感と種々の微妙な刺激のあるものの方が喜ばれた。「良薬は口に苦い」というが、味がおいしくて気分がよろしく、身体を益してくれるものがあれば、その方がなお結構であろう。食膳の珍味（滅多に味わうことのできない美味）として、薬物上の効能をテキメンに発揮するものがあれば、生活力を充実させて、いつも人生の春を楽しむことができよう。味は中国で「苦（にがい）、甘（あまい）、辛（からい）、酸（すっぱい）、鹹（しおからい）」などと五つに分類され、薬味といって味覚を通じて私たちに深く訴えるものがある。

今日では薬物というと、疾病や怪我その他を対象として、ややもすれば余りに狭く考えすぎている。科学が進歩して微に入り細をうがち、おのおの専門にわかれすぎて、ともすれば綜合的な人間の生命の充実がおろそかにされているような気さえしてならない。しかし「生命力の充実」こそ、薬品本来の使命ではなかろうか。古代の医学が最も早く発達したインドでは、後期ベーダ時代の『アッタルバ・ベーダ』で薬物の用途を次のように分類している。

一、肉体上の疾病の治療。二、怪異乱心（精神）を治すもの。三、出産と幼児の生長を助けるもの。四、外傷の治療。五、蛇の毒その他虫害を防ぐもの（毒薬と解毒剤）。六、延命長寿の秘薬。七、性交を増進するもの。八、毛髪を生えさせ、魔をさけ福と寿を与えるもの。

この中の六と七と八は、生命の充実と人生の快楽を目的としたもので、人間の悲願を達成するものが、薬物の広い領域の中にあることが理解されよう。

これと同じ考え方は、中国古来からの医学にも薬理論の根本として認められている。中国で最も古い薬物書と伝えられる『神農本草経』は、薬物を上・中・下の三つに分類し、上薬は、

生命を養って天地自然の道理にかない、無毒で、常時服用しても人を損《そこな》わない。そして身体を軽快にし精気を増して、不老延年にする。

といって、精力の充実と不老延年で神仙に通じることが最高の使命であるとしている。そして中薬は、性を養って人間の生活力を助長するもので、適当に用いると疾病を予防して精力を強めるというから、今日の強精と栄養の薬剤であろう。最後の下薬は、治病を主な目的とし、寒・熱・邪の気をはらいのけ、疾病を癒すことができるというから、大体今日の私たちがいうところの薬品である。このような考え方は、近世ヨーロッパの医学が伝わるまで中国では厳としてつづけられていた。

こうして薬物の本体は生命の充実であることはわかるが、それは同時に媚薬であるということが次に問題となろう。生命の活力が充実すれば、性欲の増進となることはたしかだから、あるいはそうであると言えるだろう。しかし媚薬はそれを用いる人自身に性欲を催させるとともに、相手方に恋慕の

情を起させるもの、相手方に性欲的な衝動――目的を意識しないで、ただ何らかの行動をしようとする心の動き――を生ぜしめるものでなければならない。だから自身に強く訴えるとともに、相手方にも強く働きかけ、性的な衝動を盛んに助長するものが媚薬である。そうすると単に生活力を充実し不老延年を計るだけではなく、それ以上の条件すなわち行動を伴ったものでなければならない。

そこで考えられるのは、自身に訴え、相手方にも強く働きかけるという力である。種々の薬物の中で、このような作用を他の何ものにもまさって発揮するものは匂いであろう。匂いは、これも中国流であるが、「くさい、こげくさい、こうばしい、なまくさい、くちくさい」など五臭といって、五味とともに筆や言葉で表現することができないニューアンスがある。

強力な匂いは、薬物上の効能と特異な味と刺戟と相まって、用いる人自身と相手方によくひしひしとせまるだろう。そして匂いは、われわれの神経系統のある組織に強い作用を及ぼすものがあるから、薬物であって匂いの高いものが媚薬とされることが多い。味と刺戟――すなわち五気である「臊、焦、香、腥、腐」――では、口から味覚を通じて感じるのであるから、どうも間接的である。匂いであると、鼻から頭（神経）にピンときて、より直接的である。香料は媚薬であると多くの人がいうのは、この意味においてであろう。

では古代の人たちは、香料をどのように感じていたのだろうか。古代インドの話であるが、仏教の教典には「香料薬品」の功徳《くどく》をこういっている。

一、身体を清浄にする――穢《けがれ》を去る。二、身体を冷《ひや》す。三、容貌を一段と立派にする。四、健康を増す。五、精神をさわやかにする。六、人間の品位を高める。七、生活力を充実する。八、生命をのばす。九、媚態と愛嬌を増す。十、性交の感受力を高める。

すなわち香料薬品特に香料の持っている精神的な面と、肉体的な強い迫力のあることを語っている。香料の匂いが、われわれ人間に訴えるところの「美と醜」の領域である。醜におよんで、生活力を充実させて生命をのばし——不老延年——相手方にいともなまめかしう訴え、性的な衝動を強くするという。媚薬でなくてなんであろう。

媚薬としての丁香と肉桂

以上のように考えて、香料の中でどのようなものが古往今来を通じ媚薬として認められていたのだろうか。誰でも知りたいことなのに、とんとはっきりしていない。雑学博士の大先生なら、あるいは先刻御承知のことだろうが、そうは問屋がおろさない。あるいは諸説紛々で、迷宮入りだろうか。香料といわれるもの、特にその匂いが人間の神経系統のある組織に作用する実態が、まだまだ不分明な点を多く残しているので、わからないことの方が多いからであろうか。

そこで私にわかっている香料上の知見と、香料の東西伝播の歴史から見て、大胆にこれと思うものをあげてみよう。

それはオイゲノール（eugenol）分である。丁香（clove）油の中に八四から九二パーセント近く含まれていて、丁香の匂いはオイゲノールであるといってよろしい。相当（以上）の年輩のかたがたに、かつて女性が日本髪に愛用したビンツケの匂いですといえば、ああそうかと思い出されるほど昔なつかしい匂いである。

丁香の主成分であるオイゲノールを化学的に操作（合成）すると、甘ったるい匂いのあふれるワニリンとなる。飲料にケーキに料理に、ワニリン系の匂いは広く愛用されている。するとかつての花柳の巷の紅燈のかげにゆらめいた匂いは、現在では紅唇の彼女はもちろんのこと、幼童まで愛好してやまないワニリンの匂いとなっている。

このようなオイゲノールは、香料中で殺菌力と防腐性が極めて高く、われわれの脳神経のある部分を強く刺戟して性的な衝動を起させる効能がある。そしてこれを主成分とする丁香は、焼けつくような焦臭と特徴のある味とを兼ね備えている。甘いと辛いと、どちらにも調理に最もよく適している。

次に丁香とよく似たものに、インド北部からビルマ、中国の雲南にかけての肉桂（シンナモンとカッシア）の葉と花と実がある。本来の肉桂はインドの西部と南部の樹皮であって、爽涼感あふれる甘い辛い味と薬臭と刺戟であるが、葉と花と実はオイゲノール臭すなわち丁香ようの匂いがすこぶる強い。古代のインド人に最も古く薬用と飲食用にあてられていたのは、インド北部の方である。そして古代インドの薬方書である『アユル・ベーダ（生命の科学）』『チャーラカ』『スシュルータ』などには、ある種の肉桂の葉と花と果実が媚薬的な効能の高い薬物であるとされている。それから彼ら古代のインド人は、この花と果実をラワンガといっているが、この名がブンガ・ラワン（ラワンの花）となって古いマレイ語の丁香を指す言葉となっている。

インドネシアの奥地のモルッカ諸島にだけ産した丁香は、古代から肉桂の葉と花と果実のオイゲノール臭になじんでいたインド民族によって、大体紀元前後に東西両洋に伝播したのである。こうして、オイゲノールと言えばモルッカの丁香であるとされたのであるが、その源流はインド人と肉桂との古いつながりから出発している。だから古くヘブライ人の『バイブル』に「没薬(myrrh)アロエ(aloe)肉桂をまき散らしたベッドで、夜の明けるまで情をつくし愛をささやこう。」などとある。

またビルマ北部から雲南にかけての秘境に産した一種の肉桂の葉が、マラベートラムといわれて、一世紀代にインド南部からエジプトをへて盛んにローマに送られている。ローマ人はこれがある種の肉桂の葉であることは全く知っていなかったが、化粧料として、ワインの匂いづけとして、また薬用にすこぶる愛用したのであった。オイゲノール臭の強いことを思えば、なるほどとうなずける。

ところが丁香は肉桂の葉と花と果実以上に、われわれに直接訴えるところの匂いと、焼けつくような焦臭と辛さと味を持っている。鳥肉、獣肉、塩乾魚などと油脂類を主体とする食卓の調理に、なくてはならないものである。肉の腐敗を防ぎ、塩乾魚と油脂などの臭気を消す。そしてそれらの食品と一体となって、新しい生命のある味を作り出し、食卓を快々にする。また消化剤として肉荳蔻《にくづく》(ナツメッグとメース)とともに最高の効き目がある。そして精力絶倫なものにしてくれるという。

中世の末から近世の初めにかけてヨーロッパで、肉荳蔻とともに丁香はスパイス・オールマイティの時代を出現させたことは、皆さん既に御承知の通りである。インドから東南アジアへかけて、古くから丁香で味と匂いと刺戟を強くした特殊の酒類を愛用している。わが国でも正倉院の薬物中に丁香があるが、薬用あるいは防腐・防黴《ぼうばい》剤として、それから丁香を漆に半肉で塗りこめた器用調度品があって、唐代の中国で流行した一面をよく反映している。一例であるが、中国の高貴な女性は、丁香その他の香料薬品を日々適量服用していたという。かの女の生理上の排泄物は馥郁として絶妙であったというが、ほんとうは精力絶倫となることを目的とし、併せて身体それ自体から妙香を発したのだろう。

わが国では、昔は男も女も髪を結っていた。江戸時代の中期以後、ビンツケ油の使用が大都市の花街を中心に流行すると、ビンツケの匂いの主体は丁香であった。伽羅《きゃら》の油というものがそれである。製法は、

大白唐蠟十両。胡麻油、冬は一合五勺、夏は一合。丁香一両、白檀一両、山梔子二匁、甘松一両、以上四色の薬を油に入れ、火をゆるくして煉る。二日めに蠟を削りて入れ、火を強くして、黒色になるほど煉りつめる。焦げ臭くなるとも、湯煎のとき、その匂いはのくなり。よく色つきたるとき上げてさまし、竜脳二匁、麝香三匁いれてよく混ぜ合わす。

とある。男の心をかき立て、女を吸いよせる匂いは、なまめかしい限りであろう。井原西鶴は『好色一代男』の最後に、媚薬として女喜丹などとともに丁香油をあげているのはもっとものことである。

媚薬としての香料は、丁香と肉桂以外に、麝香（ムスク）、竜涎香（アンバル）、霊猫香（シベット）など

の動物性の香料が代表として高名である。ここでは論及しないから私の『香談・東と西』（法政大学出版局刊）を見てもらいたい。

媚薬の行方

丁香の主成分であるオイゲノールが媚薬として認められた昔は、明治前後をもって終ったのだろうか。現在の科学時代に入って、経験と伝統によっていた多くのものが次々に否定されてきた。生理上の故障と生命の充実についても、根本的に改めて新しく考えるようになり、日常生活の変化と人間性の目ざめは、昔日のように漠然として神秘的な秘薬としての媚薬の存在を認めないようになってきた。ここに媚薬といっても、昔のものとは全く姿を変えたものでなければならないだろう。しかし「媚薬」という二字は、現在の言葉としてチャンと辞書にのっている。

現代の媚薬とは何であろうか。正直にいって、門外漢の私にはよくわかっていない。時が移り、生活が全く変革して、現代の媚薬の意義も昔とは異なったものであるのだろうか。その道のエキスパートの教示にまつことにしよう。私は昔のことを語ったにすぎないから、たよりがないと言われてもよろしい。

三　唐《から》・天竺と日本につながる人生の秘事

丹波康頼の『医心方』

私は四十数年来、東西両洋の香料史研究に専念しているので、東西の医薬、本草（漢方医術の薬用、動植物、虫魚、玉石）博物などの古書を精査しなければならない。その一つに、十世紀の終り永観二年（九八四）に撰述された丹波康頼の『医心方』三〇巻がある。本書はその頃わが国に輸入されていた先進国、隋（五八九―六一七年）・唐（六一八―九〇七年）代の医学、薬学、本草、博物その他の関係書を博捜精査して編纂した「医学大全」すなわち「医学全集」である。代表的な中国の医学専門書の記述があげられているのはもちろんであるが、それらの中に私たちは古代に最も早く発達したインド医学が、どのように中国で取り入れられているかということを知ることができる。ところが本書に引用されている中国の原本の多くは亡失してしまい、今日では本書だけにその内容が伝えられているものがある。だから本書は、中国の隋・唐代の医学の全貌をよく伝えている唯一の存在である。

十世紀の末以後、本書は一部の限られた特殊な人たちに僅かに存在を知られていただけで、その価値はほぼ推察されていても、全体の内容は永年代にわたり知られていなかった。やっと十九世紀の半ばに、小島尚真、渋江全善、森立之、多紀元堅、多紀元昕、多紀元琰、高島久貫その他一群の書誌学者によって世に出たのであった。彼らは京都の仁和寺と古い医家に秘蔵されていた本書の平安朝末の古写本を底本とし、安政元年（一八五四）から安政六年にかけて復原と校訂を行い、万延元年（一八六〇）に徳川幕府の官板として板行した。こうして丹波氏の撰述から八七六年目に、その全貌が明らかにされたのである。（以下、私はこの書を官板という。）

では『医心方』が、その後どのように広まったのかを簡単に記そう。

◎ 官板の原板木は旧東京帝国大学図書館に蔵されていたが、大正十二年（一九二三）九月の東京大震災で焼失した。ただその以前（ということだけで大正のいつか不明）東京・浅倉屋文淵閣がこの原板木によって少部数を作成したことはあるが、現在この本は極めて稀である。

◎ 昭和十年（一九三五）に正宗敦夫氏は「日本古典全集」の一部として官板から復刊したが、巻二九の部分には欠落の部分がある。最近この全集は再版され『医心方』も旧のまま出ている。

◎ 昭和三十年（一九五五）に中国で人民衛生出版社から官板を影印しているが、縮刷されていて（官板の四頁分が一頁に収められ）原本の注字などは読み難い。

調べればその他にもあるが、どれも官板を底本としている。中国で復刻されたことは、なんといってもこの本が貴重な医学書であることをよく証している。それから最近、東京（講談社）でこの官板が旧のまま復刊されている。とにかく以上は『医心方』という稀代の珍本そのもののことである。

「房中経」の全貌

古く中国では、医学の研究（医方）が医経と房中経の二つに大きくわけられている。後の方は延命長寿で生活力（vitality）が充実していること、「養性」すなわち性を養う、性を成長させ保善させ遂げさせることが根本であるとされている。だから医学全般の中でこの部分が重要視されているが、これは中国に始まるものではなく、源流はインドの古代医学である。中国では六朝《りくちょう》の末から隋・唐初の六〜七世紀にかけて、

『竜樹菩薩養性方、素女方、素女秘道経、房内秘術、房内秘要、玉房秘訣』

その他、書名から見て一群の房中経のあったことが判明している。特に最初のものは竜樹菩薩という名から、どうも古代インドの『カーマスートラ（愛経）』によっていると想像される。しかし惜しいことに、これらの秘書は早く中国でなくなってしまい、書名だけが隋・唐の書籍目録にのっているだけである。

ところが中国では原本が既になくなっている内容が『医心方』の数巻では「養生」と「房術」にあてられていて、全体像が残されている。特に巻二八は「性学の精（エッセンス）」であって、丹波大先生は中国の一群の代表的な房中経を取りあげ、その内容を彼の分類方法によって原文のまま記している。であるからこの巻二八から、中国隋・唐代の房中経の内容が如実に、そしてもとのまま残されて

いるが、原本の各文をパラパラに分けていて、原本そのままではない。それで中国・長沙の葉《しょう》徳輝という有名な書誌学者で蔵書家で土豪であった人が、この巻二八を精査、熟読、校勘して、隋・唐代の秘本を見事に復原した。清の光緒二十九年（明治三十六年、一九〇三）に私家版として出した彼の『雙梅景闇叢書』の第一冊にまとめられている。（この本は最近、東京で珍本の一つとして復刻されている。）書名は次のとおり。

『素女経一巻、素女方一巻、玉房秘訣一巻、洞玄子一巻、天地陰陽大楽賦一巻』

彼は『素女経』を房術の鼻祖とし、『素女方』『玉房秘訣』とともに『医心方』から復原したのであるが、別に唐の『外台秘要』などに摘録されているところを参考にしている。しかしほとんど『医心方』からであるのはいうまでもない。

私はここに『医心方』巻二八の全体像をあげよう。（順序は原典のまま。）

一、至理（原理。交合の方法と節度。陰陽（男女）の力。延命長寿の方法。天地交合のモラル。房術の秘訣。）
二、養陽（女に知らせてはならない男の養生の方法。）
三、養陰（女の心得ておかねばならない養生の方法と男女の和合。）
四、和志（陰陽のノーマルな常理、愛情の交換、交接の方法と交合の順序。陰陽の和合と陰を御する道。）
五、臨御（初夜の順序。九浅一深の法と九九の道。）
六、五常（男として。）
七、五徴（女の快感を知る徴候。）

八、五欲（女の反応によってその求めるところを知る。）
九、十動（女の動作による欲望の発露。）
一〇、四至（男の精の充実。）
一一、九気（女の精の充実。）
一二、九法（秘戯の方法。竜翻、虎歩、猿搏、蟬附、亀騰、鳳翔、兎吮毫《へんえんごう》、魚接鱗、鶴交頸。）
一三、卅法（交接の態勢、全部で三十通り。省略。）
一四、九状（玉茎の行動する状況。）
一五、六勢（玉茎の往来、摩擦、攻撃。）
一六、八益（固精、安気、利蔵、強骨、調脈、蓄血、益液、導体。）
一七、七損（絶気、溢精、集脈、気泄、気気開開厥厥、百門、血竭。）
一八、還精（精をうつさぬこととその効果。精を貯え脳を補う。精を中止し慎む。色欲の抑制。）
一九、施写（交合の度数、年齢、時季。）
二〇、治傷（心身の損傷。男の盛衰。目の衰え、脇痛。交合のとき満腹、酒酔、催尿と便を慎む。交合の過度。明目、百病と腰痛を治す。性命の保持。玉茎の弱入と強出。）
二一、求子（人倫の根本。良い子を求める法。法則の厳守。産経。胎教。）
二二、好女（美人の要点と相。）
二三、悪女（悪女の相と陰部、脇下の毛。）
二四、禁忌（天災地変。大寒、大熱、大風、大雨など。禁忌の日と月令。酔飽、月経、方角、日時。病後。）
二五、断鬼交（鬼畜と交わる。）
二六、用薬（長生、精気、強壮、健康、老人の用薬と調剤の秘方。房内、房室の治衰、強壮と男女の陰部を強くし、あるいは弱くする薬剤。)
二七、玉茎の小(長大の法。)
二八、玉門の大(縮小の法。)
二九、小女痛(処女の手当。)
三〇、長婦傷(妻女の手当。)

三〇項目の標題は『医心方』のままであるが、括孤内の簡単な文句をよく味わってもらえば、ほぼ推察がつくだろう。全体を通観してほしい。いたずらに人生の秘戯だけを説いているのではない。古代インドの性愛の医学を源流にして、中国古来の天地・陰陽の理法をもとに経験と体験を重ね、微に入り細をうがった性学の精(エッセンス)であり理(モラル)である。葉徳輝氏が「推究隠微」で「延年益寿」そして「房中者性情之極、至道之際」であるというのはここにあろう。

その片鱗

では一体どんな記述だろうか。中国六〜七世紀代の名文で一字一句に微渺な含蓄があって下手な翻案では問題にならない。忠実に私にできるだけの努力をすることである。

まず前の四の和志、陰陽のノーマルな常理を見よう。

それ天は左転し、地は右廻する。春と夏が過ぎれば、秋と冬が来る。男性が唱えて、女性が和し、上が為して下が従う。これが物事の常理である。

もし男性が誘っても、女性がそれに応ぜず、女性が働きかけても、男性がそれに従わなければ、ただに男性に損失がある許りでなく、女性にもまた害を生じる。これは陰と陽が妥当に行われないで、上下がもとっているためである。このような状態で男女が交合しても、お互いになんの利益ももたらさない。であるから必らず男性は左転し、女性は右廻し、男性は下に向い、女性は上に向って接しなければならない。こうして始めて天は平らかに地は成るというものである。

およそ深浅、遅速、撥捩、東西というふうに、その道理は固定したものではなくて、千緒《しょ》、万端、種々様々である。あるいはゆるやかに衝《つ》くさま、さながら鮒が釣針をもてあそぶようにする場合もあれば、いそいで肉迫するのは、さながら群鳥が風にさからって飛ぶようでもある。進展、牽《けん》引、上下随迎、左右往還、出入疎密など、相持して努めをしなければならない。すべて臨機応変に行動することが肝要であって、「琴柱に膠す」という古い譬のように、一つの型に捕われてはならない。

次は五の臨御すなわち初夜のことである。

凡そ初めて交接する時は、まず坐ってから、その後で臥せる。女は左、男は右である。二人の場所が定まると、女を正しく上むきにねかせ、足を伸ばし臂《ひじ》を開かせる。男はその上にうつむいて、股の中にひざまずき、玉茎を玉門の入口に立てかける。森々と聳びえ立つ偃松《はいまつ》が深い深い洞谷に接しているようである。そこで局所を食物に混じた砂をかむようにザラザラと押えつけ、口を鳴らして舌を吸い、あるいは上は玉面を眺め、下は金溝をのぞき、腹と乳のあたりを軽く叩いて、美玉の側を撫でたりさすったりする。こうして男の情意は惑い、女の方も気分が迷ってくる。そこで勢い立った玉茎で縦横に攻撃する。すなわち下は玉理を衝き、上は金溝を築くなどし、辟雍の傍をはげしく刺したりしてから、美玉の右側でしばらく休息する。

以上は外遊の技であって、内遊はこれからである。

こうして女が淫津を丹穴の中に湛えるようになれば、勢い立った玉茎を子宮に投入して、快速に精液を洩らす。すると男の精液と女の津液は、ともに流れて、上は神田に注ぎ、下は幽谷に溢れる。さらに往来しては叩いて撃し、進むも退くも十分に摩擦すれば、女はたまらなくなり、必らず死を求め、生を求め、性を乞い、命を乞うにいたる。そこで絹の布を用いてよく津液を拭き取ってから、玉茎を深く丹穴に投じ陽台まで達すれば、嵒嵒然とした巨石が深谷を擁しているようである。それで九浅一深の法を行うのであるが、ここにいたれば縦横左右、自由自在に振舞い、緩または急に、あるいは深く、あるいは浅くというふうで、二十一息の候気の出入をまてば、女は法悦、満足、至極の境地に達する。さらに男は急に激しく高台をザラザラと押えつけ、女の動揺に応じて、緩急よろしきにはからう。すなわち陽鋒をもって穀実を攻め、子宮の左右にまで没入するが、自分で研磨することをしないで、細々と抜き出すことである。女の津液が流れ出し溢れるところで、男はしりぞかねばならない。死ぬまで、最後の最後まで、やってはならない。生きる余裕を残しておくことである。そうでないと、男は大損をこうむるから、特にこのことを十分に心得てつつしむべきである。

微に入り細をうがっている。いたらぬのは、私の訳文である。次は一二の九法すなわち秘戯の方法論である。わが国では俗に四十八手の裏表(元来は相撲の四十八手に、各々表と裏のあることから、ありったけのかけひきや秘術を意味する）などといって、できそうにもない、またありそうにもない技法を教えているものもあるが、誇張のはなはだしいものである。それはさておいて九法の翻案は、四十数年来の私の漢学の勉強でも完全に近いとまではとてもゆかない。そこでここでは勘弁してもらうことにしよう。難解至極の名文であることはたしかであるから。

中国では明・清代、わが国では江戸の中期から後期にかけて房術の秘書と伝書は多い。しかし淫本あるいは猥本と呼ばれているように淫娟、変態、奇嬌でありすぎる。この点、『医心方』に記されている中国古代の房術は、人生の秘事として大切な医学として説かれている。早く明治三十七年(一九〇四)九月の「明星」に与謝野晶子さんは「君死にたまうことなかれ」と題する長詩をのせて、人間の情感に忠実に生きることを大胆率直に歌った。これとそれとは別として、私はともすれば語るにはばかるという人生の秘事を古典医学に求め、現在に生きる人びとが正しい性と愛のモラルを知るべきだと考え、あえてこの一文を草したのである。

四　南海異聞二題

人間の胆を食べる

一二九六年から翌年にかけて、すなわち中国・元の成宗の時、ベトナム南部の真臘国（現在のタイとカンボジアの領域）を親しく訪れた中国人・周達観の調査報告である『真臘風土記』がある。有名なアンコール・ワットの遺蹟を後世に残したアンコール王朝の文化と文物と諸風俗を今日に伝える代表的な史料である。その中に人間の胆を取って食べる話がある。

王様は毎年、人間の胆を探し求めている。一つの甕《かめ》に千余枚も（それはそれは沢山、無数に）入っている。夜になると、人民に城中と村落から去るように命令しているが、たまたま夜歩いている者があれば、縄で頭をしばり、小刀を右の脇腹の下に突きさして胆を取る。相当の数に達すると、王様に贈呈する。但し唐人の肝だけは取らない。ある年、一人の唐人の胆を取って本国人の胆の中に混じたら、かめの中の胆が皆腐って臭くなり役に立たなかったからである。近年この胆を取ることは、専門の役人の仕事になって、彼らは北門の中におる。

あの壮麗雄大で芸術の粋をつくしているというアンコール・ワットを建設し、アンコール王朝の文化を後世に残した王様たちが、こともあろうに人間の生胆《いきぎも》を取らせて食べていたとは、不思議なことである。なにかの誤伝ではなかろうかと、一応は疑いたくなる。

ところが十四世紀の三〜四〇年代に、二回にわたり親しく南方海上諸国を旅行した中国人の汪大淵は、彼の『島夷志略』の占城（チャンパ、現在の南ベトナム）の項に記している。

毎年正月の元日、人びとに生きた人間の胆を取ることを許可し、役所で売っている。値段は銀と等しい。胆を酒に浸し、一家揃って飲むが、全身元気一杯になる（全身是胆）という。一般の人は敬遠しているが、流行病にかからないとのことである。

そして十五世紀の初めに、同じくこの国を訪れた馬歓というイスラム教徒である中国人は、

チャンパの王は正月に生きた人間の胆の汁を水に混じて沐浴するから、各地の頭目は生胆を取って献上している。これは貢《みつぎ》を献じる時のしきたりである。

と、いささか別な報告を残している。また馬歓と同じくこの国を訪れた費信は、

正月には人びとに生きた人間の胆を取ることを許可し、役所で売っている。この国の酋長や頭目たちは胆が

手に入ると酒の中に入れ、一家揃って胆酒を飲み、あるいは胆を浸した水に浴する。これを「通身是胆」という。

と書いている。この文は前の十四世紀前半の汪大淵の文を潤色し、それにいくらか彼自身の見聞を加え、馬歓とは異なった点もある。それから馬歓、費信の両人と同じくこの国を訪れた鞏珍《きょうちん》も、馬歓と同じ報告を残している。そうすると人間の生胆を取って食べる、あるいは酒に浸し胆酒として飲む、それから、胆を浸した水で沐浴するということは、タイ、カンボジア、南ベトナムの各地で、いくらかのニュアンスの相違はあっても、十三世紀頃から十五世紀にかけて行われていた奇習の一つであったらしい。それでこの地方を訪れた中国人が特記したのだろう。しかし中国人である唐人の胆は駄目であるという。先進国の人ということで敬遠したのだろうか。現地の人の生胆でなければならないという。取られる現地人にとっては、たまったものではない。人間の生命を問題にしない文化と生活である。

次は南方ではない。中国東北部のことで、私が聞いた話である。たしか昭和十五、六年頃であったと思う。満州電信電話会社の社員で、北満州の建設現場に長く活躍していた相当えらい人から、直接聞いたのである。満州の広漠とした原野では馬賊が出没する。当時の日本人は、レジスタンスを貫く現地人の集団をそう称していた。電信電話の建設現場を妨害するのは、多くこの人たちであったろう。彼らはつかまると、理屈なしで打首にされる。しかし彼らは観念しているから、おじけも、わるびれもしない。野天の刑場で、腰に縄をしばりつけられながら、自分の首を落される胴体をほうりこむ穴を掘らされる。首を切られると、胴体はこの穴に足で蹴ってすてられる。するとどこからともなく中国人がすばしこく飛んで来て、首の無い胴体を引きあげ、脇腹の下部を小刀で突きさし、ぬくぬくの生胆を取って小さいツボの中に納める。その神技は実に見事なものという。そして数人の生胆を入れたツボを、その場で火にかけ、胆のムシヤキを作り、ホクホクとして引きあげる。彼ら曰く、「生きた人間の胆でなければならない。そしてすぐ黒焼にしなければならない。でないと高貴薬としての効目がうすい。」こうして作った胆の黒焼は絶大な妙薬で、値段はすごく高い。ウソではない。ほんとうのことである。私に話をしてくれたひとが、現場で何度も体験した事実だという。

こんなことを思い出して十六世紀末の中国の薬物と博物学の大集成である、明の李時珍『本草綱目』巻五二の人部を開いて見たら、人胆の項がある。李時珍大先生の考証は次の如くである。

北方の蛮人（北狄）は戦場で人間の胆を多く取っている。戦場の切傷に極めて効目がある。これは戦場応急の方法であるが、あるいは胆を乾して用いることもある。理（筋道）にかなわないでもない。しかし残忍な武人が人を殺して胆を取り、酒に入れて呑むと勇気百倍するというのは、軍中の術であっても、君子たる者のなすところではない。

李時珍先生は、人間の胆の薬物としての処方を若干記している。この記事から、中国では戦乱のさい生胆を取ることが相当行われていた、そして秘薬として高く評価されていたのがうかがえよう。時珍先生は「君子たる者のなすところではない。」というが、それは道学者的な中国一流の表現で――日本もその亜流で同じで――あって、実際にはその反対であったように考えられる。時珍先生の記事と、私が聞いた満州で実際にあった話とは一脈相通じるところがあろう。

男根に鈴をはめこむ

明の成祖と宣宗帝は、中国の国威と軍事力を南方海上諸国にデモンストレートするため、一四〇五年から一四三三年にかけて前後七回にわたり、大遠征艦隊を海外に派遣した。行先は東南アジア諸国からインド、セイロンそして遠くペルシア、アラビア、東アフリカであった。第一回は将士三万七八〇〇余人、艦船六二隻、第二回は四八隻、二万七〇〇〇余人であったという。この時の記録は、遠征艦隊に随行した二人の通訳官と一人の役人によって後世に残され、十六世紀のヨーロッパ人が南アジアの海上に出現する前夜の南海諸国の実状を語る第一等の史料である。

通訳官の一人である馬歓は、タイ国で次のような怪談を記述している。

男子が二十余才になると、男根の周囲の皮部を韮《にら》の葉のように細長くて先の曲った小刀で切開し、錫の珠十数粒（顆）を内皮にはめこみ、薬を用いて切口が膿まないようにする。瘡口《きずぐち》がなおるのを待って、本人は人目を避けて走ってみる。その実状は葡萄が累々としてさがっているようである。ある一種の人がいて店舗を開き、専ら男根に鈴をはめこむことを専門としている。国王あるいは大頭目それから金持ちの人は、金の鈴を作らせて中に砂子《すなご》一粒を入れている。このような鈴をはめこんで行走すると、玎玎《ちりんちりん》という音が出る。実に美音である。はめこみをしていない男子は、下等に属する者とされている。これは最も怪しむべきことであろう。

そして馬歓と同じく大遠征艦隊に従軍した鞏珍という役人は、この風習について、

男子は二十歳になると、金持ちか貧乏かの身分に応じ、陽物（男根）に金か銀で作った鈴をはめこんで飾っている。

と簡単に報告している。この風習は特に外国人の注目を引いたようで、十六世紀初めのヨーロッパ人は多くこのことを記している。まず十六世紀の初めに、マラッカから本国のポルトガルへ、インドとマラッカを中心に詳細正確な東方アジア諸国の秘密報告を書き送ったトメ・ピレスである。彼はビルマのペグーで、

ペグーの貴族やその他の人びとは、すべてその富に応じて陰部に小さい鈴をつけている。領主（セニョール）たちは九つの黄金の鈴をつけているが、それはトレブル、コントラルト、テノールのような美しい音階を持ち、わが国の白スモモ位の大きさである。貧しいため黄金や銀の鈴をつけることのできない人びとは、鉛やフルセレイラの鈴をつける。黄金や銀のそれをつけている人びとは、鉛やフルセレイラのそれをつけている人びとよりも数が多い。

そしてシァン（タイ）では、

このシャン人はペグー人のように鈴をつけており、数もペグー人と同じ位である。領主たちは、この鈴のほかに尖ったダイヤモンドやその他の宝石を陰部につけている。宝石はその身分や財産に応じてつける。

と記している。次はピレスと同じ頃のポルトガル人デュアルテ・バルボーザの報告である。同じくペグーのこと。

この風習は極めて贅沢なことである。彼らペグー人は男根にある種の丸い中空の鈴を皮部と肉部の中間にはめこんでいるから、その部分は特に大きくなっている。この鈴を五つくらい身分に応じて金、銀あるいはその他の金属で作ったものをはめこんでいる。彼らが歩き出すと、美しい音が出てきて、身分の相違をよく示し、人びとから賞嘆されるが、鈴の多いほど名誉だという。女性はこれを喜び、はめこんでいない人は相手にしない。こんな猥褻な話はこれくらいにしておきたい。

この奇習は早く十五世紀の前半にインドから東方まで旅行したイタリア人ニコロ・デ・コンチが、ビルマのアバ地方の話の中で伝えているのがヨーロッパ人として初めてだという。ここでは省略するが、この奇習は実際にあったのか、それとも大袈裟に伝えられているのか。もし実際に近いものであったとすれば、単なる装飾あるいは贅沢だけのものであったのだろうか。もっと深い意味があったのだろうか。などなどということで、相当以上に種々の議論が学者の間でかわされている。十六世紀のポルトガルの詩人ガルシア・ダ・レセンデの詩の中に、それからポルトガルを代表する流寓詩人カモエンスの有名な「ルシアダス」の中にさえ歌われている。

十六世紀末のオランダ人リンスホーテンの『東方案内記』では、

ペグー人の多くは男根の先に鈴を一つ、ある者は二つぶらさげている。鈴の大きさは胡桃ぐらいで、皮と肉の間に括りつけてある。この種の鈴の一つをパルダヌスのところで見ることができる。私がインディエから持ってきて、彼に進呈したものだ。実に綺麗な音色を出す。ペグー人は大変な男色者なので、その予防策として鈴をつけることを命じられているのである。

珍物の鈴はヨーロッパまで将来され、当時の数奇者の珍重するところであった。

この風習はビルマ、タイ、カンボジア、南ベトナムだけではなく、フィリッピン群島にもあった。有名なマゼランの世界一周(一五一九―一五二二年)の航海に参加し、最後まで生き残って世界一周をなしとげたイタリア人アントニオ・ピガフェッタの記録がある。彼はフィリッピン群島のマタン島でいっている。

このあたりの種族は椰子の繊維で作った布切れをまとって恥部をかくすほかは、裸のままである。大人も子供も、金または錫の細い軸を陰茎の頭部のあたりで上下に突き通している。この軸の太さはちょうどガチョウの羽根ぐらいで、その上下両端に星形の付属品をつけたものと、両端が車釘の頭のような形をしたものとがある。私はこのようなことをどうしても信じかねたので、老人や若者たち大ぜいの人に、何度もそれを見せてくれるようにたのんだ。この細工物の中央には孔をあけておいて、尿がそこから出てくる仕掛だ。軸も星形もぴったりくっついて動かない。彼らのいうところによると、女たちがこうすることを望んでいるからであって、もしこういうふうにしないと彼女たちが彼らと交わることをきらうとのことであった。さて女と交わるときは、彼女ら自身が色々な手つきでこれをつまむ。まず最初は軸の上の方の星形を、その次に下の方の星形をというふうに、静かにすこしずつ押しこむ。中に挿入されて始めて正常となり、それは柔軟になるまではずっと中にはいったままであって、さもなければ抜き出すことはできない。これらの種族がこのような方法を用いるのは、彼らは精力が虚弱だからである。

引用が重なるが、一六〇九年に初版を出したアントニオ・デ・モルガの『フィリッピン群島誌』は、この奇習を記している。

ピンタドス諸島の原住民、特に女たちは非常に身持ちが悪く淫蕩である。そして彼らの悪知恵は、男女の交わりに関するみだらな方法を発見した。彼らが習慣化した一つの方法は、男が非常に小さい時から男根の亀頭のそばに道具で穴をあけ、金属あるいは象牙で作った蛇の小さな頭ようのものを亀頭にかぶせ、それが抜け落ちないように同じ材料の釘を穴に通してとめ、この器具をつけたまま女と交わるという方法で、これは長い交接の後でも抜き出すことができない。それで彼らは非常な悦楽にふけるので、多量の出血を見るばかりでなく、その他諸々の害があるにもかかわらず、それらを我慢するのである。この器具はラグザと呼ばれている。

ビザヤ族の奇習の一つとしてあげているが、このような奇習はオーストラリアの原住民の間にも発見当初見られたという。東南アジアから南太平洋の諸島にかけ、原住民の間に相当広く行われていた習俗の一つのようである。

ところが不思議なことに、中国人とヨーロッパ人のこの奇習報告は、十五世紀から十七世紀の間に限定されているようで、その以前はもちろん、その後もとんと音沙汰なしのようである。私の勉強はもちろん十分ではない。しかし中国と欧米の研究報告を見ても――ただし私が読み得た限りで――ほとんどそうである。それでこのような奇習の実在を疑う人さえある程である。

今から十年程前、私はインド旅行の往復の途中でタイのバンコックに二度滞在し、小乗仏教の寺院を見て廻った時のこと、ある有名な寺院の庭内の一隅にリンガ（男根像）が祭ってあるのを発見した。リンガの崇拝は、インドでシバ神のシンボルとして古代から礼拝されているから、タイの寺院にあっても不思議ではない。しかし私が見たリンガは巨大な三メートル位の高さで、黒光りのする立派な堅い石で、台座の上に直立し、よく見あげると上部（全体の長さの三分の一位）に累々と金色燦然とした鈴の玉が数個ぶらさがっている。リンガの胴体の中にはめこんではいない。リンガの上部の周囲を美しいツナで括り、それに鈴をつるしている。これを見て私は思い出した。十五―六世紀の男根に鈴をはめこむ奇習をシムボライズしたものではなかろうかと。この想像は、私一人の推理である。誰にも教えられたのではない。寺院のリンガの脇にはもちろんなんの説明もない。宗教的なものだからである。

最後に申したい。この奇習はたしかにあった。その事実を十五—六世紀の諸報告と、私の目で見たバンコックの寺院内のリンガの飾りで、私は断言したい。しかしである。これは宗教的な力の方が大きかったのか。あるいはバルボーサが伝えるように贅沢からであったのか。それともピガフェッタとモルガがいうような、性交の刺激を増大させることから出発したものか。どうも最後のフィリッピン原住民たちの本能的な快楽行動から、インドシナ半島部の習俗へと移り、奢侈と快楽と宗教的な雰囲気とが互いに混在するようになったのではなかろうか。その道の博雅の人の叱正に待とう。

五　竜（アンバル）・麝（ムスク）の発香

竜・麝と沈・檀

竜は中国人の竜涎香《りゅうぜんこう》、麝は麝香《じゃこう》の略である。アラビア人のアンバル、ヨーロッパ人のアンバーグリス。アラビア人のミスク、ヨーロッパ人のムスクである。「竜・麝」といえば「沈・檀」（沈香と白檀の略）と相対して、古くから幽艶な匂いを寓意するものとされている。中国人の発想になるもので、日本人もそれに従っているが、この二つの言葉にはその意味するところ、すなわち表現される匂いの上で格段の違いがある。ニュアンスの相違どころではない。

「沈・檀」とは沈香木の樹脂分と白檀木の精油分の匂いで、この二つの香木を焚いて鼻で感じる清楚幽玄な馨香である。人はよくオリエンタル・タイプの匂いというが、むしろ高踏的で、ややもすれば浮世ばなれをしたような、昔の天竺から唐・日本とつながる匂いである。これに対し今一つのオリエンタル・タイプの匂いが、天竺からペルシア、アラビアへとつながる「竜・麝」である。竜は抹香鯨の腸内に結成される原因不明の分泌物、麝は麝香鹿の牡の生殖腺分泌物で、ともに濃艶な脂粉の香《か》にあふれ、人の身も心も悩殺してやまないほど強烈で甘美あふれる、あまりにも人間的なものである。そして「竜・麝」の匂いが、最もよく生かされたのは中世以後のイスラム世界であった。では、その実態にふれよう。

甘美あふれるアンバル

アンバルとムスクは香料というよりむしろ最高貴重な秘薬であった。およそ昔の香料はすべて薬物であったといってよいから、その歴史を知るためには古来の薬物書によらなければならない。アラビアの薬物書で今日に残る最初の大集成は、イブル・アル・バイタール（一一九七？—一二四八年）の一書であろう。十三世紀前半になった本書は、L・ルクレールの唯一の仏訳本によって今日知られている（全三冊、パリ、一八七七—八三年刊）。アンバルの説明を見よう。

イブン・ハッサン　アンバルは海産動物の排泄物（糞）である。深海に生ずるある物質が、海産動物の餌食となって排泄され、波浪にもてあそばれ干潟《ひがた》に打ち上げられる。その形状は木の瘤《こぶ》や節《ふし》の塊りのようで、油質に富み、比重が小さくて水上に浮かんでいる。黒色で空洞のある乾燥したものは値打がない。アンバルは香気が高く、心臓と脳を強壮にし、中風、顔面神経痛および粘液の過多から生じる諸病に対し効能がある。これは香料の王者である。火にあてて真偽を試験する。

アビィセナ　ある人は海から沸き上がるものという。また海水の泡であるとか、ある動物の糞であるというにいたっては、荒唐無稽もはなはだしい。最上級品は黒色と白色を帯びて、サラーハト産はこれに属し、次品は青色あるいは黄色である。マンドという品種は黒色で値段は安く、これを食べて死んだ魚の腸内によく発見される。アンバルは温かくて乾燥している。二度では温かく、一度では乾燥である。その温暖性は老年層に適している。マンドの中には手を汚すほどのものがあるが、染色のとき色素を定着させ、脳と心臓によくきき、その感覚器官の特効薬である。強心剤としても同じである。

アンバルは安定性と粘着性がある。強壮剤としてすぐれているが、その強力な芳香は人に快感を与える。そして身体の重要な器官の中枢部を強壮にし、その機能を増進させる。またアンバルはムスクより穏和で、芳香性、微妙性、安定性、粘着性という特性を持っていることは人のよく知るところである。

イブン・ルドワーン　アンバルは悪寒性の胃病、腸内のガスの発生と閉塞に内服あるいは外用によって効果がある。瘰癧《るいれき》からの偏頭痛と頭痛には、燻蒸と塗擦の二療法による。アンバルは諸器官を強壮にするが、燻蒸すれば死体から発する悪臭を中和させることができる。

アト・ターミーミー　アンバルは関節炎と水腫性の疾患にいちじるしくよくきく。また身体の靭帯を強め、分泌過多の体液を減少させる。濃鼻粘液と気鬱症からの脳病に対しては、マヨラナ、カミツレ、ナツシロギク、ベージルなどの生鮮な油にアンバルを溶解したものを鼻孔から注入すれば、脳の襞《ひだ》に生じる障害は除かれ、気鬱と液体過多に対しては脳の抵抗力を増進させる。アンバルを主として諸種の香料（薬品）と配剤調合し、球状にしたものを、中風、顔面神経痛、痙攣症の病人に嗅がすれば特効がある。アンバルは香料の配剤調合に、それから上等の匂い入り油（アンギュエント）に用いる。

「実験の書」　アンバルの匂いは悪寒性の炎症によく利いて脳を強くする。ベン油に溶解させて脊椎骨の上に塗擦すると、あらゆる神経病、脊椎前弛の炎症に特効がある。この溶液に浸した布ぎれを塗るだけで、胃の入口の噴門を強くする。内服すれば、冷えから生じた下痢と胃の衰弱に有効である。要するにアンバルは神経系統のすべての器官を強壮にする。

その他　酒盃の中にアンバルを入れると、飲んだ人はたちまち酔を発する。

以上の記述では、なんだこれ位かという人もあろうから注釈が必要である。アラビア人が初めてアンバルを知ったのは大体八世紀のことで、それ以前は広く東洋と西洋のどこにも全く知られていなかった。このたぐいまれな妙香は、彼らによって初めて世界に広められた香料の王者である。とすれば、どうして彼らは、このような妙香を発見したのだろうか。

彼らは八世紀にアンバルを知る以前に、古代からこれによく似た匂いを知っていたのである。前五世紀のヘロドトスは伝えている。

ギリシア人がレダノン、アラビア人がラダノンと呼ぶガム・マスチックは不思議な方法で採集される。これは最も匂いの悪い場所で発見されるのに、最も馥郁《ふくいく》とした匂いである。即ち汚なくてひどく臭い山羊のアゴヒゲの中に、木から出るガムのように見出すのである。多くの匂いの製造に使用し、アラビア人は特に焚香料(incense)に用いている。

これは小アジア一帯に多いシスタス属のある種の草の葉と茎から分泌する暗褐色の粘着性ガム・レジンである。山羊がこの草むらの中を歩いて草を食べ、葉と茎の分泌物がその毛、特にアゴヒゲなどに付着するから、ヘロドトスの不思議な話が生まれたのである。ラブダナムという快的で明澄な、粘っこくていつまでも消え失せない甘美な匂いである。アンバルはその匂いの根源に、多分にラブダナムの匂いと共通するものがある。ラブダナムの匂いをより強く濃厚にしたものが、アンバルの匂いだといってよろしい。だから古代から彼らアラビア人が親しんでいたラブダナムと同じで、それ以上に強力で濃艶なアンバルの匂いのあることを知ると、彼らはアンバルに絶大な関心をよせるようになる。

イスラムの盛んな時、バグダッドの香料商はアンバルの偽物を作っていた。その原料の一つにラブダナムがある。匂いが同じであるから、天然のアンバルの増量剤にはもってこいであろう。ところが現在のことである。抹香鯨の捕獲も減少して、天然のアンバルは少くなり、合成(人造)品でまかなっている。しかしいくら合成といっても、天然品で類似の匂いを加えなければならない。それで小アジア産の天然のラブダナムを合成のアンバルに加えて、アンバルだとしている。中世のイスラムの知恵が生きている。

それはさておいて、切ない恋をささやく閨房の佳人の体臭はアンバルだとされ、輝やく恋人の頰はローズの花の色に似て、その可憐な黒子《ほくろ》はアンバルの小片だと歌われ、彼女の吐く息はアンバルの匂いだとされている。アンバルを焚いて佳香を感じるのはもちろんであるが、燈油にアンバルを混じ、アンバルで賦香したローソクを燃やして、幽艶な芳香がゆらぐ燈火から漂っている。それから種々の香油にアンバルで匂いつけして、身体に塗りこんでいる。特にハーリアという香油は、アンバルとムスクの匂いを中心としたすこぶる高価なもので、多くの製法や秘伝が伝えられ、何某の何様のハーリアなどまであった。歴代のカリフ様の御用から、婚姻者の魂となるもの、あるいは一般用など、ピンからキリまで千差万別である。また飲食品の匂いつけに使用し、葡萄、桑の実、石榴《ざくろ》その他の果汁に砂糖を入れ、ローズ水、アンバル、サフラン、ムスクなどで匂いと味をつけ、水で冷やしたシャラバード（sharbat シャーベット）が流行している。また媚薬としての用途には驚くべきものがある。まずコーヒーにアンバルを混じて強烈な刺激と興奮を二人に与える。寝室では沈香、ムスク、アンバルを混じた燈油を香油として焚き、アンバル入りのローソクを燈火とし、艶麗甘美な芳香で相愛の二人を恍惚の佳境にさそいこむ。二人がベッドに入る前、奴隷がムスクとアンバルを主とした焚香料で二人の全身をかぐわしいものとし、またムスクとアンバルで匂いをつけ砂糖で甘くしたシャーベットを食べさせ、重ねてローズ水を二人の全身に塗りこめる。二人はベッドで愛のささやきを深め、性交がやっとすむと、二人の全身を再び前の焚香料で清めるなど、いたれりつくせりである。こうして口から入れる媚薬、薫煙、ローズ水などに混じた重厚な化粧料など、アンバルとムスク様々である。外出する時はアンバルの塊を胸にぶらさげ、ついには住宅の壁にまで塗りこめているが、甘い甘いアンバルの匂いはこれ位にして、より強烈な白粉臭いムスクに移ろう。

鼻の奥まで突き射すムスク

まずイブン・アル・バイタールに聞いてみよう。

イブン・ワーフィッド　マスディーは「黄金の牧場と宝石の山」の中で次のように記している。チベットとシナの麝香鹿の棲息する地方は互いに接続している。しかしチベット・ムスクはシナのムスクより優れている。その理由として次の二つがあげられる。

(一) チベットの麝香鹿は匂いの高いナルド（スパイクナルド、甘松香）やその他の芳草を餌としているが、シナの方は雑草が餌であること。

(二) チベット人はムスクを膀胱の中から取り出さないでそのままにしているのに、シナ人は膀胱から抜き出して、血あるいはその他のものを混入している。それから長い間の航海中に風雨にさらされることである。もしシナ人がよく密封した硝子瓶などに入れて、オマーン、ペルシア、イラークなどのイスラム国その他に送っておれば、チベットのものと異なる点はないだろう。

最良のムスクは、完全に成熟した麝香鹿から取ったものである。麝香鹿は外見上、即ち容貌と色状と角などはカモシカと同じであるが、ただ象の歯に似た二本の歯が上顎から真直に一握りの長さ位突き出ている。チベットとシナでは、この鹿を捕獲するため綱を張り、罠を仕掛け網をめぐらし、弓矢で捕獲し、その膀胱を採る。膀胱の中に血があるのは、まだ十分に成熟していないからで、新鮮であっても非常に汚れている。最初しばらくは不快な悪臭であるが、空気にふれて臭気はなくなりムスク本来の匂いとなる。

ムスクを得るのは、果物が樹上で完全に熟する直前に取るのと同じである。最も善いムスクは膀胱（ムスク・ポッド）の中で熟したもので、ポッドから取り出さないで、その中で十分に成熟したものである。ところが血液が成熟すると（ポッドの中に生殖腺分泌物が充満する）、鹿は痒痛を覚え、太陽に照らされた岩石の上に身体をこすりつけてむずかゆい痛みを忘れようとする。その時ポッド（膀胱）は破れて、岩の上にムスクを逸出する。人間の腫物や膿瘡が膿んで破れるのと同じである。膿んだ（成熟した）ポッドの中味が全部逸出すると、新しい血液（腺分泌）が前のように蓄積される。チベット人は岩石の上や山岳の中で鹿が芳草を食べた場所を探し出し、岩石に血がついて乾燥しているムスクを発見する。自然の妙理はこのムスクを鹿の体内で成熟させ、排出されると太陽はこれを乾燥させ、空気はほどよい影響を与えている。チベット人はこうしてできたムスクを採集しているが、これは最上級品であって、彼らは捕獲した生きた鹿の膀胱（ポッド）の中にこれを詰めこんでいる。

ムスクは王侯の使用するもので、チベット人が献上している。商人が輸出することは極めてまれである。チベットではムスクにちなむ名称を持つ都邑がある。

その他　ムスクは小さくて鋭い二本の門歯があって、尖端は下顎の歯の上に乗るようになっている。前肢は短くて後肢は長い。鹿の棲む場所は険阻な地帯で山岳と平原によって遠く隔絶している。この平原に鹿がおりてきたとき狩猟するのである。

アル・コーロマン（九世紀のインドの医者）　二度では高温、三度では乾燥している。

イブン・マーサ　発汗を清浄にし、心臓を強くし、気鬱症や無気力性の者に活力を与える。他の医薬品と併用すれば、よくそれらの特性を発揮させてくれる。身体の各器官を温める。各器官に塗布するとそれを強壮にし、内服すれば内臓の各部門に同じ効能がある。ラワーズとペルシアの医師の多くの報告によれば、ムスクの含有する湿気には催淫剤としての特色があって、丁子油に小量混入して陰茎の先端に塗布摩擦すると交接の反覆を助け、射精の迅速を促進するという。レーゼースは他の医学者と同じように、調味料として用いれば口中に臭気を生じるという。彼は「マンスーリ」で、ムスクは悪寒性の頭痛、嘔吐、気力の衰弱に対し薬効があるという。

タバリィー　ムスクは滲透性があって、芳香性が強いから各器官を強くする。ムスクとサフランを各半レンチールあて混合したものを鼻腔に入れると、悪寒性の頭痛に効き目があって脳を強くする。

ハーキム・イブン・フナイン（九世紀の人であるが身元は不詳）　目を強壮にする薬剤の調合に用いるが、

軽い目ボシを洗滌して水液を乾燥させる。

イスハーク・イブン・イムラーン、アビイゼナ、実験の書、イブン・ルドワーン、アベロイス、その他は省略する。

ムスクはムスク・ディーアの牡の生殖腺分泌物である。この鹿の生息しているところはヒマラヤ山脈の高原、そしてチベット高原から、それにつづく中国の雲南の山岳地帯で、険阻な山間を敏捷に走っている鹿の一種である。重大なのは、このような鹿の生殖腺分泌物であるムスクの存在する場所である。牡の一物であって、牡の彼氏が女性である彼女をおびき寄せるための唯一の代物である。ムスクの袋の中に充満しているムスクの小粒、それは大体猟銃の散弾位であるが、袋の小孔からほんの少しずつ逸出して、彼は彼女をさそう。強烈な臭くて臭くてたまらない匂いを発散し、はるかかなたからでもわかるという。人間氏は古代からこの微妙な匂いと、絶大な精力的な効能を知って、牡の鹿の一番大切な代物を失敬したのである。牡鹿の生命を絶って、彼の一物をそっくりもらったのである。ところが思春期に入った牡が、配偶者 (better half) である牝にどうしても巡り合うことができないと、性的な衝動にたまりかね、山間の岩石の上などに精液を洩らすことがある。その時、かの鹿は同時にムスクの袋から多量のムスクの粒を排泄する。古く中国人はこれを遺麝といって、猟師などがまれに拾うという。なかなかまれな精力絶倫の逸品とされ、高貴薬中の最高の秘薬として珍重されていた。

ムスクそのままの匂いは、どうして決して快々ではない。実物を嗅いだら皆さんはぞっとする。臭くて臭くて、激しく鼻の奥まで突き射す匂いである。中国では特殊な鹿の一種だけから取れて、鼻を突き射すような臭いものであるから、鹿と射すの二字を合せて「麝」という字を作った。ほんとうにそうである。千分の一、あるいはそれ以上にうすめて、すなわち極めて微量で、始めて微眇幽艶な、粘っこくていつまでも消えない、脂粉の香《か》に溢れる精力的な匂いを発する。この鹿の多く生育している場所から見て、古代のインド人がまずこの妙香を発見したのだろう。彼らインド人は、人間のモラルの一つとして性愛の技巧（情事すなわち秘戯）を重要なエチケットとしていたから、彼らにより早く十分に利用された。中国人は古く一世紀代から神仙秘薬として絶倫な精力剤としている。中世のアラビア人にとっては飽くことを知らない絶大な匂いであった。マスディーの叙述は、その頃としては実によく説きつくし、今日でも十分にそうだと言える位である。甘い甘いアンバルの匂いと相対して、脂粉の艶色を漂わすのがイスラムのムスクである。

ムスクの代用品であるシベット

ムスクの香気に極めてよく似て、ムスクの代用あるいは偽物として古くからあるのが、アラビアのツァバードすなわちシベット——中国の霊猫香——である。アフリカ系とインド（マレイ）系の二種のシベット猫の生殖腺分泌物であるが、牡牝ともにある。ムスクと同じようにそのままでは臭くて鼻もちがならないが、極端にうすめ——微量で使用すると、ムスクそっくりの匂いを放ち、保香力が強い。この匂いはナメシ皮によく滲みこんで、その皮の上で愛する人へのレターを書けば、微妙な彼氏の愛情の匂いを彼女に伝えるとさえいっている。皮の手袋、皮の衣料などの匂いつけに、またとない香料である。イブン・アル・バイタールは伝えている。

エドリッシー　シベットは有名な一種の猫の腿部から採取される香料薬品である。この猫は沙漠に棲んでいて、狩猟で捕獲され、肉を餌として飼育すれば発汗する。股の間に出る汗がこのシベットである。この猫は普通の猫より大きい。シベットは三度では高温で湿潤と乾燥の中間の粘液状である。塗擦して使用すれば、膿瘡を乾燥させて苦痛を鎮静にする効能がある。またその芳香を吸入すると鼻カタルによろしい。シベット一ドラチムと同量のサフランを牝鶏のスープに入れて服用すれば、産褥の婦人に効目があって、分娩を助ける。一キーラー（四グレーン）のシベットを上等の葡萄酒二オークに溶解し、飲用すると動悸を静め、心臓衰弱の特効剤である。

すなわちシベットは、シベット猫の肛門と生殖器との間にある副次的な生殖腺分泌物を入れたポッドの中の白黄色軟膏ようのもので、牡牝ともにある。飛ぶように敏捷に走り、身体には紅黒の斑点がある。エドリッシーが腿部というのは陰部のことで、分泌物を汗といっている。肉などを与えて汗を出させるという。これは捕獲した猫に、鶏肉や卵などを与えて腺分泌を旺盛にさせ、肛門と生殖器との間にある分泌物のポッドにヘラなどをさしこみ、ポッドの中の分泌物をこさぎとっていたことを語ったのである。それから十三世紀のヤクートとカスウィニーは、ジャワにシベット猫を出すと伝えているが、十四世紀前半のディマスキーは、エチオピア・シベットの方がインド（マレイ）品より優秀だと伝えている。とにかくムスクに次ぐものであるが、その代用品として、あるいは平行して、女性の情欲を掻き立てる存在である。エチオピアから優良品を出しているから、イスラムにとっては早くから郷土の匂いであった。

以上、私は駱駝の糞と尿と悪臭の中に生まれて育ち、熱砂の中で生活するイスラムにとって、飽くことを知らない匂いは、甘美さの溢れるアンバルと脂粉の香のムスクとシベットであったことを語った。この動物性香料とともに、熱砂の民にはオアシスの泉にたとえられるマレイ、スマトラの竜脳（カンフォル）の冷たい匂いがある。熱い熱い動物性の強烈な匂いに対し、身に滲みわたるような冷気を与える匂いである。これについては別に語ることにしよう。

六　夏の匂い

濃艶な匂いのほうが好ましい

「梅が熟して雨が降る」から「梅雨《つゆ》」というが、今年は空梅雨《から》で待望の滋雨を待ちこがれている。梅雨が明ければ炎帝は石を焼き、火雲は立ちのぼり、湿度の高い私たちの周囲では特に汗臭さが鼻を突く。身体から発する芳しくない匂いすなわち体臭であるが、なんとかならないものだろうか。そこで「快適な夏の匂いはありませんか。」また「夏の匂いとはなんですか。」とよく尋ねられる。

昔の人は私たちの匂いを

春は華やかな梅の花、夏は涼しい蓮の葉と花、秋はものあわれな落葉、冬は身にしみわたる菊の花

の匂いと、簡単に片づけている。四季おのおのの花と草木を通じて匂いを楽しんでいるが、これではどうも現在に生きる人たちにピンと答えてくれない。もっと人間的な、清楚・優美で幽玄な、そして

華麗・甘美にあふれながら、怪しいまで濃艶な匂いの方が好ましいと言われるだろう。

では、めっぽう熱い国の匂いを二つあげよう。インドでは「アガル油」といって植物性の油に樹脂（バルサム）と沈香《じんこう》（アガル）麝香《じゃこう》（ムスク）竜脳（カンフォル）などを混じた、粘っこくて濃度の極めて高い黒色の香油を、顔や肢体にこすりつけている。

皮膚にしっとりと穏やかな感触

皮膚にしっとりと穏やかな感触を与え、匂いの発散によって身体を冷やし、ほのかに幽艶な匂いが立ちこめる。それは幽玄で夢幻の世界に人の心をさそいこむようであるが、どこかに現世の快楽と言えるような人間味のする匂いを漂わせている。甘い甘いうっとりとする気分とまではゆかなくても、それに近いような歓喜をちゃんとはらんでいる。

次は熱砂の民、ペルシアとアラビアである。ローズ、ジャスミン、リリーなどの花の油に、麝香と竜涎香《りゅうぜんこう》（アンバル）という強烈な動物性の匂いを混じて全身に塗りこむ。このような香油を部屋の中で焚きしめる。それからムスクとアンバル入りのロウソクで、怪しい明かりの中から妙香が漂う。また匂いの高いいろいろな果物の実とローズ、ジャスミンの花に、アンバルとムスクで匂いをつけ、甘い甘い砂糖に冷たい水を加えたシャーベットを食べて、味と匂いから精力の充実を計っている。

とけるような甘さと粘っこさ

アンバルのとろけるような甘さと粘っこさ、ムスクの白粉《おしろい》臭くて艶麗あふれる匂いが中心である。熱い熱い、人の心を掻き乱す燃えるような匂いであっても、駱駝《らくだ》の糞と尿と体臭などの臭さの中に生まれて育つ流砂の人たちには、大きなやすらぎを与えている。

というと、どうもひどすぎると言われるだろう。しかしである。私たちの生活は、この二十年来、それ以前とは想像もされないほど変貌している。とくに脂肪と油脂分を多く取る食生活。冬はヒーター、夏はクーラーの起居である。食生活が変われば、身体の臭みもちがってくる。それに高温多湿の夏の生活である。若い人たちの多くは肌もあらわである。しとやかな、あってもないような、ほのかな匂いではマッチしないだろう。人間性の豊かな、情感のあふれる匂いを求めてやまないだろう。それは奇怪である。刺激が強すぎると言われるだろうが、旧来の匂いではピントが合わない。

日本人本来の匂いを生活の中に

炎情（火の燃えあがるような）火徳の夏である。それにふさわしい、強く生きて歓喜を求める匂いがあってよかろう。と言えば異端の言を吐くと非難されるだろうか。私は日本人本来の四季の変化に順応する匂いを、現在の生活の中に見出してくださいというだけである。異端ではない。突飛でもない。

（昭和五十三年六月二十日記）

七　楊貴妃と香

皆さんは身だしなみの一つとして、香水を身体や衣服とハンカチなどにつけられる。接する人びとに心もちのよい感じを持ってもらうとともに、つけている自分自身もそのよい匂いでうっとりとなる。殊に夏の汗臭いときなど、そうです。われわれ黄色系の人種にはすくないのですが、白色と黒色系の人種は、体臭、身体の臭みが鼻につきます。

特に「わきが」のある人たちときたら、臭くて臭くてたまりません。ところが白色と黒色系の人たちには、「わきが」の強い人が多い。だから香水を愛用することがエチケットとなっています。暑い夏だけに限りません。喜びや楽しい宴会の集まり、種々のパーティーや儀式などに列する時、それぞれの場所にふさわしい匂いをつけることが、男性にも女性にも要求されます。

これは現代のアルコールに香料を溶解させた香水というものが出来てから、そういうふうになったのでしょうか。私たちが香水といっている匂いが出現する以前の昔には、このような身だしなみはなかったのでしょうか。といっても、昔も今も、私たちのエチケットに変りはなかった筈です。

中国で開元、天宝の頃と申しますと、八世紀前半の約四〇年間のことです。玄宗皇帝という人が中国を治めていました。唐の最も盛んな、爛熟しかけた時代で、わが国では聖武天皇の天平の頃です。

東大寺の大仏さんを中心にして、唐の文化と文物に身も心もひたりきっていました。

玄宗皇帝のことは、彼がこの上もなく愛したという絶世の美人、楊貴妃のことで、皆さんはああ、あれですかと言われるでしょう。

楊氏が正式に皇帝の「おきさき」平たく言えば「つれあい」となって、貴妃——皇后の次に位する後宮の女性——と言われるようになったのは、天宝四年（七四五）のことでした。それまで、帝と彼女との間にいろいろのことがあったのは、今しばらくおくといたしましょう。皇妃となってから三年後には、彼女の一族はそれぞれ宮廷の高い官職についている。楊氏の一族は、貴妃を中心に宮廷で大きなはぶりをきかしていました。

その頃のことです。玄宗は貴妃と妹に匂い袋を与えたことがあります。これは小さい袋で、美しくはなやかなウスモノの立派な絹地に、目もさめるようなクレナイの色で染め、ロ紐をつけた、上品で贅沢をこらしたものでした。袋の中には、当時珍品中の珍品であるスマトラ島の、透き通るような白色の美しい竜脳の結晶が入っています。これは樟脳の匂いをとびきり上等にしたもので、いつまでも匂いを放つ優雅この上もない絶品です。また麝香（ムスク）というもの。雲南とチベットの山中に生育する麝香鹿の牡の生殖腺分泌物で、貴重な秘薬として精力剤として絶妙至極の逸品です。この二つの香薬にその他種々の香料薬品を適当に加えたものが、納められていたのです。

唐の時代の上流貴族の女性は、現在の私たちが香水を愛用するのと同じように、この小さい匂い袋を常に携帯することを忘れていませんでした。八世紀の香水であるといってよろしい。それもピンからキリまであったでしょう。しかし、時の最高権力者である玄宗皇帝がみずから親しく最愛の女性姉妹に与えたというのですから、この匂い袋は、中に入っている香料も二つとはなかったものであったでしょう。

時は移りまして、天宝十四年に——楊氏が貴妃となってから十年後の七五五年です——西域出身のペルシア系胡族の首領である安禄山の反乱が起り、皇帝はその翌年には都を脱出し、四川の蜀へ向けて落ちのびねばならなくなりました。その途中のことです。都の長安からそう遠くない陝西の馬嵬《ばかい》という所で、ひと休みした一夜、皇帝の従者は反乱を起し、手のくだしようもなく帝の生命は風前のともしびといわれるありさまでした。そこで貴妃が帝の身代りとなり、帝はやっとのことで難を逃がれることができまして蜀へおちのびました。しかし玄宗の身代りとなった貴妃は、あわれにもそこで兵士たちにくびり殺され、遺体は野末《のずえ》の土の中にほうりこまれました。七五六年のことです。

その翌年の至徳二年（七五七）に安禄山も殺され、やっと内乱は治まって、玄宗は再び帝都長安に帰ることができましたが、彼は既に位をゆずって上皇となっていました。雨につけ、風につけ、晴につけ、思い出されるのは生前の彼女のことです。楽しかった彼女との日々です。栄耀と栄華でした。それで使者をやって、馬嵬に仮埋葬されていた——といって訪れる人もない名目だけの仮墓標であったでしょう——貴妃の遺体を長安まで運ばせ、改めて手厚く葬ろうとした時のことです。彼女の遺体に、かつて親しく帝が与えた匂い袋がそのままつけてあるのを見て、帝はさめざめと涙を流し、深い思いに沈んだと申します。

生前の瑞々しい元気な日の彼女の姿を思い出したというより、むしろ彼の身代りとなって無惨に生命を絶たれるせつなまで、愛する彼からもらった匂い袋を肌身に離さないで持っていた、彼女の心のうちを察してあわれと思ったからでしょう。それとも、かつて与えた匂い袋の中の匂いがまだ残っていて、プンと強く玄宗の鼻にせまってきたので、彼はたぐいまれな妙香とともに、なつかしい彼女の体臭を、昨日今日のように思い出したのではなかったか。竜脳のすがすがしくて突き通るような強い匂いの中に、麝香のつやっぽい香りがふくまれていて、彼女の豊満な肉体と体臭が彷彿として、玄宗の目の前にそして心の中に浮かんだのではなかったのでしょうか。

ものの本によりますと、彼女は非常な汗かきで、汗までよい匂いがしたという。晩年の彼女は、年はもう姥桜であっても、瑞々しいほど光り輝く肌を持っていた女性であったと申します。またユーモアとウィットに富んでいまして、単に人形のように美しいという以上の存在であったと言われています。それから忘れてならないのは、彼女はどうもペルシア人の血の入った白色系の美人であったということです。純粋の漢民族である中国人ではありません。ですから白色系に多いわきがのある美女であったのかどうか、そこまではよくわかりませんが、とにかくエキゾチックな体臭の持ち主であったのはたしかなようです。玄宗皇帝としては、これがたまらなかった。それに白色系の絶世の美人ときていますから。

彼女の異国的な体臭は、絶妙な匂い袋の竜脳と麝香とよくマッチして、彼女でなくてはといわれるほどの馨香を放っていただろうと思われます。玄宗皇帝にとっては、これこそ彼女の匂いであり、体臭でした。そして絶世の佳人でした。

このように申しますと、では匂い袋そのものを見たいと皆さんはいわれるでしょう。ところが八世紀半ば頃の遺品を、そのままよく今日まで保存している奈良の正倉院に、小さい匂い袋の現品が七つも残っています。年代は玄宗皇帝と楊貴妃と同じ頃です。その原品の写真は本書の巻頭にのせていま す。ウスモノの立派な上等の絹地を紅く染めた布を四枚ほど縫い合わせ、節分にまく豆のような形に作り、袋の首のところから下の方まで美しい組緒で飾り、美しい口紐がつけてあります。もちろん中に入っていた香料は、もう消えてなくなっています。しかし八世紀の頃、中国の唐を中心にして、東海のはての日本まで、貴族の婦女子に愛用されていたことは、はっきりしています。まことにありがたい、極めてまれな、めったにない証拠品です。八世紀の香水入れというわけです。

玄宗皇帝と楊貴妃。白色系のペルシア人の血を引いた絶世の美人の体臭。それとマッチした竜脳と麝香の匂い。その頃の香の話の一つです。

（昭和五十二年十二月、NHK、ラジオ、「趣味の時間」）

八　マルコ山古墳と竜脳

草壁皇子陵説もある千三百年前の古墳の主の骨片から漂い出した芳香の由来

よみがえった芳香

六月中旬のある日の夕刻である。ＮＨＫ（大阪）の報道部から電話で、さきごろ発掘された奈良県のマルコ山古墳から出土した人骨の断片を水で洗ったら優雅な匂いが発して、関係者は驚愕している。こんなことははじめてである。何の匂いだろうか、と問い合わせてきた。

即座に私は竜脳の匂いだろうと答えた。

翌日の午後、この人骨が保管されている近畿大学医学部解剖学教室を、ＮＨＫ報道部の人の案内で訪ね、既に洗ったという人骨と、まだ水洗してないものとをおのおの嗅いでみた。多分足の脛かあるいは腕の部分であろうか。水洗した細長い人骨の一部から、ほのかにクールで上品な匂いが認められる。

七世紀後半に属するというこの古墳は、鎌倉末か室町初期の頃に一度盗掘をうけているという。しかしこのこと以外には約千三百年におよび土砂に埋もれて安らかに眠っていた。それが今回の発掘で土中にあった人骨は外気の常温にふれ、水洗することによって、軽い湿気が六月の温度の高い頃に与えられた。人骨のある部分で永く眠っていた竜脳の香気はよみがえったのであろう。

学者はいう。「匂いが骨から出ていることはたしかである。今まで多くの人骨に接してきたが、今度のようなことは初めてで、めんくらっている。いずれにしても埋葬時にしみついたものだろう。棺材の匂いが移ったことも考えられるが、クスノキの棺は出土例がない。」

また言う。「当時は中国から陰陽思想がはいり始めた頃で、不老長寿を望む仙術が流行していた。貴重な仙薬としての匂いの高い薬草や鉱物を使ったものが輸入され、それを服用していたのではなかろうか。また殯《ひん》（死体を棺に入れてまだ埋葬しない前）の祭儀のとき防腐、防臭剤を使ったことも当然考えられる。」など。

私が親しく嗅いだところでは、疑いもなく、ほのかであるが竜脳の香気である。

そうすると竜脳の匂いは、千三百年も保つものだろうかという質問が第一に出る。

日本で普通なじまれている匂いは、クスとヒノキとスギなどの香である。しかしこの香気は材内にふくまれている精油分（essential oil）で、揮発してなくなってしまう。

樟材で作った仏像などを見るとわかるが、二、三百年もたつと匂いは飛んでしまって、虫食いの小穴が裏面などに認められる。檜材も同じである。揮発性が強いから香気は芬芬であるが、その代り数十年たてば匂いはなくなる。学者はクスノキの棺は出土例がないというから、この場合は考えられない。

竜脳は樟脳の匂いをとび切り上品にした、優雅で澄み切った身に滲みわたる強烈な匂いである。スマトラ島の西北部、マレイ半島の南部、ボルネオ島の北部ブルネイの三地方の、海岸線に近い限られた地域に生育する竜脳樹の樹木をさいて樹心などの部分に極めてまれに発見する白色結晶性の顆粒である。それから樹幹から湧出する油分もあって、これを竜脳油といい、レジン分が油に融解してシラップ状になったものである。

この結晶体である竜脳と油の匂いの主体はオレオ・レジンであるから、この匂いは一度滲みこむといつまでも残っている。精油分であるクスの匂いとは、匂いは同じであっても、その出生と性格が全く異なっている。

古写経の墨の匂いを嗅ぐと、保存のため入れてある樟脳などの匂いがのくと、筆跡の墨の匂いが認められる。特に平安朝以前の古写経に顕著である。

これは中国伝来の古墨は麝香（ムスク）と竜脳が賦香してあるためである。動物性の生殖腺分泌物特有のなまめかしい匂いが麝香であって、幽艶でありながら清澄で透き通るような強い匂いを放っているのが竜脳である。墨の中の膠分で、この二つの香料の匂いは、微妙な墨色とともに永年代に及んで保たれている。

このような事実から、私はマルコ山古墳から出土した人骨の匂いは竜脳以外には考えられないのである。

しかし七世紀後半の人骨にこびりついているという、竜脳そのものについて考えなければならない。

中国人は早く六世紀前半の梁の時代にマレイ半島の竜脳の油を知り、ついで七世紀初めの唐に入ると、スマトラ島西北部の結晶性顆粒である竜脳を知っている。また西方のイスラム系のペルシア人とアラビア人は、中国人とくらべればややおくれるが、八世紀代にはスマトラ島とマレイ半島の竜脳とその油をよく認めている。

この東西両洋の人たちより早くこの地方の竜脳と油の価値を認めた者は、インド系の民族であったが、彼らの発見は中国人が知った六世紀以前をそう古く溯るものではないようである。そして竜脳を貴重な香料薬品として早く愛用したのはインド人であり、彼らについで東の中国人と西のアラビア人であった。

それからボルネオ島北部のブルネイの竜脳が知られたのは、中国人とアラビア人の記録から見て、八世紀の唐の中葉以後のこととしか考えられない。そうするとマルコ山古墳の人骨に使用された竜脳の原産地は、スマトラ島西北部とマレイ半島南部に限定される。

美しい白色結晶性の顆粒である竜脳とシラップ状の油は、貴重な極めて珍奇な薬品として、インド人、アラビア人、中国人に、この世の至宝とされている。中国人は「あらゆる薬物の王者である。その香気はすべての香料薬品よりまさり、この右に出るものはない位である。」と激賞している。またアラビア人は、これを焚くと完全に燃焼してしまって後に何も残らないから、アラーの神の奇跡と信じ、コーランに語られている清涼なオアシスの泉に譬えられる神の恵みだとしていた。

楊貴妃と竜脳

ここで一つのロマンを記そう。

時は中国の開元・天宝の頃、八世紀前半の約四十年間、有名な玄宗皇帝の治世で、わが国で聖武天皇の天平の頃、東大寺の大仏を中心に唐の文化と文物にひたりきっていた時である。玄宗には有名な絶世の美人・楊貴妃がいた。ある時、帝は貴妃とその妹に匂い袋を与えたことがある。

この小さい袋は美麗な羅《うすもの》の絹地を目もさめるような紅《くれない》色に染め、上に口紐をつけた優美で贅をこらしたものである。その中には当時絶品中の絶品といわれていた「瑞竜脳」と、雲南の山中で麝香鹿が精液とともに洩らしたという麝香の粒が納められていた。

唐代の上流貴族の女性は、この小さい匂い袋を常に愛用することを忘れていなかった。彼女たちのエチケットである。それもピンからキリまであったが、玄宗皇帝が親しく最愛の女性姉妹に与えたという匂い袋は、袋も中身の竜脳と麝香も、二つとはなかったものだろう。

時は移って爛熟した唐の天下に影がさしこみ、西域胡族（ペルシア系）の安禄山の反乱が起り、玄宗皇帝は都（長安）を脱出して四川の蜀へ向けて落ちてゆかねばならなくなった。

都からそう遠くない陝西の馬嵬《ばかい》という土地で小休止した一夜、帝の従者は反乱を起して手の下しようもなく、帝の生命は風前のともしびというしだいであった。それで貴妃は帝の身代りとなり、帝はやっとのことで難を逃れ蜀へ落ちることができた。しかし身代りとなった貴妃は、あわれにも兵士たちにくびり殺され、遺体は野末の土の中にほうりこまれた。七五六年のことである。

その翌年には反乱軍の大将・安禄山も殺され、やっと内乱は治まって、帝は再び都に帰ることができたが、彼は位をゆずって上皇となっていた。しかし雨につけ、晴につけ、思い出すのは彼女との栄《えい》耀《よう》栄華と楽しかった日々である。

それで使者をやって、馬嵬の野末に埋められている彼女の遺体を都まで運ばせ、改めて手厚く葬ろうとした時のことである。彼女の遺体に、かつて親しく帝が自ら与えた匂い袋がそのまま残っているのを見て、帝はさめざめと涙を流したという。

うばざくらであっても瑞々しい彼女の豊満な肉体を思い出したというより、むしろ彼の身代りとなってくびり殺されるせつなまで、愛する彼からもらった匂い袋を肌身から離さないで持っていた、彼女の心情をあわれに思ったからであろうか。

それとも、かつて与えた匂い袋の中の匂いがまだ残っていて、プンと玄宗の鼻にせまってきたので、彼はそのたぐいまれな妙香とともに、なつかしいエキゾチックな彼女の体臭を昨日今日のように思い出したのではなかったのか。いや麝香のつやつやしい艶な香りと、竜脳のすがすがしく強く透き通る匂いが、彼の心に深く訴えたからではなかろうか。

わが国にも渡来した竜脳

ところで八世紀半ばの当時流行の匂い袋の遺品が、わが正倉院に小香袋七口として現存している。羅の上等の絹地を紅く染めた布を四枚ほど縫い合わせ福豆形に作り、袋の首のところから下の方まで組緒で飾り、美しい口紐がつけてある。

もちろん、中に入っている香は消えてなくなっているが、東海の日本までこの風習は伝わっていたのである。

たとえばわが国に渡来するため前後十数年を費し、七五四年にようやく目的を果した唐招提寺の開祖・鑑真が、七四三年に準備した諸品目中の香料は「麝香二十臍、沈香、甲香、甘松香、竜脳香、栈香、薫陸香、その他合計六百余斤」であったという。

これは途中の難破で失われ、最後にわが国に到達した時の明細はないが、大体この通りで、竜脳はちゃんとあっただろう。八世紀初半の正倉院の小香袋とともに、竜脳はたしかに流伝していた。

そしてこの伝来を七世紀の後半まで溯ることは、麝香や沈香などの将来とともに許されると私は考える。

南方の風習

私は玄宗皇帝のロマンを引っぱり出して、唐代貴族のごく少数の人びとの間に竜脳が愛賞されていたことを語ったが、肝心な死体に竜脳を賦香したことは書いていない。唐代の雑書や小説などを広く閲しても、この事実はどこにも見あたらない。唐代の墳墓の発掘報告にも私は暗くて、いささか当惑せざるを得ない。

ところがである。唐代の事実を正確によく伝えている唐の杜佑《とゆう》の『通典』の外国伝に、林邑(南ベトナム)から南方海上二カ月航程で、東は訶陵(ジャワのカリンガ)に接し、北は海に臨んで、風俗はカリンガと同じである婆登国がある。この国では、貴人が死ぬと口中に金をふくませ、四肢に金の環をはめこみ、竜脳油、竜脳、白檀、沈香を死体に塗り、それから薪を積んで火葬にするとある。そうするとカリンガの中部ジャワとともに、ジャワ島で行われていた習俗である。

また十四世紀の三、四十年代に親しく東南アジア諸国を旅行した元の汪大淵《おうたいえん》は、ジャワ島の北部カリムジャワ島で、貴人が死ぬと竜脳を死体にこすりつけてから水でよく洗って供養しているというが、葬祭を十分にすますとともに死体の腐敗を防いでいるのであるという。この二つはジャワを中心に、古代から竜脳とその油を死体に塗りこんで、死体の悪臭を緩和するとともに、防腐の効力を認めていたことになろう。

それからマゼランの世界一周の航海（一五一九—二二年）で最後まで生き残ったピガフェッタは、フィリッピンのセブ島でビサヤ族の高貴な人の葬儀を記している。曰く、

家の中央に柩があって死者はその中に入っている。（中略）室のまわりはいくつかの焼き物の器（香炉である）に火が入っていて、没薬と蘇合香と安息香が焚かれ、家中をよい匂いで満たしていた。このような儀式をして遺骸を五、六日間——多分、竜脳を塗っていたと思うが——家の中に安置しておく。それからその柩に入れたままで木の釘で蓋をし、屋根をかけ柵でかこった場所に埋葬する。

また竜脳の原産地の一つであるブルネイでも、貴人の死体に竜脳を塗っていたということが他のスペイン人によって伝えられている。

以上のように中国人やヨーロッパ人の生《なま》の見聞から、死体に竜脳とその油を塗りこむ習俗は、相当古くからあったと見てよかろう。唐代の中国で実行されていたのかどうかはっきりしないが、唐代の中国人が知っていたのは事実であろう。

すると七世紀の後半に珍品中の珍品である竜脳が極めてまれにわが国に将来されていて、その頃の貴人の葬祭に極めてまれに使用されたことがあったと考えてよかろう。その方法は後代であるが、ピガフェッタの伝えるところと同じであったのではなかろうか。

マルコ山古墳の被葬者については草壁皇子説も出されたりしている。私は専門外でその死者の貴人が誰であったのかは知らないが、彼の最愛の女性が彼の死をいたむのあまり、貴重な絶品で珍品であ

る竜脳を彼氏の遺体に塗りこんだのであるとする方がロマンがあってよかろう。

（追記） 九世紀のアラビア人は、スマトラ島の西北部のある地方の首狩族が、他部族との戦いで獲た首（頭蓋骨）に竜脳を塗りこんで飾っているると伝えているのを、私は読んだ記憶がある。

九　正倉院の香

天平十九年（七四七）の法隆寺と大安寺の資財帳、それから天平勝宝四年（七五二）の正倉院文書中の買物申請帳、また鑑真大和上がわが国に渡来するさい天平十五年（七四三）に準備した諸品目、などにあげられている香料薬品を見ますと、中国の唐代に使用していた香料薬品はほとんどすべてわが国に将来されています。従って正倉院にもそれらの香料が蔵されていたと思われますが、現存しているものはそのすべてではありません。香料薬品としてそれぞれの用途に応じ使用されたからでしょう。私は今、現存するものを中心とし、併せて八世紀半ばの頃の香料に及んでみたいのですが、まず香料といわないで、単に香というわけから申します。

明治以前のわが国の香料の歴史は、沈香木という香木を焚くことを中心にして展開されています。まず仏教の伝来とともに香を知り、仏教儀礼による焼香供養から始まって、十世紀の延喜（九〇一―九二三年）天暦（九四七―九五六年）頃の薫物（炷物）の使用となり、十四世紀以後は沈香木だけを焚く香道へと変遷していますが、沈香木に終始したのであります。その意味では、沈香木を中心とする中国の香の亜流です。しかし日本人としての香の世界を、十世紀以後になると沈香木を中心として焚く匂いの中に見出していますが、本日は正倉院に焦点をあてて話をいたします。

唐の顕慶四年(六五九)にできた『新修本草』(注)では、沈香木を中心にその他五種の香をあげていますが、これらは皆香であって薬物ではないと断定しています。

(注)『新修本草』は天平三年(七三一)に書写した伝写本数巻が存していて、それにより原初の内容を窺うことができる。

そして香の中心、すなわち代表である沈香木について、

沈香、青桂、鶏骨、馬蹄、桟香の区別がある。これらは皆一本の樹木から生じたものである。原樹の葉は橘の葉に似て、花は白色、実は檳榔に似て大きさは桑の実ぐらいで味は辛い。樹皮は青色で、樹木は欅柳に近い。

と記述しています。

現在のベトナムからカンボジアそしてマレイ半島の沈香木から得た知識のようですが、鶏骨と馬蹄の二品名は香木の形状から名づけたにすぎません。青桂は沈香樹の堅実な細い小枝ですが、まだ樹脂分が十分に沈着していないものです。そして樹木の幹に出来た比重が重くて水中に沈むのが沈香、半浮半沈のものが、桟香《せんこう》で、品質上の区別の根本となっています。

院に蔵されています巨大な沈香木として、黄熟香《おうじゆくこう》と全桟香があります。この二つの香木をよく見ると、その全体が沈香木というもの、すなわち樹脂分が十分に緻密に沈着凝集しているもの、あるいはその状態に近いというわけではありません。巨材のいたるところの小部分に、樹脂分の凝集しているのが多数に見うけられる香木です。『棚別目録』第二版にこう説明されています。(以下、品名の下の

番号はこの「目録」による。）

黄熟香（三九一）　香木の巨材。世にいう蘭奢待である。かつて一部を切り取り足利義政に賜う。後また織田信長に賜わる。明治天皇奈良行幸のさい一部を切り取られたり。

全桟香（二〇七）　香木の巨材。献物帳(注)に「全桟香一材重大卅四斤」附箋に「寺権秤定卅三斤五両」とある。数回、小片を切り取っているが、現在なお秤量一六キロ六五〇グラムである。

（注）天平勝宝四年（七五三）東大寺仁王会のとき桟香等を献ず（『正倉院薬物』簡明年表）とあるが、「献物帳」（国家珍宝帳）記載の分とは別のものであろうか。

『正倉院御物図録』は前の黄熟香をこう説明しています。

一見、樟または欅《けやき》の材の朽廃《きゅうはい》したような脆質に見え、色も大体黒褐色を呈するが、その切断面はなお灰白色をなして、質も甚だ緻密である。材の心部は朽廃して洞《とう》を作り、ひいてそれは枝の部分に及んだところもある。

この二つの香木を昭和二十四、二十五、二十七年の秋、私が院内で観察したところでは、『正倉院薬物』の報告が最も正確であるように考えます。

これらの沈香の原植物を確かめることは、材の組織構造を検し、沈香と称する各種植物のものと比較しなければならないが、今それらの適確な材料を得られないので、正確な研究、判定は下し得ない。正倉院沈香は外見上からすれば、今日一般に通用している沈香の材と同じである。ただその樹脂の沈着状況は充分な品とはいえない。そこに黄熟香、桟香と呼ばれる所以がうかがわれるのである。

そうしますと、上品の沈香木ではなくて、下品の桟香ですが、あのように巨大なもので全部が上品の沈香になりきっているものを求めること自体が無理でしょう。ですから極めて小部分の樹脂分が沈着凝集しているところだけなら、あるいは優雅な沈香の匂いを発するかも知れません。それから黄熟香という名称です。中国人は宋代に香木を「沈香、桟香、黄熟香」の三つに分け、黄熟香は桟香に類して軽く虚《うつ》ろになり枯朽しているもので、諸種の香の配剤――すなわち和香です――に皆これを使っているといっています。最も一般的な沈香であるというわけです。しかしこの香名は、黄色であるが熟しているからだという葉庭珪（『香譜』一一五一年序）の説明が妥当であると私は考えます。というのは黄色の香木であっても、沈香という佳香を発するもの、すなわち熟していると解釈されるからです。この香名は八世紀にはまだ無かったようで、唐末九世紀の終りか、あるいは十世紀初めの劉恂の『嶺表録異』に初めて記述されているしだいです。(注)

（注）『證類本草』によると「楊文公談苑」にあるという。私は楊氏の「談苑」はいつ頃のものか知らないが、彼は沈香、桟香、黄熟香の三等にわけている。また段公路の『北戸録』にもあるが、これは『嶺表録異』によったものだろう。

とすれば正倉院のできた頃にはまだこの香名は中国でも無かった。院に蔵されてから後になって、この香名がつけられたと考えられます。この点について大方各位の教示をお願いしておきましょう。

沈香はいうまでもなく香の中心として――香すなわち沈として――当時の香の代表であって焼香供

養に主として使われています。ところが院の蔵品には、沈香の末を塗りこめた沈香末塗経筒（三五八）があります。八角柱形で沈香末を塗り、丁子と相思子がはめこんである。それから、

木造了沈香木画筆管（三七〇） 竹管沈香貼、墨書で「沈香一尺八寸四分」と。
筆、十七枚（三七一）の内に沈香斑竹樺纏《くわてん》。
刀子六十口（四三二）の内、把《は》と鞘に沈香を貼《は》りつけたもの七口。
沈香甃《しう》（いしだたみ）形木画箱（四四六）。
沈香木画雙六局《そうろく》（四八四）。
沈香亀甲形木画箱（四四二）沈香貼。
沈香金絵木画水精荘箱（四四四）沈香、紫檀貼。

など、筆、刀剣、種々の調度品に利用されています。

重ねて申すまでもなく当時の香は、仏前の焼香供養にほとんどあてられているが、香を焚く道具として香炉が寺院の大切な物品でした。だから法隆寺や大安寺の資財帳では、白銅、鍮《とう》石、赤銅、石銅、銀、牙（玉か）の香炉類が、数と寸法など各々明細に、また仏物、法物、僧物、通物と用途別に分類されています。

八世紀の頃、中国、隋・唐代の流行にならって、仏前で焼香供養する香炉として、香炉に柄をつけ

手で持つところの柄香炉が多く用いられています。院には五口の柄香炉がある。

白銅柄香炉（六〇一）　柄に錦を張り、黄及び黒の組緒をまとって、柄頭は獅子型である。組緒は修補。金銅の炉と炉の鈕《つまみ》とは後で加えた新造品。

赤銅柄香炉、二口（六〇二・六〇三）

白銅柄香炉（六〇四）　柄に錦を張り、黄及び黒の組緒をまとう。組緒は修補。別に原品を存す。炉、炉の鈕は新造附加。漆箱を具す。蓋に毛彫の銘がある。「神亀六年（七二九）七月六日」

紫檀金鈿《でん》柄香炉（六〇五）　炉盤及び柄は紫檀。周囲に金銀の花鳥文を嵌し、瑠璃玉を塡装する。柄に錦を張り、黄及び黒の組緒をまとう。金銅の炉及び金銅獅子形の鈕、金銀獅子型の柄頭はいずれも原品。組緒及び支柱は新補。

特に最後のものは華麗の極みをつくしていますが、柄香炉の先蹤はまず中国に求められます。六朝から唐代にかけて流行した鵲《しゃくび》尾の香炉です。香炉に柄がついていて鵲の尾に似ているからだといっています。山西省、天竜山の石窟や河南省、竜門の石窟には柄香炉を手にしている像がありますから、大体六朝の半ば頃から流行したと見るのが妥当なようです。

ところが柄頭が獅子型であったり、あるいは柄の尾端に獅子などを飾っている柄香炉は、中央アジアの探険家ル・コック（一八六〇—一九三〇年）の発掘報告品中にあります。またオーレル・スタイン（一八六二—一九四三年）が敦煌で発見した絵画中に、柄香炉を手にしている画があります。そしてインド西北のガンダーラの彫刻中にもありますが、ガンダーラの首都であったタキシーラの発掘報告中には、土、銅、鉄で作り尾端に獅子を飾った柄香炉が出土しています。しかしより西方で古い時代の柄香炉があります。古代エジプト第二一王朝（前一〇八五―一〇五四年）代と伝えられるパピルスに、女が供養礼拝している図が描かれ、柄香炉を手に持って香料を焚いています。またラ・メス三世（前一一九七―一一六五年）の像、その他多くの壁画などにも描かれている。すると古代エジプトとオリエントから東方のペルシアに伝わり、インドの西北から中央アジアを経由して中国へ伝わったのでしょう。柄の尾端にライオンなどを飾っているのは、どうもオリエントからペルシアにかけての様式であると考えられるからです。このように東西を繋ぐ柄香炉の、最も古い伝世品が院に蔵されているしだいです。

香炉としていささか異形と思われるのが院の銀薫炉（五一）と銅薫炉（四二二）です。前の分は天平勝宝八年（七五六）七月二十六日の献物帳に「銀薫炉、一合」として記載されていますが、『棚別目録』にこうあります。

銀製鞠《まり》形の香炉。花形葛文《かつもん》。獅鳳を透《すか》し彫りにしてある。半ばから二つに割れて開く。蓋は原品。身は新補品である。内に回転自在の鉄炉をはめこんでいる。香をその中で焚いて衾裯《きんちゅう》衣服に匂いを移す道具である。

私は昭和二十四、二十五、二十七年の秋三回、院内で親しくこの香炉を見ました。優美な球は径一八センチで、中央部で蓋と身の二つに分かれるようになっており、球の内部には三重の鉄の輪を鋲留めにしてあります。このような装置によって、回転自在でしかも常に水平を保つ火盤である香炉を支えています。球の表面には花唐草の間に相対する獅子と鳳凰が二つ揃った透し彫りがあって、ペルシア式の意匠を巧みに中国化し、異国情緒をさそってくれます。この銀薫炉と構造も装置も全く同じですが、やや大型なのが銅製の薫炉です。球の表面と身の透し彫りは十二の車状の図紋を配し、各車状の図紋内には流麗な花唐草の模様があります。

どちらも鉄炉の中で香を焚くのですが、球全体はどう動いても、龕灯返《がんどうがえし》の炉は常に水平を保って火は消えず、香の煙りは綿々として絶えないようになっています。夜具の中に入れるコタツなどではもちろんありません。香を焚いて衾裯、衣服に匂いを移し、しみこませるものでしょう。しかしそっと静かに衣服などを球の上にかぶせまして、匂いを移すだけのことなら、中身の小さい炉が常に水平を保っているように仕掛をする必要があるでしょうか。コタツの中の火を入れている炉が水平を保っているのは、足でけったりころがしたりしても、炉の中の火は消えないように、あるいはひっくりかえって怪我などをしないためです。この高貴な回転自在の仕掛のしてある薫炉は、単に少々動かしても鉄炉の中の火と香の煙が駄目にならないように工夫しただけのものであったのでしょうか。『棚別目録』の説明では、どうもものの足りません。

中国・晋代の葛洪の『西京雑記』にこう書いてあります。

長安で丁緩《ケン》という腕の立つ職人が臥褥《がじん》の香炉というものを作っていた。別名を被中の香炉といい、もと房風という人が発明したのであるが、彼以後、製法が中絶してわからなくなっていたのを、緩が改めて製作するようになったのである。外形は丸くて、くるくる動くようになっており、その中に嵌め込んである小さい炉は常に水平を保つ仕掛がされている。臥褥や被中のなかでも危ないことがないから、このような名称を得たのである。

臥褥（夜具）と被中（ねまき）という言葉から、単にそれをかけても危ないことがないというだけではありません。それ以上のある何ものかが十分に想像されるでしょう。事実、唐や五代の相愛の若い男女の契《ちぎ》りを歌った詩文には、このような薫炉が歌いこまれていまして、その折の匂いは、重くて粘っこく、甘美に溢れる切ないものとしています。すると相愛の二人が愛のささやきを濃《こま》やかにするため使った、閨房の香炉であったというのがどうも事実らしいようです。ですから、回転自在の仕掛のしてある球で、中の小さい炉は常に水平を保ち、佳香紛々として絶えないものでなければ、大切な要件を満たしてくれません。中国でも秘中の秘とされていた名物が院に蔵されています。多分、中国から将来されたと考えますが、その源流はインドあたりまで求められるものか、私にはまだよくわかっていません。中国では六朝の末から隋・唐代にかけて医方を医経と房中経の二つにわけ、後の方の研究は随分進んでいます。そしてインドの性愛の学を多分に吸収していますが、閨房の道具についてはどうであったのか。今後の宿題にしておきます。

大切な衣服、文書、経巻の保存、防虫とそれらに佳香をうつすため、香をそれらの中に畳み込んでおくことは当然に考えられるところです。院にはこのための香が裛衣香《えび》（四〇六）といって九包み蔵されています。どれも二重のアシギヌに包まれ、包みの下部には重量（小六両）と年月日（神護景雲二年（七六八）四月廿六日定量）が記されている。沈香、白檀、丁子、麝香など凡そ六種の香を混じたものです。白檀と丁香は香料中で最も防腐と殺菌力の強いものですから、よく保存の目的を果したのでしょう。また麝香の匂いはいつまでも消えない、長くもてるなまめかしいものです。ですからそれぞれの物品に応じまして、絶妙な匂いを発したわけです。えび香はその後、平安朝の貴族の間に流行しまして、衣服の中にえび丁子をかつをつきの削りもののように入れるとか、あるいは忍びやかにえびの香《か》のいとなつかしうかおり出るかの人の衣装でありました。この場合、丁子が特にあげられていますが、この匂いは情をそそることいと深いものがあるからです。

ところが香を小さい袋に納めて身体につけ、あるいは佩びて匂いを楽しむ風習がありました。今日、香水、香油、香粉《パウダー》などを頭髪やその他に用いるのと同じです。これを香袋といいますが、院には世界最古の遺品と考えられる小香袋七口（五三八）があります。『御物図録』に、

蘇芳《すおう》色の羅を四枚縫い合わせて福豆形に作り、袋の背を雑色の組緒で飾り、同じ色の口紐をつける。

とあります。香袋の恰好と口紐から見て、腰や帯などに吊るしたのは確かです。中国の唐を始めとし

て、東方アジア各地の貴族の婦女子の間に愛用され、わが国でも同じであった。唐代の小説によりますと、玄宗皇帝が楊貴妃姉妹にかつて飛び切り上等の香袋を与えたとあります。安禄山の乱がおさまってから、玄宗は密かに使者を馬嵬波にやって、先年彼の身代りとなってくびり殺された貴妃の遺体を、長安に改葬させたときのことです。かつて彼が親しく与えた香袋が、貴妃の遺体にそのまま

ついていたので、彼はそれを見てさめざめ泣いたと申します。あまりに変りはてた流転の深刻さもありますが、その時の香袋の中には絶世の竜脳が納めてありました。類いまれな竜脳の余香が、玄宗の涙をしぼり出したのです。人の心に深く滲みこんで、清くそして透き通るような強い匂いですから。

私は、①巨大な沈香木のあること、香木利用の器用、調度品、②柄の香炉、③臥褥の香炉、④えび香、⑤香袋、と話を進めました。中国では沈香と白檀で亭を作り、麝香や乳香を土に混じて壁としたなどの贅沢までありましたが、わが国ではどうもここまではやっていないようです。院にある沈香木を貼りつけたもの、あるいは粉末にして塗り込めた、それから白檀八角箱（四三〇）などがあるくらいです。

終りに、院に蔵されている香の種類です。竜脳は現存していないが、香袋がありますから使用したのは確かです。それからこれは香というより、薬品として極めて大切な貴重なものでした。薫陸（一九三）すなわちアラビア乳香か、あるいはインド産の類似品もあります。白檀は香であるとともに薬品として、それから器用調度品の材料として相当にあったでしょう。しかし、香として沈香についで

最も多く使用されたのは丁子であろうと考えられます。その性状から見て当然です。（一七七）として現存しています。

さて香使用の主体である焼香供養にさいし、沈香一種だけを焚いたのは事実です。それとともに沈香に白檀、丁子その他の香を混じて焚くこともあった。この場合、匂いを長く保たせるためと、混和した各種の香の匂いを十分に発揮させるため、甲香というものを混じています。甲香はもともと螺の一種で貝殻ですが、これだけを焚いたのでは臭くて鼻もちがならない。ところがこれを各種の香を混合するさいに加えますと、全体の匂いをよく融合して安定させ、長持ちさせ、発する匂いを優雅な妙香とする役割を果してくれます。法隆寺の資財帳にのっています。すると当時既に各種の香を混じて妙香を作る技術があったわけです。この方法を和香あるいは香の法と申します。と同時に前のえび香には麝香を入れてある。「種々薬帳」に麝香四〇臍とありますが、麝香の皮（一七三）すなわち臍の袋があります。雲南からヒマラヤの山岳地に生息する麝香鹿の生殖腺分泌物を入れた袋がそのまま輸入されている。香料薬品の中で竜脳とならんで最も貴重なものです。高貴な秘薬ですが、香としては種種の香の匂いを安定させ保持させます。そしてそれ自体いつまでも幽艶な匂いを放つ絶品です。

最後に香としてではありませんが、「種々薬帳」に桂心、胡椒、蓽撥がある。桂心は肉桂（一五五）ですが、南シナから北ベトナムにかけての産です。中国では薬の薬として、諸薬品中の王者であると認められ、最高貴の存在でした。胡椒はインド南部とジャワのどちらかの産でしょう。蓽撥（一四二）はインドの長胡椒ですが、ともに薬物として使用されたのです。

以上、私は院の香について極めて簡単に概略をお話したのですが、端的に申しますと中国盛唐の香の丸うつしであるといってよろしい。焼香供養のための焚香が中心であるが、香木から発する妙香を、人間的なものとして、現実的に嗅ぎそして感じていたと私は考えています。沈香木の妙香を中心に、仏と人間をつなぐ仲立ちとし、現世の極楽浄土を優雅な匂いの境地に求め楽しんでいました。直接妙香にぶつかり、そこには何のへだたりもなかった。率直に鼻で嗅いで心で悟っていたのです。というとあるいは極端であるといわれるでしょうが、私は敢えて、そう申してはばからない。唐世界帝国の極めて現実的な人間的なものを中心とした時代でしたから。

十　クレオパトラの鼻とインド洋のモンスーン

クレオパトラの鼻

彼女の鼻は低かったのか高かったのか

フランスの科学者で哲学者であったパスカル（Blaise Pascal. 一六二三―一六六二年）は、彼の有名な『パンセ』に、クレオパトラ（Kleopatra VII. 紀元前六九―三〇年）の鼻、それがもう少し低かったら、地の全面は変っていただろう、と世界の歴史を彼女の鼻にかけた有名な言葉を残した。彼はこの名文句の前に、

人間の空虚なことを知ろうとするには、恋愛の原因と結果とを考察すれば足りる。その原因は、なんともいえないことである。しかしその結果は恐るべきものである。このなんともいえないこと、人の知ることもできないような些細《ささい》なことが、全地、王公、軍隊、全世界を動かすものである。

と書いている。

始めにローマ最大の政治家カエサル（前一〇二―四四年）に恋をして男の子を生み、彼がローマで暗殺されると、いま一人の政治家アントニウス（前八二―三〇年）と愛のささやきを深めて男と女の子を生んだ。そして前三〇年にアントニウスを討伐するため、エジプトに遠征してきたアウグストゥス（前六三―後一四年。カエサルの遺言によって彼の養子となり、前二七―後一四年にローマ帝政初代の皇帝「インペラトール」となる。）の鉄のような心をやわらげることができなくて、毒蛇に自分の身をまかせ自分の国とともに死んでいったのが、エジプトのプトレマイオス王朝（前三二三―三〇年）の最後を飾った女王クレオパトラである。

ローマ人は彼女を「ナイルの魔女」あるいは淫婦であったと語り、絶世の美人であったように伝えている。彼女の鼻がもう少し低かったら、絶世の美人でなかったら、カエサルやアントニウスとの恋愛も生まれなかっただろう。そうすれば、世界の歴史は彼女を殺すまでにはいたらないで、もっと変わった別の方向へ進んだのではなかろうか。そう考えて、もし彼女の鼻がもう少し低かったらと、パスカル先生は奇抜な文句を吐いたのだろう。

では多くの人びとが死を賭《か》けても、彼女との一夜を勝ち得ようとするほどの、最上級の絶世の美貌の所有者だったのだろうか。いろいろの確かな史料から突きとめてゆくと、絶世の美人云云というのは、どうもあやふやなようで、後世の人たちによっていつのまにかドラマチックにでっち上げられ、それが通説となったものらしい。十七世紀のパスカル先生は、このような通説をそのままに受け入れて、彼女の鼻を世界の歴史と結びつけたのである。

ギリシアの歴史家プルタルコス（四六頃―一〇二年以後）は『対比列伝』（俗に『英雄伝』という）のアントニウス伝に記している。

人びとのいうところでは、クレオパトラの美も、それだけでは一向比較を絶するものではなく、見る人を驚かすほどのものではなかったが、交際ぶりに相手方を逃さない魅力があり、その容姿が会話の説得力と、一座の人びとにいつの間にか浸み渡る性格を兼ね備え、針のように心を打った。口を開けば声音に歓楽がただよい、絃の多い楽器のような舌を話す言葉にいかにもうまく合わせてふるまい、非ギリシア人に会う時も通訳をまつことはほとんどなくて、エチオピア人にもトローグロデュタイ族（紅海の北部、アフリカ西海岸の種族）にもヘブライ人にもアラビア人にもシリア人にもペルシア人にもパルティアー人にも、自分で返事をした。その他いろいろの民族の言葉を覚えていたといわれたが、この人より前（プトレマイオス王朝）のエジプトの諸王はエジプト語さえ習いおおせず、中には（彼らの祖国である）マケドニア語さえ忘れた者もいたのである。

前三〇年に、彼女が自殺してから約一〇〇年以上もたった後の記事であるが、あたかも彼女に親しくインタビューして書いたもののようで、彼女の本当の姿を率直に語っているようである。彼女は、人と人との交際には、誰にも劣らない魅力と、相手方の心をいつとはなしに自分の方に引き寄せるような強い力を持っていた。これは彼女が天性として持っていた強烈な匂いというか、あるいは他の人びとに対して放射する刺激というものであろう。そして、彼女のギリシア的な気品とカルチュアーを合わせた不可思議な放射線が、既に多くの女性を知りすぎていた筈の、二人のローマの代表的な人物の心を吸い取ったのだろう。だから絶世の美人であったというより、むしろノーブルで社交性にあふれ、チャーミングでミステリアスであったという方が、あるいは本当であったのではなかろうか。

またギリシア本来のノーブルなカルチュアーとマナーを身につけ、エジプトの独裁専制的な女王として君臨していた彼女にして見れば、新興のローマ人は、例え彼らの代表的な人物であっても、低級な成り上がり者であるとしか感じられなかっただろう。彼女は、彼女自身と、自分の国を保つため、彼女の社交的な外交と魅力を発揮したのではなかったろうか。そう行動しなければならない国際情勢の中に置かれていたのである。とともに、もしあったとすれば、彼女の人間的な恋愛がその間に織りまじっていたのだろう。女王として、人間として、いろいろの事柄が因となり彼女の魅惑的な外交を一段と駆り立て、ついに悲劇の女王として彼女の生涯を終らせたのではなかろうか。

プトレマイオス王朝の成立と新興ローマの東方進出

いささか以上に古い流行語であるが、何が彼女をこのような女王にさせたのであったのか。彼女より約三〇〇年ほど前のことである。ギリシア北部、マケドニアのアレクサンドロス大王（前三五六―三二三年）は、前三三四年にヘレスポントスを渡り、小アジア、シリア、レバノン、イスラエル、エジプト、メソポタミア、ペルシアから遠く中央アジアの西トルキスタンと西北インドまで遠征して、ギリシア文化と文物を東方世界に初めて広めた。これを“The Hellenistic Age Alexander.”という。彼の建設した大世界帝国は彼の急逝によって分裂し、彼の部将たちにより、東方、西トルキスタンのバクトリアにバクトリア王国、メソポタミアにセレウコス王朝（前三〇四―九五年）、エジプトにプトレマイオス王朝、マケドニアにアンチゴノス王国の四つができた。ところがペルシアのイラン種に属するパルチア人は、ギリシア人の虐政に反旗をひるがえし、前二四八年頃パルチア王国（前二一四—後二二八年）を建て、ギリシア人のバクトリア王国は前一五六年頃ついに勢力を失ってしまった。そしてパルチア王国は、大王ミトラダテス（前一七四—一三八年）の時、勢力を西方へ伸ばし、メソポタミアにあるセレウコス王朝を圧迫するにいたった。

またギリシア本土では、少数者への土地集中の傾向がいちじるしくなって、もとの市民の子孫は完全な市民の列から没落して借金に苦しむ者が多くなり、市民と農民の生活は安定していなかった。その頃、西方イタリアのローマを中心とする新興の勢力は、地中海沿岸の各地を占領してギリシア本土を手中に収め、小アジアに進出してきたが、前九五年にセレウコス王朝が西進して来る東のパルチアに亡ぼされると、オリエントの三日月地帯（The Fertile Crescent）で、東西の二大国である東のパルチアと西のローマは対立するにいたった。ローマは一時的には、ペルシア湾頭の一部を占領したこともあったが、東方のパルチアに圧迫されて、僅かに小アジアからキリキア、シリア、パレスチナの一帯を保守するだけで、メソポタミアを通じるローマの東方進出は遮断されてしまった。また黒海北部沿岸のクリミア半島地方から東方カスピ海を通じて、西トルキスタンにいたろうとする努力も、やはりパルチアの勢力に阻まれて、クリミア半島の一部を植民化しただけで意のように進展しなかった。

このように見てゆけば、前二世紀以来「ギリシア、小アジア、シリア、レバノン、イスラエル、メソポタミア、ペルシア」を結ぶ陸の東西の大道（main route）は乱世に終始し、独りエジプトのプトレマイオス王朝だけが、当時の世界の直接の動乱からまぬかれていたといってよろしい。このようなためだろう。多数のギリシア人は平和と生活の安定を求めてエジプトへ流れこみ、殊にユダヤ人の如きはエジプト全人口の五分の二近くを占めていたというから、オリエント三日月地帯の諸民族の多くは、エジプトに生活の根拠を求めたのである。

エジプトはナイルの賜物である

エジプトはナイルの賜物である。Egypt is the gift of the Nile. というが、前一世紀の頃西方世界の穀倉地帯は、ゴール（ガリア）、シシリー、エジプトの三つで、エジプトはその最も雄なものであった。エジプトを支配しているプトレマイオス王朝は、ギリシア系の独裁専制王国として穀物の増産を計るため、ナイル河下流地帯の運河の開発と灌漑水利の諸施設ならびに道路の建設を促進した。それとともに、ギリシア本土から流れこんできたギリシア人の、知識と技術と体験を利用することを怠らなかった。こうして穀物、麻布、織物、植物性油脂、硝子、パピルス、煉瓦、明礬、ビールなどが増産され、遠く地中海西端のイベリア半島の銅、錫、鉛を輸入し、諸種の金属製品や器具などが盛んに生産されるようになっていた。

また南方は、紅海の東アフリカ沿岸の各地に象狩の聚落を設けて、生きた象を捕獲した。これは前四世紀以来、新しい武器として登場した有力な戦略上の、動力——今日で言えば戦車——であって、エジプトはその供給国であった。そしてこれらの象狩の聚落は、象が戦争上の動力として利用されないようになると、象牙の集散地となり、やがては商業地としての機能を発揮するようになる。それから古来から有名なアラビア南部と対岸の東アフリカ、ソマリーランドの乳香と没薬という香料と黒檀などの、輸入を計ったのはもちろんである。また前二―一世紀になると前に記しているように、インド本土と地中海世界を結ぶ中間に、パルチア王国が威勢を振るってメソポタミアを領有していたから、インド人はパルチア人の中間搾取を避けて、インドから海上、沿岸づたいで紅海の入口方面まで航海して来るようになっていた。ところが前一世紀の半ば頃、インド洋の季節風（モンスーン）を利用するインド洋横断航路が発見されると、エジプトから紅海の入口をへて直接インドへ直航するギリシア人も増加してきた。そしてインドの香料――主としてスパイスである胡椒と化粧料であるスパイクナルド――薬品、綿糸布、セイロンの宝石と真珠などが輸入されるとともに、インドを経由して遠くマレイ半島の鼈甲《べっこう》、東方中国の大名物である絹も将来されるようになる。エジプト、特にその中心であるアレクサンドリアの繁栄と富は、西方世界のあこがれのまとである。このような国に、女王として君臨していたのがクレオパトラである。

当時の代表的な穀倉地帯であるエジプトは、東西両洋の物資の集散地として、また諸種の農業生産物と金属製品生産の中心であるアレクサンドリアの繁栄と富は、西ローマからも東のパルチアからも、ねらわれていたのである。特にメソポタミア地方への進出を、東のパルチアによって阻まれたローマにとって、エジプトへの進出は必然的なものであった。前一世紀の半ば頃、ローマ本土の政治上の安定が見られるようになると、彼らの食料資源の確保としてのエジプトの穀倉は、放っておけないものである。カエサルは若い時、既にエジプトの併合を考えていたという。彼らローマの代表的な人物が、エジプトを支配してその富と資源ならびに輸入品と生産加工品を左右することは、ローマにおける彼らの地位を確固たるものにすることである。それに安定しかけてきたローマ市民の生活は、東アフリカの象牙と黒檀、南アラビアの香料、インドの胡椒と真珠、宝石、マレイ半島の鼈甲、シナの絹がないではすまされないようになってくる。――特にローマの女性にとって。――ローマとアレクサンドリアとの間を航海していた穀物輸送船は、船団を組んで定期的に航海していたという。いかにローマ本土の生活が、エジプトの穀倉に依存していたかということが良く理解されるだろう。それに加えて、ローマ市民――特に女性――の奢侈生活のための、東アフリカ、南アラビア、インド(マレイと中国)などからの贅沢物資とその加工製品の輸入である。

女王クレオパトラが極めて社交性に富み、頗るチャーミングであったというのは、インド洋を渡海して紅海の入口からやって来る人びとを大切にして、南方アラビアと東アフリカそして東方インドからの諸物資を、できるだけ多くアレクサンドリアに集めるように、努力しなければならなかったことに原因するだろう。そしてエジプト本土の穀物と、その他の農業生産物、また東方から輸入した物資とその加工品などをローマ人に売るためには、彼らにも愛想をよくせねばならない。さらに穀物資源の確保という重大で切実な目的の下に、ローマの政治上の圧力が強化してくれば、これに対処してゆく外交上の方策が必要である。彼女が社交性に富んでいたというのは、彼女の天性のしからしめるものがあったとともに、彼女が君臨している国のために、いや彼女自身のために、そうしなければならなかったのだろう。そして彼女が理知的で文化的であったというのは、ギリシア文化の最後を飾る一人の女王として、おのずからそのような品性を備えさせたのだろう。このようなことがらが、後世の文人によって、いつの間にか絶世の美人に仕立てられ、ナイルの魔女や淫婦といわれるようになったのだろう。

ローマ人としては、女王を自己の手中に収め、アレクサンドリアを中心にエジプトの支配権を掌握することが、必然的な成行きであった。彼女の鼻が低かろうが高かろうが、それはあまり問題ではない。――といっても、やはり高くて美人である方がよろしい。――しかし、ここにいたるまでの道程として、カエサルやアントニウスとの恋愛があった。女王クレオパトラにしても、自分の国を守ることだけが、彼女の生活と行動の全部ではなかっただろう。カエサルやアントニウスとの恋愛を、単なる政治外交上の手段と方法であったというのは、あまりにも彼女を誣《し》いるものではなかろうか。エジプトの女王として、彼女の政治外交上の駆《か》け引きと微笑は当然のものである。しかしそれはまた、彼女の全生命をある時は打ちこんでいたであろう恋愛とも、不可分なものであったとする方が妥当ではなかろうか。純な恋愛と政治外交上の微笑とが互いに錯綜して、彼女のギリシア的なプライドが、捕われの身となってローマ人の晒し者になることを許さなかったのだろう。

アントニウスを討伐するためにやってきたアウグストゥスが、クレオパトラに心を奪われなかった。なんの反応を示さなかった。というのは、帝政ローマの成立によってローマ市民の生活を安定させ満足させるため、そして最初のインペラトールとなる彼にとっては、当然に取るべき態度であろう。クレオパトラが女性として、女王として、絶世の諸条件をすべて持っていたとしても、それはもう彼にとっては問題でなかった。

インド洋のモンスーン（ヒッパロスの風）

プリニウスと『エリュトゥラー海案内記』のインド洋横断航路

ローマの博物学者プリニウス（二三―七九年）の『博物誌』全三七巻は、世界最初の百科全書である。彼はその中で、インド洋のモンスーン利用の航海を、早くそして正確に伝えているが、それは次のような段階で発展したという。

(一) アレクサンドロス大王の部将ネアルコスによる、インダス河口からペルシア湾頭までの航海。前三二五―三二四年のことで、初期沿岸航路の典型である。

(二) アラビア南部海岸のファルタク岬から、インダスの河口に直航する航路。これは、その方面でヒッパロス (Hippalus) と呼ばれるモンスーンを利用する。

(三) その後、ファルタク岬からインド西海岸のシゲルス(ボンベイの近く)に向けて航海する海路が知られた。この航路は、前のより近路でかつ安全なため毎年利用された。

(四) アラビア南部のオケーリスからヒッパロスの風を利用して、インド西南部海岸の（マラバルの要港）ムージリスにいたる最も便利な航路。その間、片道四〇日を要する。

プリニウスの記事に対して、一世紀半ば頃の『エリュトゥラー海案内記 Periplus Maris Erythraei』

に、モンスーン利用の説明がある。エリュトゥラー海とは、文字そのままでは紅海を意味しているが、今日の紅海は当時はアラビア湾と呼ばれ、エリュトゥラー海とは、インド洋、ペルシア湾、紅海を含めた総称であった。そしてこの『案内記』は、アレクサンドリアの無名のエジプト人の記録であるが、一世紀のインド洋沿岸各地の通航貿易状態をありのまま率直に伝えている。『案内記』にいう。

カネーとエゥダイモーン・アラビアー（幸福なアラビア。アデン地帯）から（インド洋）の全航海を、昔の人びとは現在よりも小さい船で、（沿岸の）湾を廻りつつ航海していたが、初めて舵手のヒッパロスが商業地の位置と海の状態とを了解して、大海（インド洋）横断による航海を発見し、それ以来インド洋で局部的に、我々の辺でも同じ頃に大洋から吹く季節風（エテシァイすなわちモンスーン）である南西風は、横断航路を最初に発見した人の名にちなみ、ヒッパロスと呼ばれるように思われる。
それ以来今日まで、ある者はすぐにカネーから、またある者はアローマタ（東アフリカ東端の香料岬）から出帆し、リミュリケー（マラバル海岸）に向かう者は、かなりの間風に逆らい、バリュガザやスキュティアーに行く者は、三日を越えず陸地にくっついて進み、それ以後は自分の航海に都合の好い風を得て、岸辺はるかに外海を通って数々の湾を行き過ぎるのである。

インドからペルシアの海岸にそってアラビア南部にいたる沿岸航路

これから、プリニウスの前記㈠、㈡、㈢、㈣のインド洋航海の段階を『案内記』と合わせて考えてみよう。

㈠　前六世紀のナボニドス王（新バビロニア王国最後の王。在位、前五五六―五三八年）の月宮殿には、巨大なチーク材を使用していたことが考古学上の発掘で明白にされている。チーク（Tectona grandis）は、インドから東方にかけて熱帯アジアにだけ生育する植物で、西南アジア方面には全く生育しない。バビロンで発掘されたチークの巨材は、陸上運送では不可能と思われる巨大なものであるから、インドから海上を筏などで輸送したにちがいない。そして『旧約聖書』の「エゼキエル書」（二七―一五）は、ペルシア湾内バーレン島付近の商人と推定される者が、多くの島々を支配して象牙と黒檀を交易しているという。この黒檀はインド産の硬木類特にエボニー（ebony, Diospyros ebenum）やチークを指しているのだろう。また前四世紀のテオフラストスも、この地方にインドから造船材としてチーク材が輸入されていることを暗示している。このように見てゆけば、古くインド人がインダスの河口方面から沿岸づたいでペルシア湾まで航海し、フェニキア人などが彼らと交易していたのがほぼ想像されよう。

それからプリニウスのいう前四世紀のネアルコスの航海より前に、前五世紀のヘロドトスは、ペルシアのダレイオス一世（前五二一―四八六年頃）が、インダス河の上流地方から河口へ下り、ペルシアの沿岸にそって西へ航海させたという、伝説的な要素は多分にあるが、有名な話を残している。そしてネアルコスの航海は、アリアノス（九三頃―一七五年）の書に忠実に記録され、ほぼ正確に沿岸の航海を跡づけることができる。それによれば、夏の間は海から陸へ向って吹きつづけ、沿岸の航海を不可能にさせるエテシァイ（季節風）のなぐ時とあり、またインド洋の航海の時期について、プレアデス星が水平線下に没して(十一月上旬に当る)冬が始まり、冬至までがインド洋は航海に適するといわれている。それはこの季節には、陸地から常におだやかな微風が吹き、――この風は沿岸の航海には、櫂《かい》や帆にも都合が善いからである。

などとあるから、おぼろげながらモンスーンの存在とその利用を知っていたようである。なおアレクサンドロスがネアルコスにペルシアの沿岸を航海させたのは、単に彼の遠征軍の輸送のためばかりではなかった。将来インドとメソポタミア、あるいはさらにアラビア南部海岸から紅海をへてエジプトを結ぶラインを、海上交通によって確保するという遠大な考えの下に、それらの海路を合わせて調査させるのが、主要な目的であったとさえ伝えられている。

そうするとこの頃から、インド船がペルシア湾の入口からアラビアの南部海岸をつたい、紅海の入口方面まで航海し始めていただろうと想像されないこともない。しかしそのはっきりした年代は、不明だというほかなかろう。ただ一世紀の『エリュトゥラー海案内記』は、紅海入口のアデンについてこう記している。

ここは以前は都市(ポリス)で、エウダイモーン(幸福)と呼ばれたのは、いまだインドからエジプトに来る者も無く、またエジプトから外洋の諸地方にあえて航海する者も無く、おのおのここ(アデン)まで来るにすぎなかった頃に、丁度アレクサンドゥレイアーが、外部からの輸入品やエジプトの輸出品を受け入れるように、両方面からの商品を受け取っていたからである。

すなわちプリニウスのいう第二の航海段階の前夜に、インド船が航海の入口方面まで来航し、ギリシア系のエジプト商人も、紅海の入口のアデンまでやってきていたことを説明している。『案内記』はまた、東アフリカの東端のガルダフィ岬の沖にあるソコトラ島について、

島の少数の住民は、陸地に面する島の北側の一方にのみ住んで居り、彼らは外来者で、商業のために航海してきたアラビア人やインド人や、さらにヘルレーネスの混合である。

という。ソコトラ島という島名はディーパ・スカーダーラ (Dvīpa Sukhādhāra. 幸福の島) というサンスクリットから転訛したデオスクーリデース (Dioskūridēs) というギリシア名によるものである。このようにインド人による島名と、インド、アラビア、ギリシア系の混血人が島の少数の住民として残っていることなどから、早くインド人の来航のあったことが想像される。しかし彼らインド人の航海は、例えペルシア沿岸でモンスーンの存在をおぼろげながら知っていたとしても、ペルシア湾の入口からアラビア南部沿岸づたいの航路を取っていたものと考えられる。そしていつの頃のことだとはっきりしていないが、ソコトラ島まで来航していたというインド船は、あるいはプリニウスのいう第二のインド洋横断航路を既に取っていたものであろうか。すなわち早くインド洋のモンスーンを利用していたのではなかろうか、ということを暗示しているように思われてならないのである。

ヒッパロスの風の発見とインド洋の横断

㈡と㈢　㈡の横断航路はヒッパロスというギリシア人の船員が発見したと伝えられ、彼の名をインド洋のモンスーンにかけて、「ヒッパロスの風」という。しかしヒッパロスという人物が実在の人であったのかどうか、はっきりしたことはわかっていない。むしろ伝説上の人物で、ギリシア人によるインド洋横断航路利用の始めを暗示するものではなかろうか。ギリシア人は、彼らより先にモンスーンを利用してインド洋を航海していたインド人から、モンスーンの存在を教わり、これを利用するようになったのではなかろうか。余談であるが、古代の偉大な発見について、ともすれば個人の発見であるように伝えているものが多い。そしてこの伝説的なものが、いつのまにか事実であると信じられている。例えば有名な中国の紙の発見について、後漢の蔡倫の発明だとされている。しかし彼は製紙の方法を発明したのではなくて、製紙の新原料として植物繊維を利用することを発見したのであった。紙そのものは、彼より以前に既に中国で作られていたのであるが、新原料の発見によって今日まで私たちが紙として認めているものが彼によって発明されたのである。

そして㈡の横断航路が知られると、相ついで㈢の航路が開け、この航路はモンスーンの利用が容易であったため、毎年利用されていたという。しかし㈡と㈢の航路が開けた年代については、諸学者の間に多くの異なる論があってまだ一定していない。それらを大きくわけると、「前一〇〇年頃と、前四七年または前四五年頃」とする二つにわかれる。私は㈡の航路は、インド人がアデンやソコトラ島に来航していた事情から見て、大体前一〇〇年以後、そして㈢の航路はプトレマイオス王朝の末期までには開けていたと推定したい。そうすると女王クレオパトラの治政の頃は、この二つの横断航路が開けていて、インド人もアラビア人もアレクサンドリアに来ており、アレクサンドリアのギリシア人も既にインドへ渡海していたのであった。

㈣　一世紀半ば頃の『案内記』は、ヒッパロスの風を利用する㈡と㈢と㈣の航路をひっくるめて記述しているようだから、インド西南部のマラバル海岸に向う横断航路は、紀元前後に開けていたと考えて、大体誤りはないだろう。

インド洋の荒波を乗り切る人びと

このようにして、インド洋では夏（四月から十月）の南西風と、冬（十一月から三月にかけて）の北東風を中心に、季節的に一定したモンスーンの吹いていることが知られ、モンスーンを利用する横断航路が開けたのである。この航路は、インドと地中海世界との中間にあったパルチア国の勢力圏外にあるから、彼らに脅かされることはない。インドからパルチアを経由してバビロンに通じる陸の大道は、隊商による輸送であるから、長い年月を必要とし、各所で通過税を取られ、途中盗賊の難も多い。インダス河口からペルシア沿岸づたいでペルシア湾頭にいたっても、それからはパルチアの勢力圏である。どちらにしてもパルチアの巨額の中間搾取はまぬかれない。インド洋横断航路では、当時の船はまだまだ小さく、航海技術も幼稚であったから難破する率は高かったとしても、陸の大道よりはるかに早く輸送できた。大体一年でエジプトとインド間を、往復できたと推定される。海賊の出没は、もちろんあった。しかしそれは、インドの海岸と紅海入口方面の沿岸だけであったから、東西の陸の大道のいたるところに盗賊が出没したのとくらべれば、まだましであったろう。陸路は多数の人間と馬や駱駝を必要とし、それらの食料、飼料や飲料、宿泊のため途中多くの宿駅で多額の費用を取られる。船であれば、少数の人間でことは足り、運賃と諸掛りは陸路とくらべてはるかに安くてすむ。但し難破の危険は相当以上だから、生命を失うことはもちろん多い。

終りに当時のインド洋横断航路に活躍したギリシア商人の、教養の程度と資力のことである。前者については、利益以外にはなにものもなかった人びとである。人殺しもやる。時によっては盗賊もやる。そうでなければ、このような危険をあえてしないだろう。後の彼らの資力については、なんの資料もないが、大体において他人から資金を借り入れ、東方インドの商品を積んで帰ってから、借金を返却したようである。例えばプトレマイオス王朝のパピルス文書中の前二世紀頃のものに、次のようなものがある。

○航海の目的地(東アフリカ東端のアロマータ地方)。○積んで帰る商品(香料)。○出資者(貸主)の氏名。○借用して航海しようとする五人の氏名。○返済のための五人の保証人の氏名(借りた人と同じ人数)。

だから五人の一文無しの連中が共同で借金し、それで船を艤装し、あるいは買入れ、輸出商品を仕入れ、積みこんで出かける。帰ってこないこともあるから——あるいはその方が多かったろう——その時のために別に保証人を立てておく。これは前二世紀頃、エジプトのギリシア人がまだ紅海の入口方面までしか出かけなかった時のことである。しかし前一世紀から紀元前後にかけて、インド洋の横断航路に出かけた頃も、ほぼ同じであったろうと想像される。

インド洋の荒波を乗り切り、生命を賭けて一獲千金の渡海を敢行する人びとである。なにものも恐れず、資本も無く教養はゼロで、ただ気迫だけのやからだけが良くなし得たところである。彼らの背後には、このような彼らにあえて出資するアレクサンドリアの高利貸があった。また東方（アラビアと東アフリカとインド）物資の大消費者であるローマ市民の存在を忘れてはならない。

インド洋横断航路の話がいささか長くなったようであるが、前三〇年に自殺した女王クレオパトラの背景である。彼女以前とは、全く変った様相が展開していたのである。

十一　ゴールド(金)とスパイス(香料)とアニマ(霊魂)の大航海

――怪奇と悲劇の人・コロンブス――

プロローグ

キリストがユダヤのベツレヘムの馬小屋で生まれた時、東方から来た三人のマギ(博士magi, wise men)が東の星の案内によって、母マリアに抱かれている幼子のキリストに会い、ひれ伏して拝み、宝の箱をあけて「乳《にゅうこう》香・没薬《もつやく》・黄金」の贈物をささげたと、『マタイによる福音書』は伝えている。三つの贈物である「乳香は神・没薬は救世主《メシヤ》・黄金は現世の金《キング》」を意味して、この幼子こそは「神であり、救世主であり、王である」ことを寓意している。

八世紀の初めイベリア半島に侵入した宗教的な戦闘集団であるアラビアのイスラムは、この半島を占領して、イスラムの文化と文物をヨーロッパの一角に植付けたのであるが、彼らによって圧迫された半島のカトリック教徒は、不毛の山岳地帯に追い込められ、永年にわたって血みどろのレジスタンスを続けた。そして一〇九五年にポルトガルが独立し、ようやく一四七九年にカスティリヤとアラゴンが合同してスペインが成立するまで、彼らはイスラム打倒の念一筋に生きていたのであった。

熱烈なカトリシズム、神の福音の弘布、それはアニマ（霊魂）であって、イベリア半島の住民にはイスラム打倒の線に繋がる彼らの使命であった。この使命を達成する王《キング》は金を獲得して、アニマに奉仕しなければならない。そしてアニマとゴールドによって、世界を救い、彼らの国を富ませねばならない。イベリア半島の新興独立国として、そのためにとらねばならない最高そして最善の手段は、南アジアすなわちインドに進出して、当時のヨーロッパが日常の医薬品と食生活になくてはならないものとしていた、インドのスパイス（香料）の確保にある。

まずゴールドを獲得し、これを軍資金としてインドに進出し、アジアにのさばるイスラムを打倒し、アニマすなわち神の福音を弘め、スパイスを確保して国を富まし、世界の覇権を握ることである。彼らのインド進出が、「ゴールドとアニマとスパイス」のためであったことは、明明白白であろう。それはベツレヘムの馬小屋に生まれた神の子キリストと同じだと、スペイン・ポルトガル両国の王たちは信じて疑わなかったのだろう。

はじめにコロンブス関係の略年表を記しておこう。

一〇九五年　ポルトガル国独立。
一四四五　ポルトガル人ディニス・ディアス、西アフリカのベルデ岬を廻航する。
一四四六頃　コロンブス、イタリアのゼノアに生まれる。
一四七四　（六月）トスカネリ、ポルトガル国王に西方航海の必要と有利なことを説明する書翰と地図を送る。

一四七九　カスティリヤとアラゴン合同してスペイン国成立。

一四八〇―八二　コロンブス、トスカネリの西方航海説明の書翰と地図を見る。

一四八二　トスカネリ（一三九七―）死す。

一四八四頃　コロンブス、西航の援助をポルトガル国王に求めて拒絶される。

一四八五　ピピノ、ラテン語訳、マルコ・ポーロの『旅行記』刊行。

コロンブス、弟バルトロメーを英、仏に派し援助を求める。

一四八六　コロンブス、スペイン国イサベラ女王に初めて謁する。ポーロの『旅行記』を手に入れる。

一四八七　ポルトガル国王、近東、エチオピアとインドへ二人のスパイを派遣する。

一四八八　（二月）ポルトガルのバルトロメウ・ディアス、アフリカの南端を迂回する（喜望峰発見）。

一四九〇　ポルトガル国王派遣のスパイの一人、カイロから国王宛、アフリカ大陸を迂回すればインドに渡海できるという情報を送る。

一四九一　イサベラ女王の委員会はコロンブスの西航計画を否決する。

一四九二　（一月）イスラムのグラナダ城降伏。イベリア半島からイスラムを一掃。

（四月）コロンブスとイサベラ女王との間に西方航海の契約が成立する。

このころマルチン・ベハイム（一四五九頃―一五〇七）地球儀を作る。

一四九二　（八月）―九三（三月）コロンブス第一次の航海。

一四九三―六　コロンブス第二次の航海。

一四九八　(五月)ポルトガルのバスコ・ダ・ガマ、インドのカリカットに到着。
一四九八　(一一五〇〇)コロンブス第三次の航海。
一五〇〇　ポルトガル人ブラジル海岸発見。
一五〇二—四　コロンブス第四次の航海。
一五〇五　ポルトガル人のインド経営始まる。
一五〇六　(五月二〇日)コロンブス死す。

コロンブスの信仰

新大陸の発見者コロンブス（一四四六頃—一五〇六年）の出身と経歴と性格は、今日なお明らかにされていないことの方が多い。彼が四回に及ぶ航海に際し記した日誌と書簡は極めて断片的で、後年失意の時、彼自身の語ったことと、彼の子フェルナンド・コロンブスの書いた父の伝記も、正確な資料とは認められない多くの疑問と問題を残している。しかし、熱烈な中世的カトリシズムの信奉者で、当時としては極めて稀な（進歩的な）科学的見解の下に地球は円いと信じて疑わず、ゴールドとスパイスの国を発見し、富と地位と名誉とを貪ろうとした、複雑怪奇で熱狂的な人間であったようである。

彼は第一次の航海（一四九二年八月―九三年三月）で、スペイン本国に到着する前、カナリア諸島の沖から「計理官、ルイス・デ・サンタンヘル」へ出した、一四九三年二月十五日付けの書簡の末尾にはこう記している。

永遠の神、我らの主は、その道を行く者に、不可能とさえ思われる勝利を与えたまうのでありますが、これは明らかにその一つなのであります。これらの地については今日までにも語られたり、書かれたりしたことがありますが、それはいずれも目で見たものではなく、単なる想像によったものにすぎませんでしたから、真実を知らない限りは、これをきいたものも、そのほとんどは、事実というよりは作り話と受けとっていたのであります。したがいまして、救世主が、我らの国王及び女王陛下、並びにその名も高きその王国に与え給うた勝利に対して、すべてのキリスト教界はこれを喜び、かつ祝いことほぐと共に、かくも多くの人間を我らが聖教に導かさせ給うたのみならず、エスパニヤを始めとするすべてのキリスト教界に、慰安と利得をもたらすという俗世の利益までお与え下さったことに対し、その御名を高揚し、父と子と聖霊に荘厳な祈りをささげて、感謝の意を表わさねばならないものと存じます。

これは単なる追従やおべっかではなく、アジアの東端を発見したという確信と喜びにつつまれた時の彼の本心であったろう。そして地球は円いと科学的に信じ切っているのに、

聖書には、我らの主が地上の天国をお作りになり、そこに生命の木を植えられ、そしてこの天国から泉が涌き出ていて、それがこの地球の主な四つの川、すなわちインディアのガンジス川、山を分けて流れメソポタミ

ヤを形成してペルシアに流れ入るティグリス・エウフラテスの二つの川と、エティオピアを源としてアレキサンドリアの海に入るナイル川であるとのべられております。私はラテンの文献でもギリシアの文献でも、この地上の天国がこの地球のどこにあるかを明らかにしたものを、未だかつて読んだことがありませんし、また、この地上の天国の位置を、証拠をあげ、権威をもって示した世界地図を未だみたことがないのであります。

と第三次航海（一四九八―一五〇〇年）のさいに、南米大陸トリニダッドの南岸でオリノコ川の支流が海に注ぎこんでいる所で語っている。そしてこの川こそは、地上の天国に源を発するものと考えている。また地球は球形であるが、それは「いびつ」になっているという。

しかし私は、すでにのべましたように、この世界が非常にいびつになっていることを発見したのであります。私は、この世界は今迄書かれているような円形ではなく、梨のようにへたがついている箇所が高くなっていることを除いてはまん丸い形であり、これをいいかえれば、それは円い球の半分に、女の乳をつけたような形であると考えるものであり、その乳首のある部分が一番高くなっていて、一番天に近く、そしてその下を赤道が通っており、大洋及び東洋の終りがここにあるものと思うのであります。私が東洋の終りというのは、すべての陸地や島が終るところのことであります。

すなわち彼が発見したオリノコ川の上流にあるその発源地こそ、地球の乳首の一番高くなっているところであって、私はこの最も高い所までは航海できるものとも、またそこまで水があるとも、またそこまで登れるものとも思っておりません。と申しますのは、彼地こそは地上の天国であり、彼地へは神の御意志による以外は誰も到達できないものと考えているからであります。

といっている。

このように見てゆけば、極めて進歩的な未だかつて誰も航海しなかった海洋の渡海を敢行した人物でありながら、地上の天国の存在を信じ、自分こそはその所在を明らかにした者であると考えている。

コロンブスの科学

地球が球状であることは、既に古典ギリシア時代の学者の間に信じられていた。前四世紀のアリストテレスは、北極星の高さから考えて、地球は球形でなければならないことを証明し、前三世紀のエラトステネス（前二七五頃―一九四年頃）もこの考え方を進めて、地球の大きさを計算した。そしてローマ時代でも、この考え方に変わりはなかった。ところが六世紀に、エジプトの修道士コスマス・インディコプレゥステスが、地球は平らな板のようなもので、四つの壁に区切られた矩形で、頂上は天空がアーチ形をなしているものと考え、アリストテレスの説は『バイブル』に反するものと非難した。彼以後この考え方は多くの聖職者たちに受け入れられ、中世を通じ一般にそう信じられ疑われなかった。

コロンブスの若い頃のことは、すこぶるわからないことばかりで、彼がどれほどの勉強をしたのか、何もわかっていない。すくなくとも、ある程度の航海技術と経験を持ち、天文や地理に通じ、ラテン語を読む能力はあったように思われる。しかし、地球は円いから、大西洋を西へ西へと航海する方が、アフリカ大陸を迂回して東方のアジアへ行くより近道であるという確信を得たのは、当時一流のイタリアの天文地理学者トスカネリ（一三九七―一四八二年）の学説からであった。

トスカネリは十三世紀後半のマルコ・ポーロの『世界旅行記』と、彼自身の研究から、「ポルトガルまたはイタリアから、東洋のキンザイ（中国の杭州）とザイトン（泉州）へ行く距離は、地球の半ばを遙かに超えているので、西の海を航海して東洋へ行く方がずっと近い。」という結論に到達していた。

その頃アフリカ大陸の西海岸を南下して、インドへ到達しようと念願していたポルトガル国王アフオンソ五世（一四三八―八一年）は、リスボンの聴罪師フェルナンド・マルチンスがトスカネリの友人であったので、彼を通じてトスカネリにアジアへ行くのに、アフリカ大陸の沿岸を航海するよりも近い道があるのかどうかを尋ねさせた。これに対しトスカネリは一四七四年六月二十五日付で、書翰と彼の考え方を一目瞭然と示した地図を国王に送り、大西洋を西へ航海する方が、アジアに到達する近道であることを熱心に説いた。ところが既に西アフリカのベルデ岬を越えて、アフリカ大陸の南端を極めようとしているポルトガル国王は、トスカネリの進言には気乗りうすで、彼の折角の書翰と地図は王室の文庫のどこかにほったらかされてしまった。

コロンブスはこのことを誰から聞いたのかよくわからないが、その頃（大体一四八〇―八二年のこと）トスカネリに書信を送って、東方アジアへ行く近道について意見を求めている。トスカネリは彼の熱心さにうたれたのだろう。前にポルトガル国王に呈した書翰と地図の写しを、彼に与えたようである。その書翰の要旨は次のとおり。

前にしばしばスパイスを産するインドへの最短の海上航路をのべたが、それは西アフリカのギネアを経るよりも短い。ポルトガル国王がその航路を知りたいということだから、自製の地球儀をもって指示することができるけれども、さらに容易に了解せられるため、自分で描いた地図の上で表示しよう。

その地図は西の限界として、アイルランドから南に向かい、ギネアに達するまでを包含している。この西方からインドへ行く航程の長さも見られる。またインドの極東と、その諸島と諸港も表わしている。俗に東洋にあるというスパイスを産する国を、西洋といったことに驚くだろうが、ヨーロッパから西方へ航海する者が、それを西方の洋上に見出し、陸上から東行する者は、それを常に東洋に見出すのである。

この地図に沿って引いた直線は、西方から東方へ、斜線は北より南への距離を示す。またこの地図には、逆風などが偶発するため、避難しなければならないインドの数多くの港をも描いた。そこに見える島々は、諸民族と交易する商人の住む所であって、かなたの世界の多数の異国船がそれらの港にある。

東洋の最も美麗な港の一つであるザイトン（泉州）だけから、毎年あらゆる香料を積んで帰る船を数えなくても、胡椒（ペッパー）を乗せて出帆する船が百隻以上に及ぶ。その国（中国）は甚だ大きく、人口も多い。グラン・カン（大汗）と称する唯一の君主の主権の下に、多数の州国があり、その都はカタイ（北シナ）にある。この君主の祖先がかつてキリスト教徒と交通しようとして、二百年前、わがキリスト教を弘布する宣教師の派遣を求めるためローマ教皇に使を送ったけれども、途中の障害にあって引き返しローマに着かなかった。教皇エウジェニウス四世の時、この国から使者が来て、長い間滞在し、その時ローマにいたトスカネリ自身が彼と語って、この国の王と大河、大理石の橋を有する二百の都市のあることを知った。その国は美しい。その国にある大きな富源「金・銀・宝石」を求めるため、是非ともそこへ行く通路を発見しなければならない。

リスボアより有名なキンザイ（杭州）の市にいたるまでは、真直に航路を西にとり、エスパシオ一五〇マイルとして、二六エスパシオあることを地図上に認める。キンザイは周囲二五レグワ（一レグワは約五・六キロ）あり、その名は「天上の都市」を意味する。その都市には、世にも壮重を極める大柱に立つ十個の大理石の橋がある。それはカタイに近いマンゴ州（中シナ）にある。アンチルチヤ島よりジパンゴ（日本）までは一〇エスパシオ、すなわち二二五レグワを数えられる。ジパンゴは金と宝石に富み、寺院と王宮は金の板でおおわれている。

この書翰は、コロンブスが西航を決行する一大原因となるのであるが、スペイン人の十六世紀を通じてジパングすなわち日本を追求する執拗な意図に対し、最初でそして最大の動機を与えたものであることを付け加えておこう。

問題のトスカネリの地図は残っていないが、彼の地図を見たというドイツの航海者であるマルチン・ベーハイム（一四五九頃―一五〇七年）が、一四九二年頃作った地球儀（これは現存する世界最古の地球儀である）は、ほとんどトスカネリの地理知識によっているという。トスカネリの書翰とベーハイムの地球儀によって、学者が復原したトスカネリの大西洋の地図は本書巻頭図版の中にあげている。

それによると、アフリカのギネアと対して北回帰線に最大の島ジパングがあり、その西南ジャワ・マジョールを中心にして無数の島々が連なり、これらの諸島からインド洋を隔てて、インド大陸のあることが知られる。この大陸の東部にあるカタイ（北シナ）の北緯五〇度の位置にカンバル（大汗の都である北京）、マンゴ（中シナ）の三五度にキンザイ、回帰線の点にジパングと相対して、ザイトンがある。この回帰線上のジパングとギネアとの間の中ほどに、アンチルチヤ島、そしてアフリカよりにカナリア諸島とマディラ諸島がある。

トスカネリはリスボンからキンザイまで二六エスパシオ（三九〇〇マイル）あるといい、各一エスパシオはその地図の五度の経間を持っているという。同じようにアンチルチアとジパングの間は一〇エスパシオ、すなわち一五〇〇マイルをへだて、ヨーロッパから西航する時最も重要な目的地であり寄港地であることを示している。

真偽のほどは確かでないが、コロンブスはトスカネリの地図を持って西航したと伝えられている。彼はトスカネリによって、西航の確信を得、実行を計画したことに間違いはない。これが彼の科学的な根拠である。しかしヨーロッパの西端から、アジア大陸の東端であるシナ本土まで一三〇度、ジパングまで一〇〇度の経間を置いたことは、実際の距離の半分にも及ばぬものである。太平洋の存在を全く知っていない。また中国のザイトンからジパングの西海岸まで、二〇度近く隔てているというのは、実際の二倍以上であろう。トスカネリは、地球の大きさを約三分一ほど小さく見積っている。このような大きな誤差が、後でコロンブスの悲劇を生む一因であったことは確かである。

トスカネリとマルコ・ポーロ

ところがトスカネリの東アジアに関する知識は、ほとんど十三世紀後半のマルコ・ポーロによっている。ではポーロの『旅行記』から、その根拠を示そう。

まずジパング（日本）とマンゴ（南中国）の東南海上にあるという島々について、ポーロはいう。

このジパングのある海洋をシナ海と呼んでいるが、この東（南）方の海は非常に広大なものであって、この辺をしばしば航海して真相を知っているはずの水先案内や船員のいうところによると、七四四八よりも少なくない島があって、その大部分には人間が住んでいるそうだ。そしてどの島に生えている樹木でも、芳香を放たないものは無いという。またその島々では、スパイス、薬品、特に沈香木、黒色および白色の胡椒を豊富に産する。

この島々に産する黄金、その他の物資は計算できないほどの価値であるが、なにぶん大陸から非常に離れているし、航海に色々の面倒や不便が伴う。ザイトン（泉州）とキンザイ（杭州）から貿易に往く船は大した利益を収めているが、冬に往き夏に帰るので航海にまる一年をかけねばならないのである。

この地域では、吹く風の方向が二つしかない。一つは冬に、一つは夏に吹くのである。だから行くのにはその一つの風を利用し、帰りには他の一つの風を利用することになっている。これらの島々は、インドの大陸からも甚だ遠い。

七四四八以上の島々とは、なんだか語呂が合いすぎている。そしてどの島にも香料植物があって、あらゆる種類のスパイスと胡椒が豊富で、金その他の物資は無尽蔵とは、ポーロ一流の大風呂敷だろう。「百万のマルコ様」と渾名された彼であるから。しかし夏と冬の季節風を利用して南中国から渡海して莫大な利益を得ることと、インドからは遠距離のところにあるというのは事実に近かろう。アジアの東南海上にあると伝えられているスパイス・アイランドについて、トスカネリはそう信じて疑わなかった。

次に、この島々と交易する中シナの大貿易港ザイトンは、ポーロによればこうである。

泉州府の海岸は一つの良港（ザイトン）となっていて、マンジ（中シナ）諸州に送られる商品を満載した船舶の寄港地として、その名を広く知られている。ここに輸入される胡椒の量にくらべると、ヨーロッパ諸国の需要に応じるため、アレキサンドリアに輸入される胡椒の量の如きは些細なもので、その百分の一にも及ばぬであろう。全くこの港に集まる商人の数と、集散される商品の量というものは言語に絶して、世界最大の港の一つとして認められるのは当然である。

トスカネリはこの記事から、胡椒を積んで泉州へ入港する船が一〇〇隻以上に及ぶという。彼の中国本土の説明、特にカタイ（北シナ）の部分を私は略しているが、これもほとんどポーロからのものである。そして中シナの「天の都・杭州」は、ポーロの頃人口一五〇〇万以上の世界的な大都会であった。ポーロは語る。

その名は「天の都 The City of Heaven」を意味するが、豪壮華麗および比類のない歓楽郷として、世界の他のどの都市よりはるかに勝れているから、そう称するだけのことはある。住民は恐らく天堂（パラダイス）におるような気がするのであろう。（中略）

一般の計算によると、当市の周囲は一〇〇マイルあることになっている。街路や運河は実に広く、各所に広場または市場がある。そこに出入する人間が極めて多数で、かつはなはだしく雑沓するから、それに応じて必然的に市場の面積もまた巨大である。この都の一方にはすこぶる明澄な淡水湖（西湖）があり、他方には大河（銭塘江）が流れている。そしてその水は、多数の運河・クリークとなって市内いたるところを貫流し、汚物を湖水から海へ流しこむと同時に、道路とともに市内の交通網を形成している。運河は幾多の船を浮かべ、街路はおびただしい車馬を通じ得る幅員があるから、住民の需要する物資をどこにも容易に運搬できる。

皆さんが一般にいうところでは、この都府内には大小引きくるめて一万二〇〇〇の橋梁があるそうだが、主要な大運河の上にかかって大通りを連絡する橋は、実に巧妙にできている。すなわち橋台がアーチ状に甚だ高くなっているから、往来の船舶は帆柱を低くしないでも楽に通過できるのみでなく、陸上の往来からいうと、街路から橋のアーチの頂点までの傾斜がすこぶる具合よくできていて、馬も車も労せずに通れるのである。もしこの都に彼らのいう位に多数の橋がなかったならば、どこへ行くのにもその方法がないであろう。

それではポーロの「黄金の国ジパング」である。

黄金がおびただしく豊富である。無尽蔵であるが、国王の勅命によって輸出を禁じてあるので、極めて少数の商人しか行かない。他国から船が寄港することも稀である。

国王の宮殿の世にも稀な豪華は、そこに行って見てきた人の話によると、驚嘆すべき眺めらしい。屋根全体が、われわれの方の家屋で——さらに適当に言えば教会堂の屋根が鉛で葺かれているように、ここでは黄金で葺かれている。大広間も天井も同じ金属の延板であって、部屋の多くには、すこぶる厚い純金製のテーブルが置いてある。窓も、黄金をもって装飾されている。その宮殿の豪華さは途方もないので、とても想像させることすら不可能だという。

ここでちょっと、ポーロの日本余聞を記そう。黄金の日本は広く吹聴されすぎているが、人肉を食うということは、不埒《ふらち》の話としてほとんどあげられていないから。

彼ら（ジパングの人間）が敵を捕虜にした時、身代金を払うことができないと、自宅に親戚や友人を招き、その捕虜を殺して死骸を調理し笑いさざめいて食う。それで人間の肉というものは、その風味の点において如何なる肉にも卓越しているといっている。

私たち日本人として、十三世紀の後半に人肉を食っていたとは考えられない。むしろ中国の北辺か、それとも南方未開地方の話を混入したのではなかろうかと想像したい。

それはともかくとして、トスカネリの東アジアの知識の根拠はマルコ・ポーロにある。そしてコロンブスはトスカネリによって、「黄金の国ジパングとスパイス・アイランド」の存在を知り、地上のパラダイスと伝える中国本土へ、ヨーロッパから直接未知の海を西へ航海すれば、必ず到達するものと信じるにいたったのである。またその方が陸上アジア大陸をたどり、あるいは海上アフリカ大陸を迂回するよりもはるかに早いと考えたのである。

マルコ・ポーロとコロンブス

当時ポルトガルは、航海王子ドン・エンリケ（一三九四―一四六〇年）の死後、彼の遺志をついで一意西アフリカの海岸に沿って南下をつづけ、ベルデ岬をこえてギネアからコンゴに達し、更に南進を継続すれば、やがてアフリカ大陸を迂回してインド洋に出ることができると、信じ切っていたようである。そのためだろう。ポルトガル国王は、一四七四年六月のトスカネリの書輸を問題にしなかった。だから一四八四年頃、コロンブスが彼の西航計画について援助を求めても拒絶している。それで、コロンブスはポルトガルを去り、伝えるところでは彼の祖国ゼノアに提議したが受け入れられず、次にベニスに求めたが、これも成功しなかった。そこで彼は、一四八五年に弟のバルトロメーをフランスとイギリスに送って交渉させた。そして彼自身はスペインで彼の主張に賛成する人びとを獲得しようと、異常なまでの努力をつづけ、やっと一四八六年にイサベラ女王に初めて謁するところまで漕ぎつけたが、援助の手はおいそれとは与えられなかった。

その頃のことである。一四八〇年から八二年の間にコロンブスが手にした、一四七四年のトスカネリの書翰の写しが根本資料の一つとしているマルコ・ポーロの『旅行記』を彼は読んでいる。スペインのセビリアのコロンブス図書館は、彼の蔵書を保存しているが、その中に彼が熱心に書き入れをしたポーロの『旅行記』がある。この本はフランシスコ・ピピノのラテン語訳本で、一四八五年に初版を出している。

幸い東京の東洋文庫は、この一四八五年の初版本を蔵している。東洋文庫本は各章の始め、あるいは文章の始めは、朱で書き入れをした大きな花文字で飾ってある。一九四九年に国会図書館からコロタイプで、この影写本が出版されているから、それを見るとすぐわかる。ところが、コロンブスが愛読し、書き入れをした、セビリアのコロンブス図書館のピピノ本には、たった一か所しかそのような手写の花文字が見あたらない。それで想像されるのは、ピピノ本の初版本を刊行後間もなく、それも花文字の手書装飾がまだ手写されない以前に、彼は手に入れたのであろうということである。ポーロの『旅行記』に対する彼の熱意のほどが知られるとともに、手に入れた年は、一四八六年のイサベラ女王に謁した時よりおそくはなかっただろう。むしろ女王に謁する以前のことであったとも考えられる。

彼は貪るように読んだ。そして留意したところに書き入れをした。書き入れは三一八の多数にのぼっている。今、三一八の彼自身の書き入れを、事項別に大きく分類して表示すれば次のようである。

事　　　項	数	%
地理（地名その他）	34	
気　象	4	
港，船，航海	21	
建造物，城	7	
人事，風俗	19	
果　物	4	
酒　類	5	
食品名	25	
薬　品	8	
商品（内，絹９）	24	
動　物	64	20
香　料	51	16
金，銀	20	6
宝石（真珠，珊瑚）	26	8
注　意	6	
計	318	100

それから香料だけの内訳を見よう。

品　名	数
香料とだけ	14
沈　香	2
白　檀	3
竜　脳	2
麝　香	3
竜涎香	4
シベット	1
（以下スパイス）	
スパイスとだけ	4
肉　桂	3
胡　椒	4
ジンジャー	7
丁　香	3
ナツメッグ	1
計	51

動物が六四で一番多いのは、ポーロの『旅行記』にも目立って多く記されているからだろう。コロンブスは牛、馬、駱駝、ライオンで二九か所、その他あらゆる鳥獣に及んでいる。しかし、香料と金銀、宝石だけで、書き入れ全体の三〇パーセントに達している。彼が特に気を留めていたところが、どこにあったのかをはっきり示している。（コロンブスの書き入れについては、杉本直治郎、伊東隆夫「コロンブスと東方見聞録……コロンブスの地理上発見の動機の実証的研究」東洋学報、三八の二、による。）

彼は黄金の国ジパングの記事に目を見はって、行く人の稀な宝の国へ到達しようと念じたにちがいない。また香料特にスパイスが無尽蔵にあるという中国の東南海上の無数の島々、その中にあるスパイス・アイランドに行こうと決意したのである。トスカネリはこの二つの目的を達成する最短の方法は、大西洋をまっすぐ西へ西へと航海することだと彼に教えた。黄金の国ジパングとスパイス・アイランドを発見すれば、そこからアジアの東端にある中国最大の世界的貿易港ザイトンへ、そしてあこがれの天の都キンザイに達することができる。彼の心は躍る。

それにしても「マルコ・ポーロ↓トスカネリ↓コロンブス」と「マルコ・ポーロ↓コロンブス」の結びつきは、彼の信仰とともに、彼の中世的な信念が心の奥底にあることを告げるようである。

アニマもゴールドもスパイスもなかった

コロンブスが一四八六年にイサベラ女王に初めて謁し、ポーロの『旅行記』を読んで西方航海の熱意を燃やし、スペイン当局要路の各方面に執拗なまでの説得をやっていた頃のことである。ポルトガルのアフリカ西海岸を伝わって行く南進は、一四八八年二月、バートロメウ・ディアスによって、アフリカ南端の喜望峰を迂回することに成功した。またその前にポルトガル国王はエチオピアとインドへ二人のスパイを派遣して、近東、東アフリカとインド方面に「アニマとスパイス」を探索させている。スパイの一人は一四九〇年にカイロから国王宛「インド西海岸からペルシア湾、そして東アフリカ沿岸の状況を報じ、アフリカ大陸の南端を迂回して東アフリカのソファラに達すれば、そこからインド洋を横断して、憧れのスパイスの国インドに渡海できる。」という秘密情報を出している。こうしてポルトガルは、インドに到達する日の近いことを信じて疑わなかった。

他方スペインはイスラム最後の拠点グラナダの攻略に没頭して、コロンブスの意見に耳を傾ける余裕はなかった。女王イサベラは彼コロンブスに好意を寄せていたが、女王の下で開かれた委員会は、一四九一年にコロンブスの計画は妄想で、こんな薄弱な知識による計画を取り上げるのは、偉大な君主の権威にふさわしいものでないと決定した。この結果コロンブスは、スペイン宮廷に望みを絶ってこの国を去ろうとした。ところが、図らずもラビダ修道院院長の同情を得て、再びイサベラ女王との交渉が開かれた。ちょうどその時、一四九二年一月にグラナダが降伏し、イベリア半島のキリスト教国として、国内から完全にイスラムを一掃したスペインにとって、隣国のポルトガルに劣らずアニマとゴールドとスパイスのため、東洋に発展しようという意図をはらむようになった。

しかしコロンブスが女王に提出した条件はすこぶる過大で、それに彼は外国人であるから、交渉はなかなかはかどらず、また決裂したが、一四九二年四月に彼に同情する人が女王を動かして、やっと契約は正式に成立した。それでもこの契約にはイサベラ女王が一人そのことに当って、女王の夫であるフェルナンド王は全く関係していない。このようなことと、イサベラ女王がコロンブスの航海準備資金の調達に苦慮し、バレンシアの司教室、アンゴラの国庫、バロス市からの立替金と献納などに頼ったことは、やっとイスラムを掃討できた直後のスペイン王室の困窮状態を物語るものだろう。だからコロンブスの計画実行によって、あわよくば一挙にゴールドとスパイスをつかもうとする願望と、まだそうするのは早い、あるいは出鱈目な計画というなど、いろいろな考え方が宮廷内にあったのは事実であろう。

コロンブスは一四九二年八月三日、年来の希望に胸を躍らせ、三隻の船隊でバロスを出帆し、苦難と不安の海上航海を敢行し、十月十二日にサン・サルバドール島を発見した。(これがどこの島なのか。バハマ諸島のワトリング島であるというが、正確には判明していないようである。)しかしこの小島には、彼の予想したものは何もない。それでも、トスカネリの教える、アジア東南海上の島々の一つであろうと彼は信じている。彼は進んで、今のキューバからハイチ島を発見した。いたる所に熱帯の多彩な植物が繁茂して、スパイスがありそうな筈だのに、それと思われるようなものに出くわさない。彼は自分が薬物特にハーブ(herb 薬草)とスパイスなどの、原植物の知識に浅いため発見することができなかったのだと、後日になって言っている。だから、必ずスパイスはあるものと信じている。キューバでは、これこそアジア大陸東端の一部だと信じ、憧れのザイトン(泉州)とキンザイ(杭州)も遠くないと考え、原住民が鼻から煙を出しているのにびっくりしたが、やがてそれが間もなく全世界に広まったタバコであるとは知るよしもなかったろう。さらにハイチでは、これこそジパングであろうと考え、黄金が発見されるという年来の期待を抱いた。そしてエスパニョーラという名称を与えたのである。

彼は第一次航海の帰途、カナリア諸島の沖から、本国の計理官ルイス・デ・サンタンヘル宛の手紙にこう書いている。

要するに、私が駈足でしてきたこの度の航海でなしとげられたことのみをここに申し述べましても、両陛下が少しの援助を私にお与え下されば、私は両陛下が必要とされるだけの金を献上することができることを御諒解になることと存じます。また香料や、綿は両陛下の仰せのままを、そして今日までギリシアとキオ島にしか発見されておらず、領主が好き勝手な値で売っている乳香は、船積みせよと命ぜられるままを、さらにリグナロエもこれに同じく、かつまた偶像礼拝をする奴隷も、船積みせよと仰せられるだけの数をお送りできるのであります。私は大黄（ルイバルボ）や肉桂（カネラ）も見つけたと思っており、またその他幾多のものを、見つけ出すつもりでおりますが、私が残置しました者達がおそらくこうしたものをすでに発見していることと存じます。と申しますのも、私はナビダーに滞留し、この地の基礎をかため安全なものとしました外は、風向が許す限り航海をつづけたからであります。そしてまた、もしも船がもっと役に立っていましたならば、さらに多くのことが出来たことと存じます。

〔ギリシアとキオ島の乳香とは誤り。正しくはマスチックである。リグナロエ（lignaloe）は東アフリカ東北端沖合のソコトラ島のアロエ（蘆薈）かインドと東南アジア、中国南部の沈香のどちらを指すのか。大黄は中国産の高名な薬物。肉桂はインド（セイロン）、東南アジア、中国南部の香料薬品である。スパイスとともに

熱帯アジア各地の主要香料がほとんどあるという妄想にすぎない。――山田〕

そして発見した諸島の原住民について、

我々が携行していた気のきいたよい品物を沢山与えてやったのでありますが、それは彼らが我々に愛情を抱き、やがてはキリスト教徒となり、かつ両陛下並びにカスティリャ王国全体に対する愛と奉仕に心を傾け、さらに我々を助け、彼らが沢山持っていて、しかも我々にとって必要な物を我々に呉れるようにしようと思ったからであります。彼らは信仰を持たず、偶像を礼拝することも知りませんでしたが、力と善は天にあると信じており、私が部下とこの船にのって、天からやってきたものと固く信じておりました。

原住民にアニマ、霊魂すなわちカトリシズムを教え、スペインの領土とし、金とスパイスその他の物資を十分に獲得し、アニマを受け入れない住民は奴隷として本国へ送るという。

一四九三年三月十五日、目出度くバロスに帰った時の彼は、彼の生涯で最良最高の日々であった。世界の最も偉大な人物として、彼の一言一句は世人の注目を引くのに十分であった。彼は自分が発見した島々が一体どこであるのか、ほんとうはよくわかっていないのである。聞く人びとはもちろんである。知らないということほど強いものは無い。そうであるのに、彼は黄金のジパングとスパイス・アイランドに近い島々を発見したと信じ、富める中国本土の東端は目前であると信じ切って、そう力説したのだろう。

間もなく、一四九三年九月に、一七隻の第二次船隊が出帆した。乗船した人びとは、皆彼の言を信じ、気候温和、風光明媚、ゴールドの山、スパイスの幸《さち》、世界の美姫、地上のパラダイス、などなど善いことずくめで、一攫千金を夢に見て勇躍壮途についたのである。しかしエスパニョーラで彼らを待っていたものは、熱帯の炎熱酷暑と、山林を伐り開いて家を建て極めて貧弱な農地を開墾しなければならないなど、苦難の労働の日々以外には何も無かった。コロンブスはキューバの東海岸を探検してジャマイカを発見し、鋭意ゴールドとスパイスの探索をつづけても、人びとの怨恨は彼の一身に注がれる。単にゴールドとスパイスが見つからないということだけではない。彼の複雑怪奇な性格と行動と、それからスペイン人ではないということなど、非難の原因はまたすこぶる多様であった。こうして今までの一世の大偉人は、一挙に最も悪徳な一大詐欺師に転落してしまう。本国でも現地からの彼の噂は、問題となってくる。それで彼は本国当局の了解を得るため、一四九六年六月にひとまず帰国した。

そして八方説得をつづけ、ようやく一四九八年五月に、第三次の航海準備をととのえることができた。このたびは南米大陸の北端にあるオリノコ川支流海上のトリニダッドを発見し、エスパニョーラに到着したが、ここでは既に彼は受け入れられなかった。原住民を奴隷にしたという理由で鉄鎖につながれ、一五〇〇年十一月、カディスに送還されるという、あまりにも悲惨な変転であった。急角度の転落である。

彼は一四九八年十月十八日、エスパニョーラ島から国王宛にこう書いている。

聖三位一体は、このインディアスの事業に両陛下の御意を動かしたまい、またその限りなき御慈悲をもって、私をその使者とせられました。私は、両陛下を、神の教えを遵守し、かつこれを弘めおられる、キリスト教徒の最も高貴な君主と考えましたが故に、使命をもってその御許に拝参した次第でありますが、この事業を検討した人びとは、いずれもこれを不可能な業としたのであります。それはこれらの人びとが、今日までその財を運の助け一つで作り上げ、それのみを頼りにしていたからなのであります。私はこの問題について六、七年間非常な苦労を重ね、知りおる限りをつくしてこの事業が、神の聖なる御名とその御教えを多くの人びとの間にひろめることによって、神にお仕えすることにいかに役立つか、そしてそれはまことに偉大な事業であり、立派な君主の良き名を弘め、かつそれを残すものであるということをのべきたったのであります。

ここでは、どうもアニマへの奉仕一辺倒のようである。ゴールドとスパイスが求められないと、アニマこそは唯一の逃避手段であろうか。いや、この三つは互いに結びついていて離れないものである。彼は前文につづいていう。

そしてそれと同時に、世俗的な面にふれる必要もあり、信頼できる学者達がこの地方に多くの富があることを書いたのを見せたり、またこの地方の地理について学者達の書いたことや、のべている意見をも付言することが必要でありました。そして最後に、両陛下がこの事業を実施することに決せられたのでありますが、これは両陛下がすべての大事業に対して常に示されてきた偉大な精神を、ここにもまた示されたものであります。事実この問題を検討し、この話をきいた人びとは、終始私の言を信じてくれた二人の神父を除いては、すべてこれをあざけり笑ったのであります。こうしたことで私は疲れてしまいましたが、この事業は決して無に帰するものではないと確信しておりましたし、また現にそう信じております。それは、すべて消え去っても、神の言は消え失せることなく、その言は必ず実現されると信じているからであります。すなわち神は聖書の各処において、イザヤの口からこの地方のことについてのべられ、その聖なる御名がエスパニャからこの地方に弘められるであろうとされているのであります。

よって私は聖三位一体の御名において出発し、間もなく私ののべたことが事実であったことを如実に示して帰ったのであります。そして両陛下は再びこの地に私を派せられましたが、私は短期間に神の恩寵により、第一回の航海で発見したものの他に三三三レグワにわたる大陸の地と、東洋の果と、さらにまた重要な七〇〇の島々を発見したのみならず、エスパニャよりも大きく、かつそれがやがてはすべて貢を納めることになる無数の人口を有するエスパニョーラ島を平定したのであります。

それはとにかくとしておこう。スペイン当局は彼の最初の果断な決意と航海の実行に同情する人たちの声を緩和するため、彼の罪を許したが、彼を新大陸へ渡航させる許可はなかなか与えなかった。アニマだけが当局の意志ではない。ゴールドとスパイスが発見されない新大陸の島々では、もう彼を必要としない。彼との契約もあったものではない。これが現実であろう。しかしコロンブスは失意のどん底に悶々としていても、最初からの一貫した信念と考え方は誤っていないと信じ切っている。また三回目までの航海で、スペイン国のため広大な、そして無数の島々を発見したと豪語している。

エピローグ

その頃ポルトガルのバスコ・ダ・ガマは一四九八年五月、インド南部マラバル海岸のカリカットに到達し、インド発見の凱歌はポルトガルに上がった。このような状態に対してコロンブスは、大西洋からインドに通じる海峡がある筈だと考え、それを発見しようと計画した。この海路を取ることにより、ポルトガル人より短い距離でインドに到達できると彼は信じていたからである。

世人の非難と嘲笑を一身に受け、極端な失意と貧窮のどん底にあっても、彼は発見した島々を東アジアの一部であると信じて疑わず、黄金のジパングとスパイスの島々を発見したと主張して譲らない。既に発見した島々にゴールドとスパイスを見出さないのは、まだ調査探検が十分でないからである。必ずある筈だというのが彼の信念であったろう。それとも、インドに通じると考えた海峡発見のための自己弁護であったのか。どちらなのかわからない。

一五〇二年五月、インドに通じるという海峡の発見を唯一の目的として、スペイン当局の許可を得、カディスを出帆した。このたびは、すこぶる貧弱なカラベル船四隻の船隊であった。当局としてはガマのインド到達から、コロンブスのいうような結果になれば、あわよくばインドのスパイスも手に入るだろうと、淡い希望をかけていたにすぎなかっただろう。彼はパナマの海岸を周航したが、海上で暴風雨に遭遇し、言語に絶した困苦と、新植民地官憲の強い反対のため、一五〇四年十一月本国に帰らねばならなかった。彼は病んで、肉体的にも精神的にも廃人同様となって上陸した。彼はついにインドに通じるという海峡を発見することに失敗したが、パナマの海岸で、あるいはそれがマレイ半島ではなかろうかと考え、その南を迂回すればインドに出られると思っていたようである。こうして彼の四回におよぶ航海は終った。

彼は世に忘れられ、人に棄てられ、貧乏にあえぎ、老いそして病みながら、マルコ・ポーロとトスカネリに教えられた考え方だけは、全く変えていない。頑固そのものである。執念の鬼である。新しい東アジアの発見と、ゴールドとスパイスを発見することができる筈だと信じ、一五〇六年五月二十日バリャドリーで淋しく昇天したのであった。

彼の息子フェルナンドの書いた彼の伝記には、彼がスパイスを発見するため、各諸島で熱心に探索したと書いてあるが、実際にそうだったのだろうか。また彼の書信では、いたるところに種々の香料とスパイスがあるように書いてある。現地へ行けば、ペッパーもクローブも、その他のスパイスもふんだんにあると安易に考えていたのだろうか。あるいは、あるというのは本国の当局に対する駆引きであったのだろうか。

十六世紀の後半になると、メキシコとペルーの金と銀、特に銀は洪水となってヨーロッパへ流れこんだ。しかしそれは、原住民の血を流し、生命を抹殺してのことであった。新大陸の銀がヨーロッパを中心として、全世界を新しい世界に発展させた重大な要素の一つであったことは、人の良く知るところであろう。

またコロンブスの発見することのできなかったスパイスは、彼の後になって、オールスパイス（ピメント）、チリー（カスピカム、唐辛子）という中南米原産のスパイスの発見となった。殊にカスピカムは十七〜八世紀にアジアに広く伝播して、ペッパーに取って代った。ピメントまた十八世紀以後になって同じくである。（その他中南米原産の有用植物の発見については、省略せざるを得ない。）

彼コロンブスは、例え誤った地理知識と、ゴールドとスパイスの欲望に駆られ、地位と名誉と富をむさぼろうとした野心家であったとしても、偉大な先駆者の一人であったことに誤りはない。そして未知の国を征服してキリスト教国の領土とし、原住民をキリスト教化することを念じながら、あくまでも現実のゴールドとスパイスにとりつかれ、自己の信念を一貫した怪奇と悲劇の人であった。

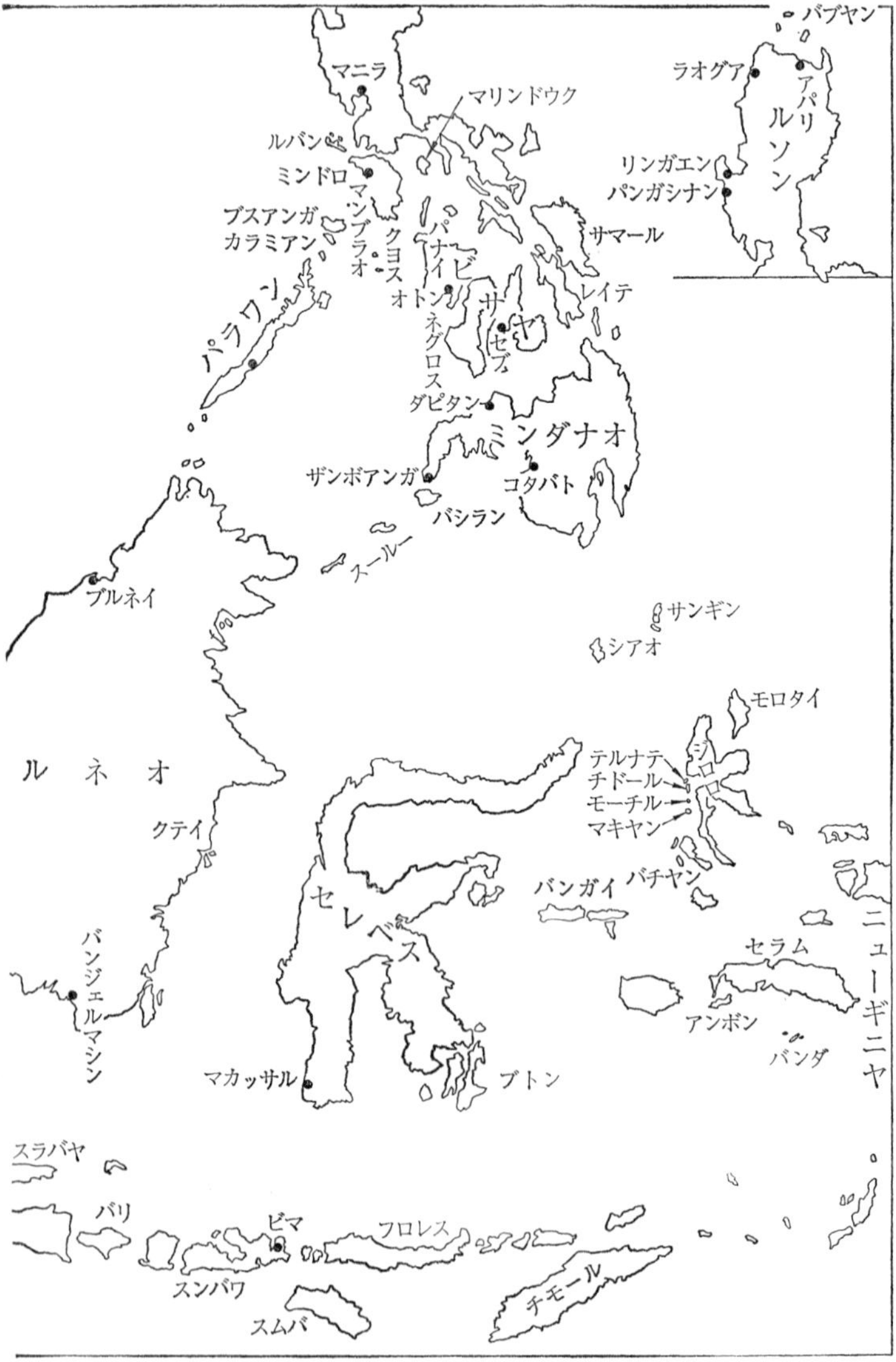
バブヤン
ラオグア
アパリ
ルソン
リンガエン
パンガシナン
マニラ
マリンドウク
ルバン
ミンドロ
マンブラオ
ブスアンガ
カラミアン
クヨ
クオス
パナイ
ビ
サヤ
オトン
サマール
レイテ
パラワン
ネグロス
セブ
ダピタン
ミンダナオ
ザンボアンガ
コタバト
バシラン
スールー
ブルネイ
サンギン
シアオ
モロタイ
ジロロ
テルナテ
チドール
モーチル
マキヤン
ルネオ
クテイ
セレベス
バンガイ
バチヤン
セラム
ニューギニヤ
バンジェルマシン
アンボン
バンダ
マカッサル
ブトン
スラバヤ
バリ
ビマ
フロレス
スンバワ
スムバ
チモール

マルタパン
カンボジア
チャンパ
タボイ
テナッセリム
プロコンドル
パッタニ
ケダ
トレンガヌ
パハン
プロ・アオル
マラッカ
カラーフ
シンガポール
サンバス
ボ
スカダナ
ラムリー
ペディル
スマトラ
パセー
アチェー
バタック
アル
フィンスル
バルス
スマト
シアク
カンパルラ
ジャンビー
三仏斉
パレンバン
ベンクーレン
ランポン
バタビヤ
(ジャカルタ)
スンダ
パジャジャラン
ペカロンガン
(スキタン)
デマク
ツバン
グリッシ
ヒト
闍婆
マジャパ
ジャンガラ
ジャワ

著　者

山田憲太郎（やまだ けんたろう）

1907年長崎県に生まれる．1932年神戸商業大学卒業．22年間香料会社に勤める．名古屋学院大学名誉教授．1950年文学博士．1977年日本学士院賞受賞．1983年2月死去．

主著：『東亜香料史』（1942），『東西香薬史』（1956），『東亜香料史研究』（1976），『香談──東と西』『香料の道』（1977），『香料』（1978），『香薬東西』（1980），『南海香薬譜』（1982）．

スパイスの歴史　薬味から香辛料へ

1979年４月１日　　初版第１刷発行
2011年７月15日　改装版第１刷発行

著　者　山田憲太郎 © Kentaro YAMADA

発行所　財団法人 法政大学出版局
〒102-0073 東京都千代田区九段北3-2-7
電話03（5214）5540／振替00160-6-95814

製版・印刷：三和印刷，製本：ベル製本

Printed in Japan

ISBN978-4-588-35225-6